JN204064

マテリアルサイエンス有機化学

—基礎と機能材料への展開—

第 2 版

伊與田正彦・横山 泰・西長 亨 著

東京化学同人

は　じ　め　に

「21 世紀は化学材料の時代である」といわれる．化学材料のなかでも有機機能材料は，有機化合物の多様性を反映して新材料の開発に大きくかかわっており，今世紀の科学技術の中心的な位置を占めると期待されている．このような有機機能材料としては，電子・電気材料や光学材料などの分子機能材料に加えて，医薬品などの生体機能材料がおもなものである．

また，化学材料のもつ特異な構造や組成をもとにして，その有用な物性を機能材料として利用することを目的としたマテリアルサイエンスやナノサイエンスが，物理，化学および生物を含んだ新しい領域として大きく発展しつつある．

本書では，マテリアルサイエンスを理解するための有機化学と，有機化合物を分子機能材料として用いた有機機能材料の基礎と応用について解説する．このような分野は，近年エレクトロニクスの進歩とともに，ディスプレイ，メモリーおよびデバイスなどとして非常に重要な位置を占めるに至っている．本書の特徴をまとめると，以下のようになる．

(1) 本書は理工学系の学部学生を対象としたテキストであるが，大学院生が副読本としても利用できるように，後半の章では高いレベルの内容も加えた．そのような場合には，1 章から 3 章までのおもに有機化学にかかわる基礎的な部分は読みとばしても構わない．

(2) 有機機能材料に関する基礎知識をもたない読者が，マテリアルサイエンスの初歩を学ぶ場合を考慮して，物性有機化学の基礎（4 章）についても解説した．また，実際の有機機能材料について述べた 5 章から 9 章には，最新のトピックスも含まれているので，基礎から応用・展開までの学習に広範囲に活用できる．

(3) これまでの有機機能材料のテキストでは，高分子材料に関する記述があまり見受けられなかったが，本書では分子機能材料に加えて，高分子材料についてもページが許す限り解説した．

(4) 各章の内容に関する理解を深めるために，ほとんどの章に練習問題をもうけたので，是非解いてみてほしい．問題の解答は，本書の最後にまとめた．

本書の初版は，2007 年に刊行されたが，マテリアルサイエンスの急速な進歩に応じて，この第 2 版では初版の内容を全面的に再検討した．基礎的な事項についてはより適切でわかりやすい記述を心掛け，また重要な有機機能材料の応用例については，ここ 10 年の進展に合わせて整理し，蛍光性色素，有機薄膜太陽電池，ナノファイバーと超分子ポリマーなど，今後さらに期待される分野を含めてできる限り取上げ，さらに炭素材料なども書き直した．本書を使って多くの学生や大学院生が有機機能材料やマテリアルサイエンスについて学んでくれることを期待してやまない．

本書の刊行に当たって，東京化学同人編集部の山田豊氏に大変お世話になった．ここで厚くお礼を申しあげる．

2018 年 5 月

著者を代表して

伊 與 田 正 彦

目　　　次

4章　物性有機化学の基礎 ……………………………………………… 54

5章　機能性有機色素 …………………………………………………… 74

コ ラ ム

1 有機機能材料とマテリアルサイエンス

1・1 有機機能材料

近年，有機化合物のもつ多様な物性についての探究が幅広い分野で行われている．このような探究は，古くから調べられている色素の合成とその利用に始まる．さらに医薬品や液晶・半導体材料などへの展開を経て，最近では有機 EL 材料，有機超伝導体，有機磁性体および分子デバイス・分子スイッチへと急速に発展している．有機分子のもつ多彩な可能性は，これらが炭素，水素，酸素および窒素原子間の共有結合を使ってきわめて多様な構造体をつくることができることに起因している．加えて，有機化合物は分子間の弱い引力的相互作用を使ってさまざまな分子集合体を形成するので，その機能はさらに多彩なものとなる．

このように，ある特殊な機能をもち，材料として有用な有機化合物を特に**有機機能材料**という．本章では，機能材料の分類と基本的な物性の概略について述べる．

有機機能材料（organic functional materials）

1・2 化学材料の分類

化学材料は，無機材料，有機材料およびそれらを組合わせた複合材料に分類することができる（図 1・1）．無機材料としては，金属材料と非金属材料があり，金属材料は用いられる金属の種類によってさらに分類できる．非金属材料には，セラミックスや半導体材料，ガラス，セメントなどがあり，幅広く使われている．

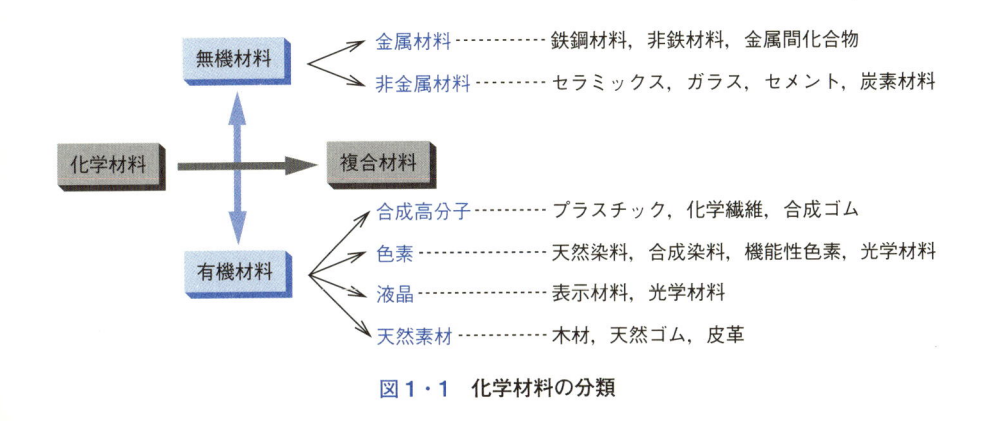

図 1・1　化学材料の分類

　現代社会においては，プラスチック，化学繊維，合成ゴムといった合成高分子材料が大量につくられて消費されている．また近年では，機能性有機色素や液晶も有用な有機材料となっている．さらに，グラファイト，ダイヤモンド，およびフラーレンやナノチューブは，炭素の単体として有用な素材であり，一般に無機化合物として分類されるが，本書でも取上げる．

1・3　マテリアルサイエンス

マテリアルサイエンス
（materials science）

　マテリアルサイエンスとは，無機材料，有機材料などのもつ特異な構造を調べることから始まり，その構造や物性を有用な機能材料として利用する目的で研究し，物質の新しい機能をつくり出す基礎的な分野である．このなかで，有機材料を用いるマテリアルサイエンスは，近年エレクトロニクス分野において非常に重要な位置を占めている．有機材料の多くは電気的には絶縁体であり，磁気的には弱い反磁性体である．しかし，色素分子の集合体は半導体となり，また金属的電気伝導性や超伝導を示す化合物も知られている．さらに，可視光に対して光伝導，フォトクロミズムなどを示す材料も数多く見つかっている（図1・2）．これらの電気および光に活性な有機材料は，**分子機能材料**とよばれており，有機分子の機能性に着目してそれを利用する場合，その機能が電子レベルに基づくのか，原子・分子のレベルで決まるのか，あるいは分子集合体のレベルで決まるのかを理解し，分子や分子集合体の設計をすることが重要である．

分子機能材料（molecular functional materials）

物質の機能には，原子・分子というミクロなレベルでしか現れないものと，マクロな集合体にならないと発現しないものとがある．

　近年，21世紀の機能材料として有機材料が注目を集めている．本書では，マテリアルサイエンスの基礎と応用を効果的に学習する目的で，前半では基礎として有機化学の基本事項と有機物質の構造や反応性，有機分子と光とのかかわりを中心とした物性有機化学について理解し，後半では応用として機能性色素，液晶，有機導電体と有機磁性体，有機エレクトロニクス素子，ナノマシンと分子デバイスなどの機能材料について学ぶ．

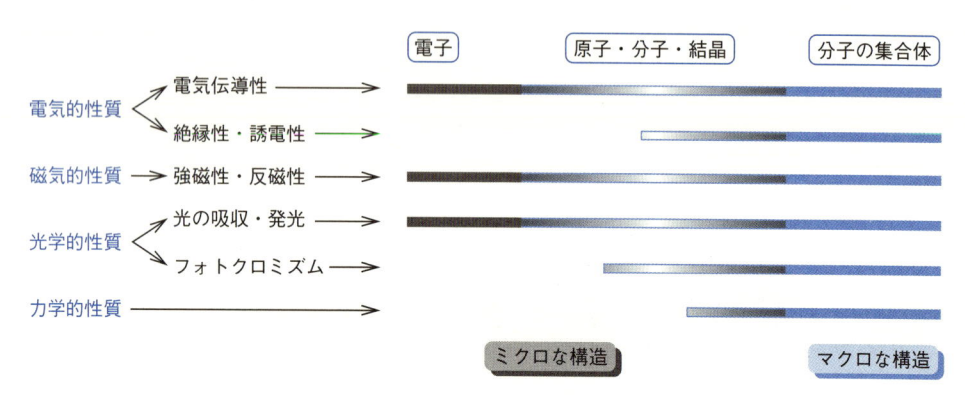

図1・2　ミクロおよびマクロな構造と物質の特性

スマートマテリアル

　周囲の環境の変化や外界からの刺激に応じて自ら適切な応答をする材料を**ス マートマテリアル**あるいは**インテリジェントマテリアル**という（図 1a）．この言葉の意味する新物質や新材料は，医学的に有用な機能や生物科学的な機能をもつ物質から電子材料まで広範囲にわたっている．次世代社会を支える IoT，ロボット，自動運転などの先端技術を実現するためにはスマートマテリアルのような高機能で多機能を備えた材料が必要である．

　図 1b に示したように，光照射により特異的に壊れる化学物質で薬を包んで投与し，特定の臓器に送り込み，その後，光を照射して薬の作用が現れるようにすれば，非常に効果的な薬の投与が可能となる．また，ある温度になると自ら電気を通すことをやめる材料が開発できれば，温度センサーを用いてコンピュータ制御する必要がなくなる．有機材料に限定してみると，化学変化に応じて変化する素子とか，光照射下または磁場中で変化する素子，自己修復が可能な材料などが考えられる．スマートマテリアルという言葉はすでに使われているが，色素・フォトレジスト・液晶を除いて実用化されている化合物は少なく，これからさらに研究が進んでいくと予想される．

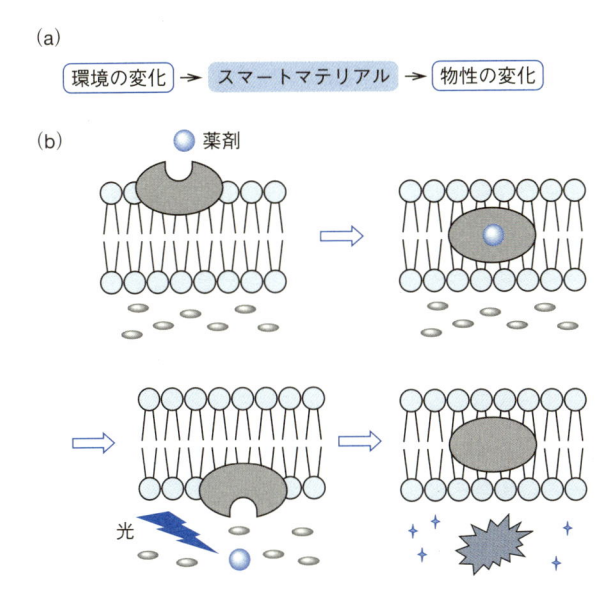

(a)
環境の変化 → スマートマテリアル → 物性の変化

(b) 薬剤
光

図1　スマートマテリアルの例　（a）スマートマテリアルは環境の変化に応じて物性を変化させる，（b）光照射によって薬の作用が現れる模式図

スマートマテリアル
(smart materials)
スマート材料や知的材料ともよばれる．

インテリジェントマテリアル
(intelligent materials)

次世代社会を支える新しい材料として，**メタマテリアル**（metamaterials）も注目されている．
物質のもつ本来の性質を利用したスマートマテリアルに対し，メタマテリアルは光などの電磁波（図 4・2 参照）に対して自然界の物質にはない特異な挙動を示す人工材料のことをいう．たとえば，マイクロ波が通常とは反対方向に屈折する負の屈折率をもつ物質などが知られている．

2

有 機 化 学 の 基 礎

2・1　物質の基本的な構成

2・1・1　は じ め に

有機化学は酵母，カビ，キノコ，ヤナギ，クジラなどの生物を対象とする化学として始まった．**有機化合物**は主として炭素からつくられているので，炭素化合物が有機化学の基本となる．石油に始まり，鎮痛剤や抗生物質からビタミンにいたるまで，さまざまな有機化合物が存在し，われわれの生活に幅広くかかわっている．「これらはどのような構造をしているのだろうか？」「なぜ，個々の有機化合物は固有の性質や機能をもつのだろうか？」「どのようにしたら，望みの**機能性分子**を効果的に，しかも環境に配慮しながらつくることができるのだろうか？」「それらの機能性分子を用いて，どのようなことが実現できるのだろうか？」

これらの疑問に答えるまえに，まず**原子**が結合して**分子**を形成する過程を理解する必要がある．あとの章では，分子の構造が物質の性質や機能に影響を与えること，さらには新しい化合物を合成する際に，どのような化学反応を用い，どのように分子構造を利用するのかを見ていく．

2・1・2　原子の構造と電子

化学反応は結合の開裂および生成の結果であり，最もエネルギーの高い最外殻にある電子が反応に関与する．そこで結合について学ぶまえに，炭素原子を例にとって原子の構造と電子配置について理解する．さらに，二つの原子の間で電子がどのように結びついて，原子が結合して分子ができるのかについて述べる．

物質を構成する基本単位である原子は，中心にある**原子核**とそのまわりに存在する**電子**から成っている．その電子は原子核のまわりにある電子殻に入っている．電子殻は原子核に近いほうから順に K 殻，L 殻，M 殻…とよばれる．さらに電子殻はいくつかの**軌道**に分かれている．

そして，電子はいずれかの軌道に属しており，電子がどの軌道に入っているかを表したものが**電子配置**である．

図 2・1 に示すように，1s 軌道のエネルギー準位が最も低く，2s 軌道と 2p 軌道では 2s 軌道のほうが少しエネルギーは低い．s，p の項は電子が存在する軌道の種類を表している（図 2・2 参照）．電子はエネルギー準位の低い軌道から順に

有機化学
（organic chemistry）

有機化合物
（organic compounds）

機能性分子
（functional molecule）

原子（atom）

分子（molecule）

原子核（atomic nucleus）

電子（electron）

軌道（orbital）

電子配置
（electron configuration）

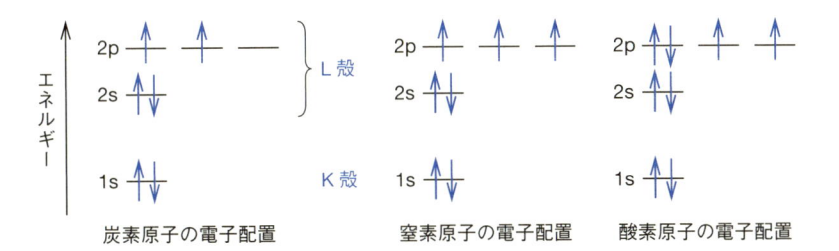

図2・1 軌道のエネルギー準位と主な原子の基底状態における電子配置

入っていく. 炭素原子の電子配置は, 基底状態すなわち最低のエネルギー状態において $1s^2 2s^2 2p^2$ であり, K殻のs軌道に2個の電子を, また最外殻であるL殻のs軌道に2個の電子とp軌道に2個の電子をもっている. 最外殻に存在する電子を**価電子**という. このような炭素原子の電子ドット式 (2・3・3節参照) を書くと右のようになる. 炭素原子は1組の非共有電子対と2個の不対電子をもつ.

非共有電子対は孤立電子対ともよばれ, 一つの軌道に2個ずつ対になって入っており, 結合に関与しない. また, 対をつくっていない電子を**不対電子**という.

2・1・3 s原子軌道

s原子軌道は1対の電子を収容することができ, 球形 (球対称) である. 図2・2(a) には, s軌道の電子が最も多く存在する領域が示されている.

2・1・4 p原子軌道

p原子軌道では, 電子は二つの洋ナシ形の軌道の端から端にわたって存在しており (図2・2b〜d), 球対称ではない. またp軌道には p_x, p_y, p_z の3種類が存在し, それぞれ等しいエネルギーをもち, たがいに直交している.

p軌道の電子は二つの洋ナシ形の軌道内に存在するので, s軌道の電子と比べて原子核から離れた位置に存在する.

不対電子はフント (Hund) の規則に従って, 二つの2p軌道に別れて存在している. このため炭素の原子価は2価であると予想されるが, 炭素は4価の結合をつくる (図2・4参照).

価電子 (valence electron)

非共有電子対
(unshared electron pair)

不対電子
(unpaired electron)

原子軌道 (atomic orbital) とは, 原子のもっているそれぞれの電子が空間的にどのように広がっているかを波動関数で表したものである. これを分子に拡張すると, 分子軌道となる (2・2・1節参照).

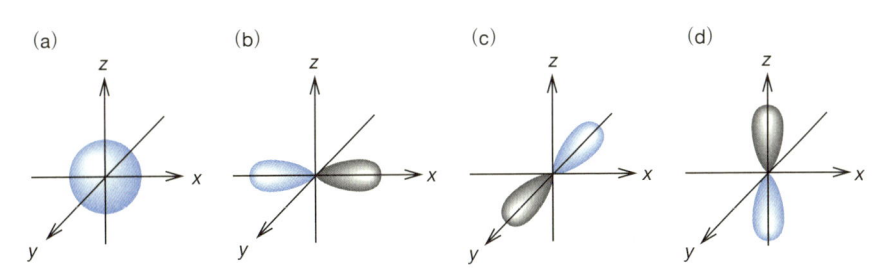

図2・2 **s軌道とp軌道の形と方向** (a) s軌道, (b) p_x 軌道, (c) p_y 軌道, (d) p_z 軌道

p軌道における色の違いは, 波動関数のとる値の正負がこれらの領域でたがいに異なることを示す.

2・2 化学結合 —— 原子から分子へ

2・2・1 σ 結 合

分子軌道（molecular orbital）

最も単純な分子は水素分子 H_2 である．図2・3に示すように，二つの水素原子の 1s 軌道が近づいて重なりあい，新しく**分子軌道**が形成されて水素分子ができる．このとき，2個の不対電子は原子核の間に高い確率で存在し，電子対となって二つの原子核どうしを結びつける．このような結合を**共有結合**という．また，このように結合軸に対称的な軌道を σ（シグマ）軌道といい，σ 軌道による結合を σ 結合という．σ 結合のみからなる結合は，**単結合**とよばれる．

共有結合（covalent bond）

σ 結合（σ bond）
σ 結合をつくる電子を σ 電子という．

単結合（single bond）

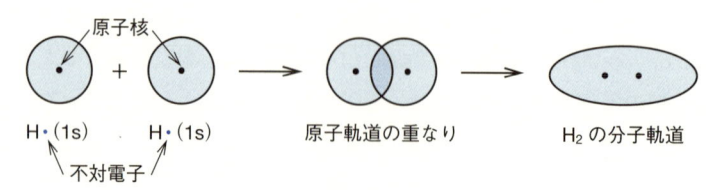

図2・3　水素分子のできるしくみ

2・2・2 炭素の結合様式

$1s^2 2s^2 2p^2$ の電子配置をもつ炭素原子が結合をつくるとき，対をつくっていない2個の p 軌道の電子を用いて二つの共有結合を形成すると考えられる．しかし，エネルギー的には，上記の方法で二つの共有結合をつくるより，2s 軌道にある電子の1個が空の p 軌道に昇位（励起）され，四つの共有結合を形成するほうがより好ましい（図2・4）．すなわち，不対電子が入っている四つの軌道から四つの等価な共有結合が形成される．そして炭素原子は四つの σ 結合を形成して，炭素の最外殻には8個の電子が入る．

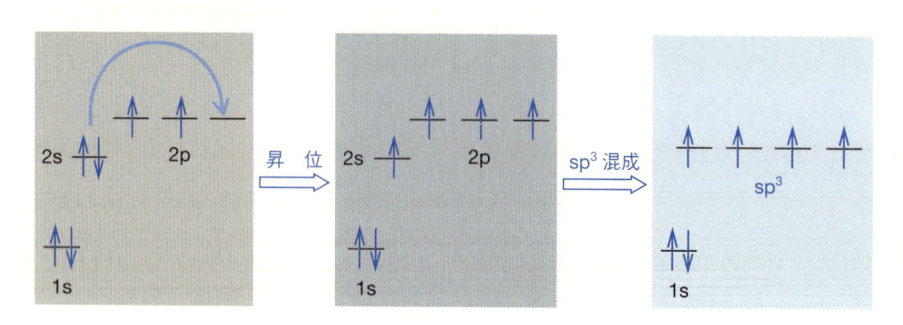

図2・4　炭素の原子軌道の昇位と混成

軌道混成
（orbital hybridization）

混成軌道（hybrid orbital）

このように原子軌道を再編成することを**軌道混成**といい，その結果できた軌道を**混成軌道**という．図2・4のように一つの 2s 軌道と三つの 2p 軌道が混成してできた軌道を **sp³ 混成軌道**という．軌道混成には約 $400\ kJ\ mol^{-1}$ の昇位エネルギーが必要であるが，新しく四つの結合がつくられることによる結合エネルギーの増

加が軌道混成を促進させる.

2・2・3　メタンの分子構造

　最も簡単な有機化合物である**メタン** CH_4 の場合は，炭素における四つの sp^3 混成軌道が四つの水素の原子軌道と重なりあうことによって，新しい結合性分子軌道が形成される．このとき，それぞれの軌道には1対の電子が入り，四つの σ 結合が形成される（図2・5a）.

メタン（methane）

化合物の名前は IUPAC 命名法によって定められている. IUPAC：International Union of Pure and Applied Chemistry（国際純正および応用化学連合）の略称

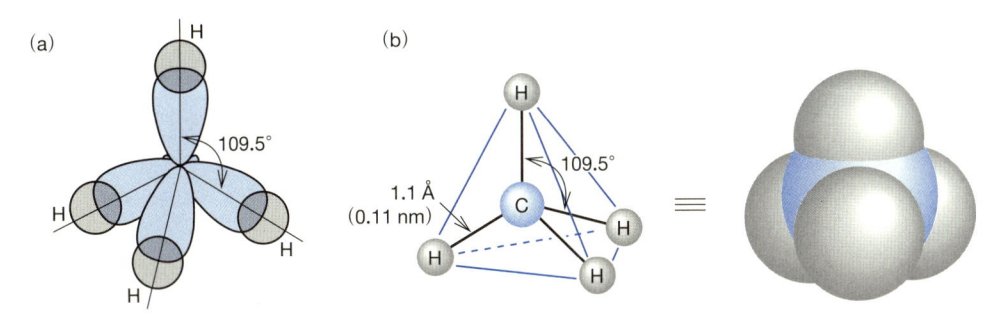

図2・5　メタンの分子構造　（a）4本の σ 結合の形成，（b）正四面体構造

　メタン分子は4組の結合電子ができるだけたがいに離れて，反発が最小になるような構造をとる．よって，たがいの結合角は109.5° となり，メタン分子の形は正四面体構造をとる（図2・5b）.

2・2・4　炭素のつくる多重結合

　図2・4 に示した炭素の昇位後の四つの軌道を組合わせることにより，他の原子との間で二重結合や三重結合もつくることができる.

　a. 二 重 結 合　図2・6 に示すように，炭素の一つの 2s 軌道と二つの 2p 軌道を使って **sp^2 混成軌道**をつくると，一つの p 軌道（この場合，$2p_z$ 軌道）が残る（図2・7 参照）．たとえば，**エテン** C_2H_4 では，炭素原子はつぎに示すような sp^2 混成軌道をつくる.

　エテンの二つの炭素はそれぞれの sp^2 混成軌道を使って，その骨格となる σ 結

二重結合（double bond）

エテン（ethene）

エテンの慣用名として**エチレン**（ethylene）が広く用いられてきた.

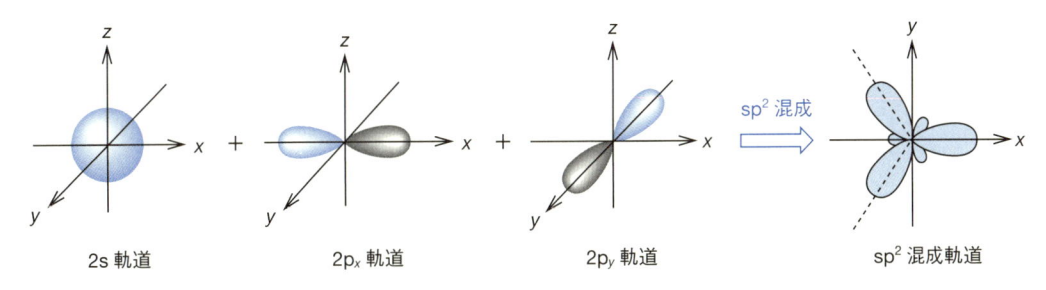

2s 軌道　　　$2p_x$ 軌道　　　$2p_y$ 軌道　　sp^2 混成　　sp^2 混成軌道

図2・6　sp^2 混成軌道　$2p_z$ 軌道は混成には加わらない.

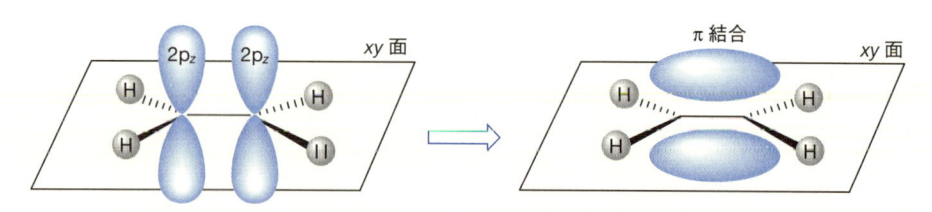

図2・7　エテンにおける π 結合の形成とその方向

π 結合（π bond）
共有結合の一種で，隣接する
2個のp軌道が結合軸を含む
平面に対して対称になって
いる．

合をつくる．このとき，結合をつくらずに残った $2p_z$ 軌道が平行に並んだ状態において，二つの軌道が重なって結合し安定化するので **π 結合**ができる（図2・7）．

sp^2 混成の炭素原子は，平面三角形に並んだ σ 結合性軌道をつくる．これは，三つの sp^2 混成軌道が電子間の反発を最小にする配置をとるからである．このような理由で，エテンのそれぞれの結合角は約 120° となる（図2・8）．

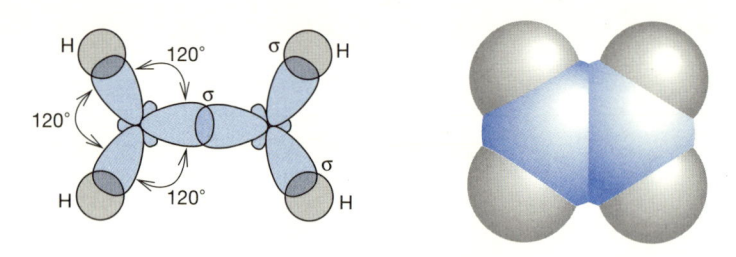

図2・8　エテンの分子構造

三重結合（triple bond）

b. 三 重 結 合　　図2・9に示すように炭素原子の一つの 2s 軌道と一つの 2p 軌道が混成すると，**sp 混成軌道**ができる．sp 混成軌道は電子間の反発を最小にするために反対方向に二つの軌道が位置することになり，その結合角は 180° である．また，混成に関与しない二つの p 軌道（$2p_y$, $2p_z$）は直交しており，この軌道を使って二つの π 結合をつくることができる．

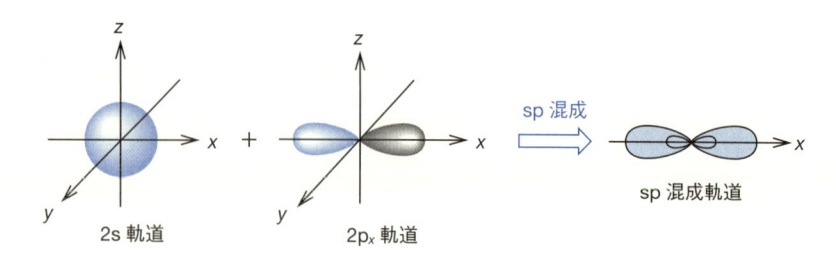

図2・9　**sp 混成軌道**　　$2p_y$, $2p_z$ 軌道は混成には加わらない．

アセチレン（acetylene）

エチン（ethyne）

アセチレン（エチン）の炭素原子は sp 混成をとり，C−C σ 結合と C−H σ 結合をつくる（図2・10a）．残った $2p_y$ と $2p_z$ 軌道は平行に並んで，二つの π 結合をつくる（図2・10b）．アセチレンの直線状構造と炭素を取囲むような π 電子の配置によって，円筒状構造がつくり出される（図2・10c）．

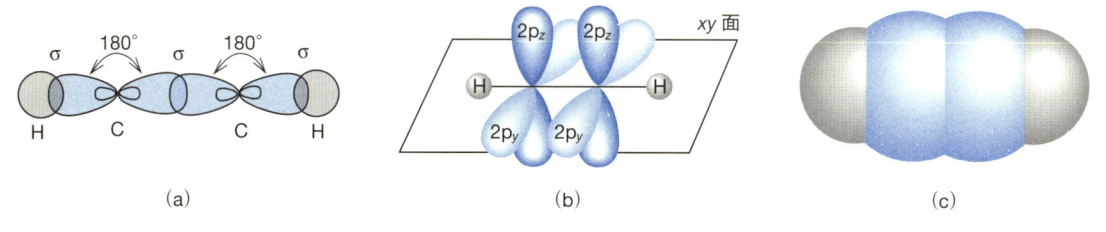

図2・10　**アセチレンの構造**　(a) σ結合の形成, (b) π結合の形成, (c) 分子の構造

c. ベンゼンの構造と形　ベンゼンの6個の炭素原子は sp² 混成であり, そ
れぞれ1個の水素原子と2個の炭素原子の間で σ 結合を形成している. 一方, 混
成に加わらない炭素原子の 2p 軌道は分子平面に垂直に存在し, 6個の π 電子から
三つの二重結合ができるが, これらの結合は非局在化することで, ベンゼン環の
上下にドーナッツ状に広がる π 軌道を形成する（図2・11）. この結果, ベンゼン
は正六角形の構造をもつ.

ベンゼン（benzene）
ベンゼンの構造については
3・4・6節でさらに詳しく説
明する.

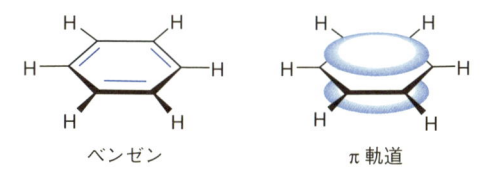

図2・11　ベンゼンの構造

2・3　有機化合物の書き表し方
2・3・1　構　造　式

　一般に, 有機分子は**構造式**を使って表すことが多い. 構造式は分子を構成する
原子の並び方や結合の様式を示すものである. 図2・12のように, 構造式では原

構造式（structural formula）

化合物名	分子式	簡略構造	構造式1	構造式2	
エタン	C_2H_6	CH_3CH_3	H–C–C–H	CH_3—CH_3	エタン（ethane）
アセトン（プロパノン）	C_3H_6O	CH_3COCH_3	H–C–C–C–H	CH_3\C=O CH_3/	アセトン（acetone）プロパノン（propanone）
酢酸（エタン酸）	$C_2H_4O_2$	CH_3CO_2H	H–C–C–O–H	CH_3–C(OH)=O	酢酸（acetic acid）エタン酸（ethanoic acid）

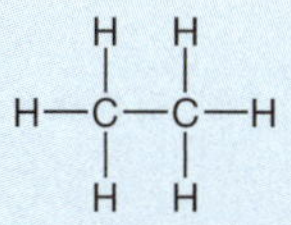

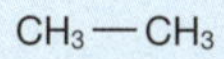

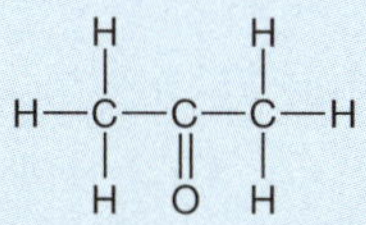

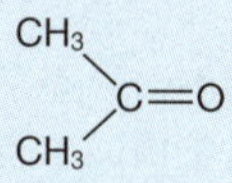

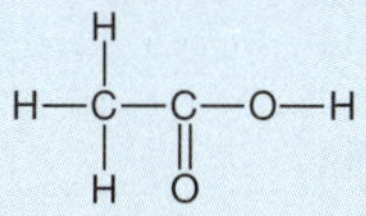

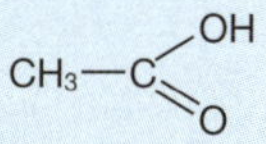

図2・12　有機分子の分子式および構造式

単結合は1本の線, 二重結合は二重線, 三重結合は三重線で表す.

子間の結合を線で表す. 構造式は本来, 構造式1のようにすべての結合と原子を書き表すが, 構造式2のようにいくつかの原子をまとめて書き表し, 簡略化することもできる. 実際の有機分子は立体構造をとるので, ここで示された分子の形は必ずしも正確な構造を反映しているわけではない.

　大きくて複雑な分子を書き表す場合, すべての結合を表記するとかさばる. そこで, 構造式の中の官能基 (次節参照) に着目して, この官能基に他の原子がどのように結合しているかを示すと, 構造式は簡潔になる (図2・13).

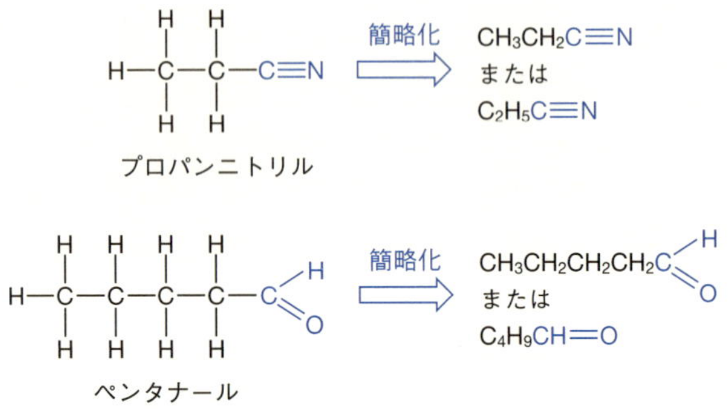

$$H-\underset{\underset{H}{|}}{\overset{\overset{H}{|}}{C}}-\underset{\underset{H}{|}}{\overset{\overset{H}{|}}{C}}-C\equiv N \quad \xrightarrow{\text{簡略化}} \quad CH_3CH_2C\equiv N$$

プロパンニトリル
または
$C_2H_5C\equiv N$

$$H-\underset{\underset{H}{|}}{\overset{\overset{H}{|}}{C}}-\underset{\underset{H}{|}}{\overset{\overset{H}{|}}{C}}-\underset{\underset{H}{|}}{\overset{\overset{H}{|}}{C}}-\underset{\underset{H}{|}}{\overset{\overset{H}{|}}{C}}-C\overset{\nearrow H}{\underset{\searrow O}{}} \quad \xrightarrow{\text{簡略化}} \quad CH_3CH_2CH_2CH_2C\overset{\nearrow H}{\underset{\searrow O}{}}$$

ペンタナール
または
$C_4H_9CH=O$

図2・13　官能基を重視した分子の表記法

　非常に簡略化した分子の表示法を図2・14に示した. 図中のヘキサンおよびシクロヘキサンでは, 折れ線の頂点と端の部分が炭素原子であり, それぞれの線が結合を表している. 炭素原子に結合している水素原子はこの式では示されないが, 炭素原子が4価であることから水素原子の正確な数が推測できる.

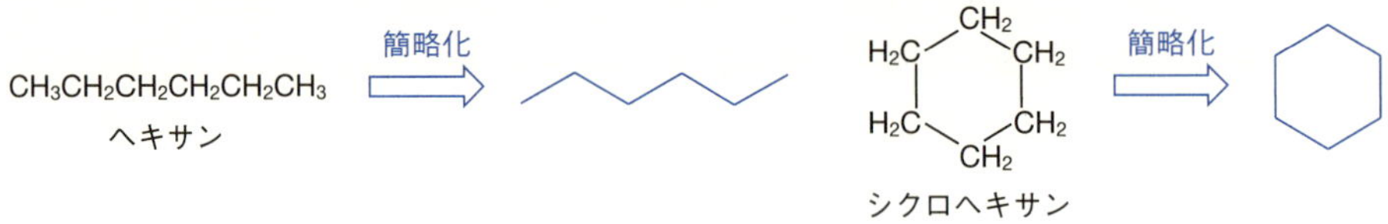

$CH_3CH_2CH_2CH_2CH_2CH_3$　　$\xrightarrow{\text{簡略化}}$
ヘキサン

図2・14　折れ線を用いる分子の表し方

　2・2・4節で示したように, ベンゼンにおいては電子の非局在化が起こっている. 通常, ベンゼンの構造はシクロヘキサトリエンとして, あるいは正六角形の中に円を描いて表される. また, トルエンは, ベンゼンの水素原子の一つがCH_3で置換された分子である. この分子の簡略化した構造を図2・15に示す.

2・3・2　官　能　基

　エタノールCH_3CH_2OHとプロパノール$CH_3CH_2CH_2OH$は非常によく似た化学的および物理的性質をもつ. その理由は, これらの分子中で最も反応性に富む部分が同じであるためで, ともに第一級アルコールの部位 ($-CH_2OH$) をもってい

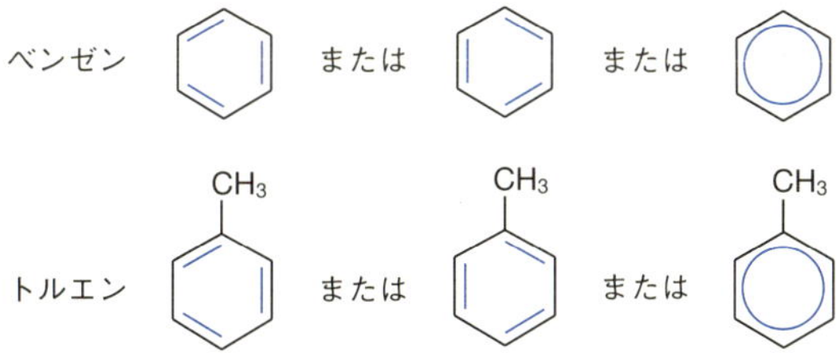

ベンゼン　　　　　　または　　　　　　または

トルエン　　　　　　または　　　　　　または

図2・15　ベンゼンとトルエンの書き表し方

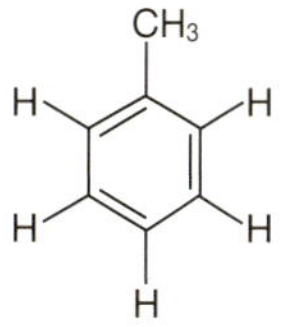

トルエン（toluene）

る．同じように，カルボン酸は分子中に反応性に富むカルボキシ基（－COOH）をもっている．

このように分子の性質を大きく特徴づける部分（置換基）を**官能基**という．図2・16に典型的な官能基を示す．

官能基（functional group）

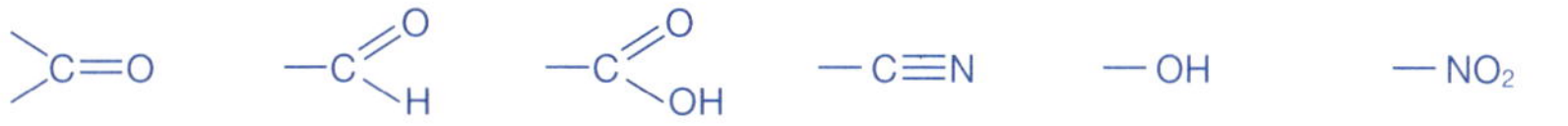

官能基名	カルボニル	ホルミル	カルボキシ	シアノ	ヒドロキシ	ニトロ
一般名	ケトン	アルデヒド	カルボン酸	ニトリル	アルコール	ニトロ化合物

図2・16　主な官能基とそれを含む化合物の一般名

有機化学では，多くの種類の官能基の構造と反応性を学ぶことが重要である．一般に，官能基の性質を学ぶ場合，その反応性の違いに注目して分類されることが多いが，あとの章では官能基の基本的な構造と反応を反応機構とともに学ぶ．

2・3・3　電子ドット式

電子ドット式はイオンや分子の構造を示す便利な表記法である．最外殻の電子を・で表すと，2原子の H・から H_2 が生成する反応は右式のようになる．また，ナトリウムイオンと塩化物イオンの生成も右式のように書ける．メタンの生成を図2・17に示す．このような式を使うと，結合の数と電子数を正確に数えることができる．また，電子ドット式を用いると，結合が生成したり開裂したりする反応において，電子対がどのように変化するかを知ることができる．このことは，有機反応における中間体の生成を理解するのにも役立つ．

電子ドット式
（electron-dot diagram）
電子式および電子点式ともよばれ，価電子を元素記号のまわりの小さな点で表す．

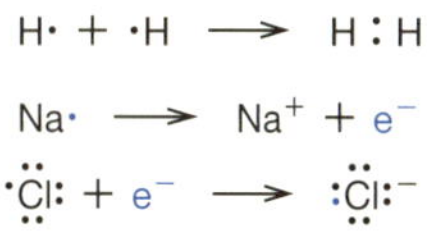

H・ ＋ ・H ⟶ H:H
Na・ ⟶ Na⁺ ＋ e⁻
・Cl: ＋ e⁻ ⟶ :Cl:⁻

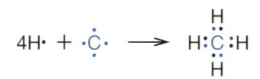

図2・17　四つの水素原子と炭素原子からのメタンの生成

2・3・4　非共有電子対（孤立電子対）

アンモニアの電子ドット式を書いたとき，窒素原子の最外殻に非共有電子対

H:N̈:H
H
アンモニア

H:Ö:H
水

配位結合（coordinate bond）
結合に関与する電子対が一
方の原子の非共有電子対で
ある場合，この結合を配位結
合という．

NH_3 と三フッ化ホウ素 BF_3
の結合は“ルイス塩基”と
“ルイス酸”の結合としても
知られている．
これらは G.N.Lewis の定義
に基づく酸・塩基であり，電
子対を供与するアンモニア，
メタノールのような化学種
は**ルイス塩基**である．一方，
ルイス酸は，BF_3, $AlCl_3$ のよ
うな電子対を受容する化学
種である．酸・塩基について
は，2・8 節でさらに説明す
る．

電気陰性度
（electronegativity）
結合している二つの原子の
間で結合電子を自分のほう
に引きつける傾向の大小を
示す尺度．

分極（polarization）

極性共有結合
（polar covalent bond）

双極子モーメント
（dipole moment）
分子の中に正と負の電荷が
でき，それぞれの重心が一致
しない場合，その分子は双極
子をもつといい，その大きさ
を双極子モーメントで表す．

（孤立電子対）があることがわかる（図2・18）．水分子中の酸素原子もこれに似
ており，2組の非共有電子対が存在する．アンモニア分子の分子軌道の図では，非
共有電子対は分子の上部に示されている．

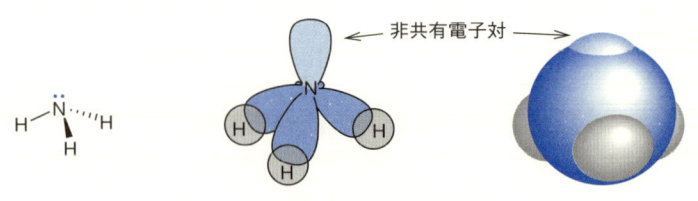

図2・18　アンモニアの構造

非共有電子対は原子あるいは分子が**配位結合**をつくる場合に使われる．典型的
な例としては $H_3N:BF_3$ があげられ，$H_3N→BF_3$ のように書き表される．→は N
と B の間に非共有電子対に基づく配位結合があることを示す．

2・4　化学結合の性質

2・4・1　結合の分極

異なる原子からつくられる共有結合ではそれぞれの原子の**電気陰性度**が異なる
ので，原子間の電子密度分布は非対称となり，電荷はわずかに偏ることになる．
このように結合において電荷の偏りが生じることを**分極**といい，分極をもつ結合
を**極性共有結合**という．そして，この電荷の偏りの大きさは**双極子モーメント**で
表される（3・4・1節参照）．双極子モーメントは測定が可能であり，液体の場合に
は双極子モーメントの大きさはその分子を溶媒として利用する際に重要となる．

たとえば H−Cl は，実際には $H^{δ+} Cl^{δ-}$ のように分極している．なぜなら，塩
素は水素よりも大きな電気陰性度をもっているからである．よって塩素は水素に
比べて，電気的により陰性ということになる．この電気陰性度の差が小さな電荷
の分離を引き起こす．部分電荷は δ＋，δ−のように表される．図2・19におもな
原子の電気陰性度を示す．

二つの原子の間ではより電気陰性度の高いほうが δ−となり，電気陰性度の差

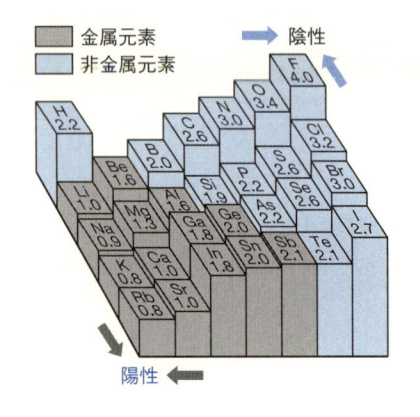

図2・19　おもな原子の電気陰性度
（ポーリングの値）

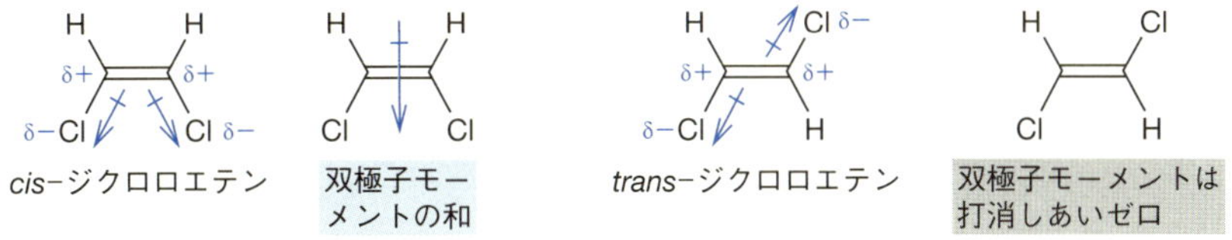

図2・20　二つのジクロロエテン異性体における双極子モーメントの有無

二重結合は通常の条件では
その結合軸は回転できない.
図2・20の場合,塩素原子が
二重結合をはさんで同じ側
にある場合を"シス",反対
側にある場合を"トランス"
という(3・3・1節参照).

が大きくなればなるほど,この二つの原子間の共有結合における双極子モーメントも大きくなる.それぞれの双極子が分子の対称性によって打ち消しあう場合を除いて,分子全体の双極子モーメントは測定することができる(図2・20).

2・4・2　誘 起 効 果

誘起効果 (inductive effect)

ある分子中の二つの原子の間に起こる結合の分極は,その分極した結合からいくらか離れた原子にも影響を及ぼす.分子内の一つの結合に生じた双極子は,その結合から隣の結合に移るにつれて小さくなっていくが,同じような分極を誘起する.たとえば,炭素–炭素結合に電子求引性である塩素が隣接した結合 (C–C–Cl) は図2・21のように書き表すことができ,このC–C結合にも双極子は誘起される.この表記法において,誘起効果の矢印に注意を払うことが重要であり,配位結合X→Yと混同してはいけない.右図のようにメチル基は隣接する炭素に対して,電子供与性の誘起効果を引き起こす.この誘起効果によって,分子のもつ反応性の違いについて説明されることが多い.誘起効果については,3・4・3節でもふれる.

電子求引性および電子供与
性については,3・4・3節を
参照.

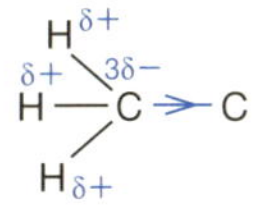

メチル基の電子供与性
誘起効果

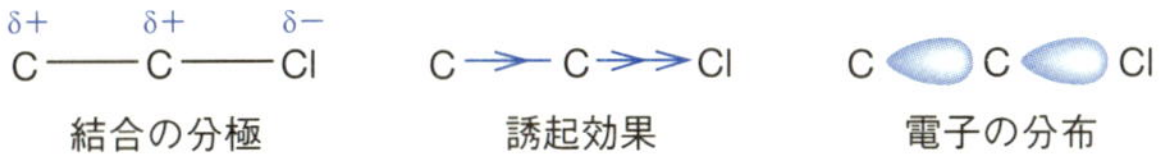

図2・21　C–C–Cl 結合における誘起効果

2・5　結合の強さと角度

原子のもつ固有の性質とその大きさの二つが結合の強さに影響を及ぼす.**結合エネルギー**はX–Y (g) →X (g) ＋Y (g) のエンタルピーの変化で定義される.炭素を含む結合の結合エネルギーを表2・1に示す.

結合エネルギー
(bond energy)

2・5・1　結合エネルギー

表2・1は炭素–炭素結合において,σ結合がπ結合よりも 82 kJ mol^{-1} だけ強いことを示している.その結果,炭素原子間のπ結合は二重結合の弱いほうの結合であり,アルケンの反応性を考えるうえで重要である.それに対して,C＝O結合ではπ結合のほうがσ結合よりも 4 kJ mol^{-1} だけ強く,C＝O結合は単結合に変化しても再生しやすい.このような性質の違いがC＝C結合よりも,C＝O

結合長はオングストローム（Å）とナノメートル（nm）の両方で表される.
1 Å = 0.1 nm = 10^{-10} m

表 2・1　結合のタイプと結合の長さおよび結合エネルギー

結　合	結合長 (Å)	結合エネルギー (kJ mol^{-1})	結合のタイプ
C−C	1.53	351	σ 結合
C=C	1.32	620	(σ+π) 結合
C−O	1.43	368	σ 結合
C=O	1.21	740	(σ+π) 結合

C=C結合には臭素などが付加して, 二臭化物を生成する. これに対して, C=O結合をもつエステルでは, 炭素上での付加・脱離によって加水分解反応やアミドの生成反応などが起こる.

結合で付加反応や脱離反応が起こりやすいという反応性の差を引き起こす. これらの反応については, 3・5・1節で簡単に述べる.

　結合の長さが短いとき, 強い結合になる. このような短い結合では, 結合電子対がより強く介在することによって正電荷をもつ二つの原子核がたがいに近づく. 結合エネルギーに対する原子の大きさの効果は, 炭素–ハロゲン化合物に典型的な例を見ることができる. 表2・2に示すように, ハロゲン原子が小さくなるに従って結合の長さは短くなり, 結合エネルギーは増大する.

表 2・2　炭素–ハロゲン結合の長さおよび結合エネルギー

結　合	結合長 (Å)	エネルギー (kJ mol^{-1})
C−F	1.38	452
C−Cl	1.77	339
C−Br	1.94	280
C−I	2.14	230

クロロフルオロカーボンは一般に"フロン"とよばれる. フロンは揮発しやすく, 安定であるため分解されずにオゾン層まで拡散する. フロンの光反応については, 4・1節を参照.

　地球環境の破壊が問題となっているクロロフルオロカーボン（CFC）は, 表2・2からわかるように, 分子が強固な C−F および C−Cl 結合によってつくられている. そのため, CCl_2F_2 のような分子は非常に安定であり, 環境中に数年にわたって留まり, またバクテリアによっても分解されない. このように安定なクロロフルオロカーボンであるが, 紫外線の照射によって分解して塩素原子を発生し, オゾンと反応してオゾン層を破壊する. 現在, 世界中でこれらの化合物の使用が禁止されている.

2・5・2　結合角と分子の形

　分子の形を考える場合に,「すべての電子対はたがいに反発しあうが, 非共有電子対は他の電子対より反発が大きい」という基本原理から始めよう. この原理によって分子の形を明らかにするには, ある原子が関与する電子対の数とタイプを知るだけでよい. 原子の空間的配置は, すべての電子対がたがいにできるだけ遠ざかることが最も安定であると考えられる. この相互反発によって, 分子の形は電子対が最も離れる形となる. ここでは電子ドット式を用いて具体例を見てみよう.

　メタンには四つの結合電子対がある. すでに述べたように, それぞれが最大に

離れるためには H−C−H の結合角が 109.5° の正四面体配置をとらねばならない（図 2・22）．類似の配置がアンモニア（三つの結合電子対，一つの非共有電子対）にも適用される．実際にアンモニアの水素原子はピラミッド形をとっている．アンモニアの非共有電子対は結合電子対よりも窒素原子核に近づいているので，結合電子対との大きな反発効果により，H−N−H の結合角は小さくなり 107° になる．同様に，水分子の折れ曲がり構造も二つの非共有電子対が存在することから説明できる．

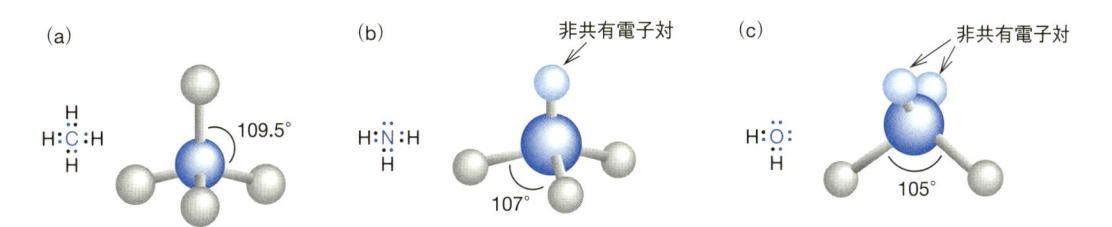

図 2・22　分子の構造　(a) メタン，(b) アンモニア，(c) 水

2・2・4 節で学んだように，sp^2 混成をしている原子の結合の角度は 120° である．しかし，σ と π 結合からなる二重結合の電子対は，単結合のものよりもわずかに反発が強く，このことを反映して分子の形は右図のようになる．また，π 結合をつくる二つの平行な p 軌道は重なりあう必要があるため，分子全体は平面形になる（図 2・7 参照）．一方，中心の C＝C 結合の回転は，π 結合を壊すことになるのでエネルギー的に難しく，エテンの二つの CH_2 基が直交する場合，二つの p 軌道の重なりは最小になる．同じような平面三角形の配置をもつ炭素原子は，ベンゼン，ホルムアルデヒドおよびカルボカチオンにおいて見られる．BF_3 も平面三角形分子である（図 2・23）．

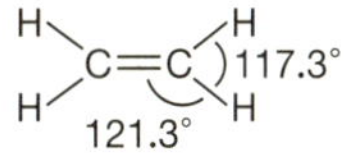

カルボカチオンは炭素陽イオンの総称であり（3・5・2 節参照），*tert*-ブチルカチオンはその代表的な例である．

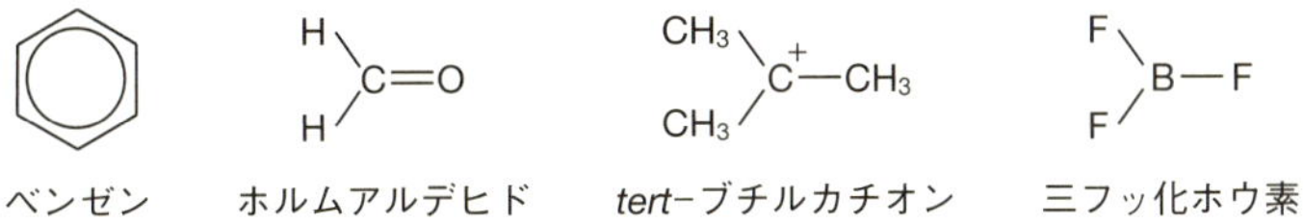

ベンゼン　　ホルムアルデヒド　　*tert*-ブチルカチオン　　三フッ化ホウ素

図 2・23　平面三角形の配置をもつ原子を含む分子

以上で示したもの以外に有機化学でよく目にする分子の形としては，PCl_5 のように三角両錐形の配置をもつものがある．この場合は五つの電子対が中心原子に集まっている．分子全体に電子対が最も広がるためには，三つの電子対が平面三角形をとり，残りの二つの電子対がこの平面に対し直角でなければならない．このような形は右図に示される求核置換反応の遷移状態においてしばしば出会う．C−O 結合や C−Br 結合は，どちらも完全に生成および開裂しておらず，その中間つまり "遷移状態" にあることを示すために破線で描かれる．

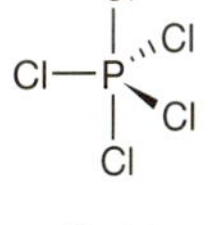

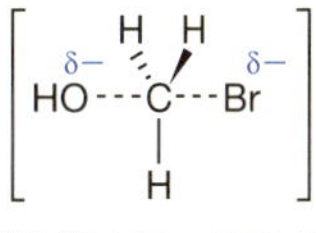

求核置換反応の遷移状態

2・6　分 子 間 力

分子間力
(intermolecular force)

　液体および固体中に存在する分子は，分子間に働く引力によりたがいに引きつけあっている．このような相互作用を**分子間力**といい，融点，沸点，溶解度などの物理的性質は分子間力の大きさで決まる．ただし，気体のように分子同士の距離が離れている場合は，分子間力は無視できるくらいに小さくなる．

イオン結合（ionic bond）
クーロン力（Coulomb force）

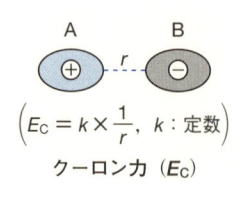

$$\left(E_C = k \times \frac{1}{r},\ k：定数\right)$$

クーロン力（E_C）

2・6・1　イオン‐イオン相互作用（電荷‐電荷相互作用）

　ナトリウムイオン Na^+ のようなカチオンと塩化物イオン Cl^- のようなアニオンは，静電的な力で引きあって結合をつくり，塩化ナトリウム $NaCl$ を生成する．この結合を**イオン結合**といい，イオン間に働く力を**クーロン力**という．クーロン力の大きさは距離に逆比例するが，分子間力のなかでは最も遠くまで届き，方向によらない．有機分子が分子内に部分電荷をもつ場合にも，分子間にクーロン力が働く．

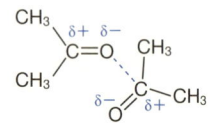

アセトンにおける双極子‐
双極子相互作用

2・6・2　双極子‐双極子相互作用（配向力と誘起力）

　分子のもつ永久双極子の間には，静電的な引力が働く．そのため，ケトンのような極性分子は，液体および固体中でたがいに引きつけあう（配向力）．たとえば，アセトン（プロパノン）では左図のような相互作用が生じる．

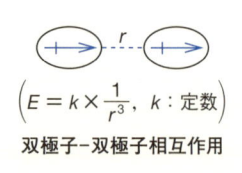

$$\left(E = k \times \frac{1}{r^3},\ k：定数\right)$$

双極子‐双極子相互作用

　このような**双極子‐双極子相互作用**は非常に弱い引力である（この結合エネルギーは数 $kJ\ mol^{-1}$ 程度であり，共有結合のエネルギー（$400\ kJ\ mol^{-1}$ 程度）と比べると非常に小さい）．しかし，分子量がほぼ等しいアセトン CH_3COCH_3（56 ℃）とブタン $CH_3CH_2CH_2CH_3$（0 ℃）の沸点の違いは双極子‐双極子相互作用の有無によっている．これは液体から気体になる場合，アセトンは双極子‐双極子間の引力によってたがいに引きつけあい気化しにくいためである．

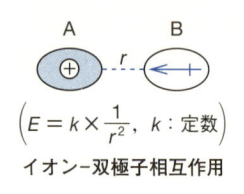

$$\left(E = k \times \frac{1}{r^2},\ k：定数\right)$$

イオン‐双極子相互作用

　荷電したイオンと極性分子の間にも引力（配向力）が働く．たとえば，水に対する塩化ナトリウムの溶解度は，このような相互作用によって説明できる．図2・24 に Na^+，Cl^- と水分子の相互作用を示した．これを**イオン‐双極子相互作用**という（コラム：「クラウンエーテル」参照）．

図2・24　**イオン‐双極子相互作用**　実際には，水中でのイオンは
水分子のクラスター（分子の塊）に取囲まれている．

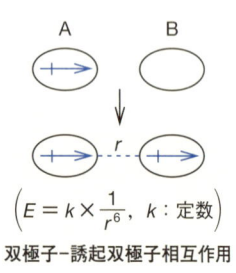

$$\left(E = k \times \frac{1}{r^6},\ k：定数\right)$$

双極子‐誘起双極子相互作用

　一方，極性分子やイオンが無極性分子に近づくと，無極性分子を分極させ双極子を誘起する（誘起双極子）．そのため，双極子と誘起双極子の間に静電的な引力（誘起力）を生じる．これを**双極子‐誘起双極子相互作用**という．このような引力

は極性分子の極性が大きいほど強い.

2・6・3　ファン デル ワールス力（分散力）

O_2, N_2, CO_2 などの双極子モーメントをもたない無極性分子でも，低温では液体や固体になる．このような分子では，電子の運動によって瞬間的に分子のまわりの電子が非対称な分布をとり，一時的に小さな双極子を生じる．さらに，近接する分子においても同じような双極子が誘発されるので，双極子-双極子間に引力が生じる．これを**ファン デル ワールス力（分散力）**とよぶ．電子の数が多いほど，つまり，大きな分子ほど強い相互作用となる.

無極性分子であるアルカンの沸点は分子量が大きくなるほど高くなる．また，直鎖アルカンは同じ炭素数をもつ枝分かれアルカンよりも高い沸点をもつ（表2・3）．これは，図2・25に示すように枝分かれアルカンのほうが直鎖アルカンよりも球に近い形をとるので，表面積が小さくなり，その結果ファン デル ワールス力が小さくなり沸点が低くなるからである.

ファン デル ワールス力
(van der Waals force)

分散力 (dispersion force)

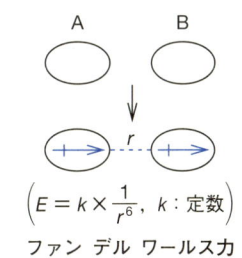

$$\left(E = k \times \frac{1}{r^6}, \ k : 定数 \right)$$

ファン デル ワールス力

表2・3　アルカンの沸点

アルカン	構造式	沸点 (℃)
ペンタン	$CH_3CH_2CH_2CH_2CH_3$	36
2-メチルブタン	$CH_3CH_2CH(CH_3)_2$	28
2,2-ジメチルプロパン	$CH_3C(CH_3)_2CH_3$	10

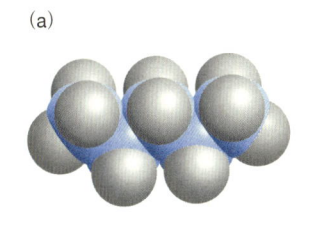

(a)

直鎖状の構造をもつ分子は表面積が大きく相互作用も大きい

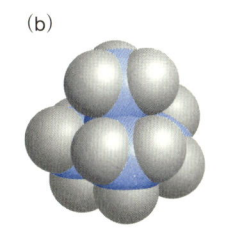

(b)

枝分かれした構造をもつ分子は表面積が小さく相互作用も小さい

図2・25　分子の形とファン デル ワールス力　(a) ペンタン（直鎖アルカン），(b) 2,2-ジメチルプロパン（枝分かれアルカン）

表2・4に芳香族炭化水素と対応する飽和環状炭化水素の沸点と融点をまとめた．ベンゼンとシクロヘキサンの間には，ほとんど差が見られず，分子間力の大きさはほぼ同程度であることがわかる．しかし，ナフタレンと*trans*-デカリンを比較すると，平面性の高いナフタレンのほうが分子間力（**π-π スタッキング相互作用**）が大きくなり，融点と沸点がともに高くなる．アントラセンではさらにこの傾向が増す.

ファン デル ワールス力は，数 $kJ\ mol^{-1}$ の引力であり，双極子-双極子相互作

π-π スタッキング相互作用とは二つの芳香環が平行に並んで安定化する相互作用をいう．芳香環の積層（スタッキング, stacking）には，配向力や電荷移動相互作用（4・3節参照）が大きく寄与する.

生体内では，しばしば下図に示したように，両親媒性分子が疎水性相互作用によって会合して，**二分子膜**を形成する.

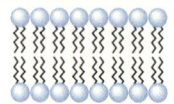

界面活性剤や脂質のように，親水性と親油性の両方をもつ分子を**両親媒性分子**という.

水溶液中で疎水性分子が会合する原動力のことを**疎水性相互作用**という. このような会合は，疎水性分子間の特別な引力によるものではなく，水分子と接触する面積をできるだけ小さくするというエントロピー的な寄与によるものである.

クラウンエーテル
(crown ether)

クラウンエーテルについては，さらに 9・2・1 節でふれる.

用よりも小さい. しかし，ファンデルワールス力は，液晶などの有機機能材料や左図のような生体内での細胞膜における結合と流動性を維持するのに役立っている.

表 2・4　環状炭化水素の融点と沸点

化合物名	化学式	構造式	融点（℃）	沸点（℃）
ベンゼン	C_6H_6		5.5	80
シクロヘキサン	C_6H_{12}		6.5	81
ナフタレン	$C_{10}H_8$		80.5	218
trans-デカリン	$C_{10}H_{18}$		−30.5	187
アントラセン	$C_{14}H_{10}$		216	342

クラウンエーテルと分子間力

　1967 年，米国の化学会社の研究員であったペダーセン（C. J. Pedersen）によって**クラウンエーテル**が発見された. この分子は，その大環状エーテル構造を使って金属イオンを選択的に取込むという特異な性質を示す（図1）. たとえば，過マンガン酸カリウムはベンゼンに不溶であるが，クラウンエーテルを加えたベンゼン溶液には溶解し，その溶液は紫色になる. クラウンエーテルがカリウムイオンを取込む際の分子間力は，カリウムイオンとエーテル結合をつくっている酸素とのイオン−双極子相互作用である.

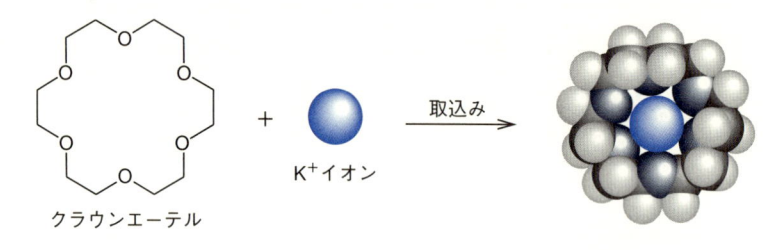

クラウンエーテル　　　　　K^+イオン　　　取込み

図1　クラウンエーテルによるカリウムイオンの取込み

2・6・4　水　素　結　合

水素結合 (hydrogen bond)

　フッ素，酸素，窒素のような電気陰性度の大きな原子に結合した水素原子は，分極によっていくらか正電荷（δ＋）を帯びている. このような水素原子が直接に結合していない他の F, O, N 原子など，非共有電子対をもつ原子との間にクーロン力による弱い結合をつくることがある（図2・26）. この結合を**水素結合**という. 水素結合は分子間力の特別な場合であり，分子間に水素結合のある物質の融点や沸点は，水素結合がない場合に予想される融点や沸点よりも高い.

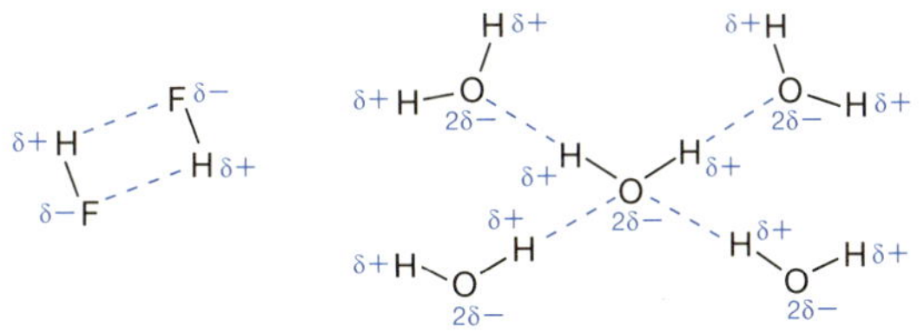

図 2・26　**水素結合している HF と H₂O 分子**

　水素結合は 10 〜 40 kJ mol^{-1} の値をもつ結合であり，共有結合の強さに比べるとはるかに弱いが，無極性分子間の分子間力よりもはるかに大きい．アルコール類が，同じくらいの分子量のアルケンやエーテルよりも高い沸点をもつのは，水素結合の働きによる．

　水素結合は，有機機能材料や生体物質の三次元構造をつくるときにも重要な役割を果たしており，たとえば DNA の二重らせん構造やタンパク質の二次構造を保つことに寄与している．

エタン（C_2H_6）の沸点は-89℃であるが，メタノール（CH_4O）の沸点は 64 ℃である．

2・7 溶 解 度

　溶解とは，物質が液体に溶けて均一な溶液をつくる現象である．塩化ナトリウムを水に溶かした場合の変化を用いてすでに説明したように，分子間力のエネルギーの和が溶解前と等しいかそれ以上であるときは，溶質を溶媒と完全に混ぜあわせることができる．

溶解（dissolution）

　短い鎖をもつアルコールやカルボン酸は，溶解前には分子同士で水素結合をつくっている．しかし水と混ぜることにより，近くに存在する多量の水分子と水素結合をつくるので，容易に溶解していく．また，分子間の双極子-双極子相互作用をもつアセトンは，水と混合することによって新しい水素結合ができるので水に溶ける．

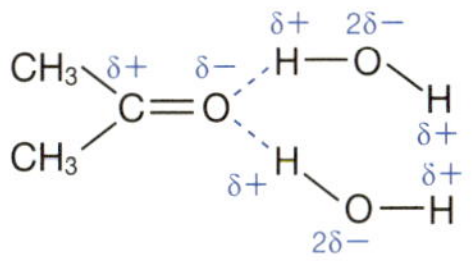

アセトンと水分子の水素結合

　分子が永久双極子をもたないヘキサンとベンゼンとを混ぜた場合，混合の前後で分子間に働くファン デル ワールス力は変わらないので自由に混ざりあう．しかし，ファン デル ワールス力がおもな分子間力であるヘキサンは，水素結合によって安定化している水には溶けない（図 2・27）．

　アルコールやカルボン酸を水に溶かす場合でも，親水性の末端（−OH（水素

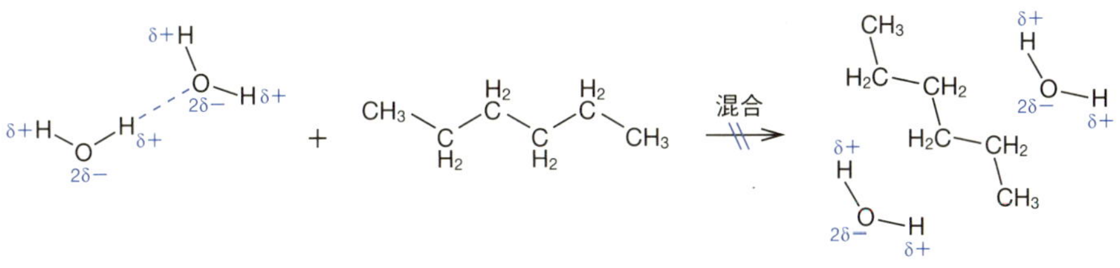

図 2・27　**ヘキサンを水に混ぜた場合の変化**　ヘキサンと水分子の間に水素結合が形成されないので溶けない．

結合を形成する)) と脂溶性の末端 (−CH$_2$−CH$_2$−CH$_3$ (水素結合を妨げる)) の影響を受ける. 短い炭化水素部分を側鎖にもったアルコールやカルボン酸は水に溶けるが, 炭化水素の鎖が長くなるにつれてだんだん水には溶解しなくなる.

2・8 酸と塩基

2・8・1 ブレンステッドの酸・塩基

酸・塩基に対する**ブレンステッドの定義**を用いると, **酸**とは水素イオンを供給する物質 (プロトン供与体) であり, **塩基**とは水素イオンを受け取る物質 (プロトン受容体) である. 水中ではプロトンという名前は, 水素イオン H$^+$ と同様に用いられる. 酸と塩基の関係を示す代表例として, 塩化水素 HCl を水に溶かした場合を示す. 塩化水素は水中で容易に解離して H$^+$ を水分子に与える. 塩化水素は酸, 水は塩基として働き, それぞれの共役酸と共役塩基であるオキソニウムイオン H$_3$O$^+$ と塩化物イオン Cl$^-$ を生成する. 反応式中の ⇌ は平衡を表す.

$$\underset{\text{酸}}{HCl} + \underset{\text{塩基}}{H_2O} \rightleftharpoons \underset{\text{共役塩基}}{Cl^-} + \underset{\text{共役酸}}{H_3O^+} \qquad (2\cdot1)$$

アンモニア NH$_3$ を水に溶かすと, アンモニアは塩基として働く. このとき水は酸として振舞うので, アンモニウムイオン NH$_4$$^+$ と水酸化物イオン OH$^-$ を生成する.

$$\underset{\text{塩基}}{NH_3} + \underset{\text{酸}}{H_2O} \rightleftharpoons \underset{\text{共役酸}}{NH_4^+} + \underset{\text{共役塩基}}{OH^-} \qquad (2\cdot2)$$

2・8・2 平衡と解離定数

HCl は, 水溶液中でほぼ完全に解離するので**強酸**である. HCl の酸解離定数は非常に大きく, 平衡はほとんど右側に片寄っている.

$$HCl + H_2O \rightleftharpoons Cl^- + H_3O^+ \qquad (2\cdot3)$$

酢酸のような有機酸は, 水溶液中でほとんど解離しないので**弱酸**である. 酢酸の酸解離定数は 1 よりもはるかに小さく, 平衡は左側に片寄っている. そのため, 水分子からオキソニウムイオンはほとんど生成しない.

$$CH_3COOH + H_2O \rightleftharpoons CH_3COO^- + H_3O^+ \qquad (2\cdot4)$$

酢酸の解離定数 K_a は次式のように書き表すことができる.

$$K_a = \frac{[CH_3COO^-][H_3O^+]}{[CH_3COOH]} = 1.7 \times 10^{-5} \text{ mol L}^{-1} \text{ (25 °C)} \qquad (2\cdot5)$$

酢酸 (0.1 M) 中の水素イオン濃度を調べるために, [CH$_3$COOH] に 10^{-1} を代入して計算すると, 水素イオン濃度は 1.3×10^{-3} M しかないことがわかる (左式を参照). これは pH 2.9 に相当する. 同じ濃度の塩酸はほぼ完全に解離している

左欄外注記

ブレンステッド (Brønsted) の定義は, ブレンステッド−ローリーの定義ともよばれる.

酸 (acid)

塩基 (base)

共役 (きょうやく)

H$_2$O の酸素原子上の非共有電子対を使って, 新たに O−H 結合をつくる.

$$H\overset{..}{\underset{..}{O}}H + H^+ \longrightarrow H\overset{+}{\underset{\underset{H}{|}}{\overset{..}{O}}}H$$

$$H\overset{..}{\underset{\underset{H}{|}}{N}}H + H\overset{..}{\underset{..}{O}}H$$
$$\downarrow$$
$$H\overset{+}{\underset{\underset{H}{|}}{\overset{H}{N}}}H + H\overset{..}{\underset{..}{O}}{}^-$$

解離定数 K_a を考えるとき, 水は溶媒であり大過剰に存在するので, 定数として取扱い, 式に入れない.

$$\frac{x^2}{10^{-1}} = 1.7 \times 10^{-5}$$
$$x = 1.3 \times 10^{-3}$$
$$pH = -\log_{10}[H_3O]^+$$
$$= -\log(1.3 \times 10^{-3})$$
$$= 2.9$$

ので, pH は 1.0 となる.

アミンのような有機塩基は**弱塩基**である. エチルアミンを水に溶かすと, 以下に示す水の解離を引き起こす.

$$C_2H_5NH_2 + H_2O \rightleftharpoons C_2H_5NH_3^+ + OH^- \tag{2・6}$$

水中でのエチルアミンの塩基解離定数 K_b は, 酢酸の解離の場合と同様に, 次式のように書き表すことができる.

$$K_b = \frac{[C_2H_5NH_3^+][OH^-]}{[C_2H_5NH_2]} \tag{2・7}$$

塩基の解離平衡は, その共役酸 (塩基にプロトンが付加することによって生成) の解離として考えると, 酸・塩基平衡が統一的に理解できる.

$$C_2H_5NH_3^+ + H_2O \rightleftharpoons C_2H_5NH_2 + H_3O^+ \tag{2・8}$$

エチルアミンの共役酸 $C_2H_5NH_3^+$ の解離に対して, 酸解離定数 K_a を用いると, 次式が成り立つ.

$$K_a = \frac{[C_2H_5NH_2][H_3O^+]}{[C_2H_5NH_3^+]} \tag{2・9}$$

K_a と K_b の関係は, どのような共役酸・塩基の間においても非常に単純である. 上に示した K_a と K_b の式を掛けあわせると, たがいに打ち消しあって, 最終的に次式が得られる. 水のイオン積 (K_w) の値は, 25 ℃ で $10^{-14}\ \mathrm{mol^2\,L^{-2}}$ である.

$$K_a \times K_b = [H_3O^+][OH^-] = K_w \ (水のイオン積) \tag{2・10}$$

一対の共役酸と塩基では, 25 ℃ で $pK_a + pK_b = 14$ となる. ある化合物の pK_a または pK_b の値が大きいとき, その化合物は弱酸または弱塩基である (表 2・5, 2・6 参照). この関係からわかるように, 強酸の共役塩基は弱塩基であり, 強塩基の共役酸は弱酸である.

2・8・3 溶 解 と 平 衡

多くの有機酸や有機塩基は水にほとんど溶けない. たとえば, 安息香酸は冷水にごくわずかに溶ける弱酸であり, さらに水中の安息香酸のなかで酸としてイオン化するものはごくわずかである.

$$\underset{\text{安息香酸}}{C_6H_5COOH} + H_2O \rightleftharpoons C_6H_5COO^- + H_3O^+ \tag{2・11}$$

この安息香酸と水の混合物に NaOH のようなアルカリを加えると, H_3O^+ が中和されて水になり除かれていくので, 反応の平衡は右に傾き, 安息香酸がイオンとなって溶け出してくる. 過剰のアルカリを加えて安息香酸をすべて塩に変えると, 溶液中に安息香酸ナトリウムが生成する. アニリン $C_6H_5NH_2$ についても同様

K_a, K_b はしばしば対数の形で用いられる.
$$pK_a = -\log K_a$$
$$pK_b = -\log K_b$$

水中における塩基の強さは通常, その共役酸の K_a または pK_a で表される.

HCl は非常に強い酸であり ($K_a = 10^7\ \mathrm{mol\,L^{-1}}$), Cl^- は非常に弱い塩基である ($K_b = 10^{-21}\ \mathrm{mol\,L^{-1}}$).
HCN は弱酸であり ($K_a = 4.9 \times 10^{-10}\ \mathrm{mol\,L^{-1}}$), 生成する CN^- は中程度の塩基である ($K_b = 2.0 \times 10^{-5}\ \mathrm{mol\,L^{-1}}$).
エタノールは非常に弱い酸である ($K_a = 1.3 \times 10^{-16}\ \mathrm{mol\,L^{-1}}$) ので, エトキシドイオンは強塩基である ($K_b = 7.7 \times 10^3\ \mathrm{mol\,L^{-1}}$).

室温で安息香酸を水に溶かしても, 中性の安息香酸はあまり溶媒和されないので, 分子間力は増加せず, 溶解度は低くなる.

$C_6H_5NH_3^+ + OH^-$

↓ +HCl

$C_6H_5NH_3^+ + Cl^- + H_2O$

で，水にはかなり溶けにくいが，塩酸を加えることでよく溶けるようになる．

2・8・4 酸の強さの比較

表2・5に水溶液中での実験によって求めた酸性物質のK_aおよびpK_aの値を示す．この表の下にいくほど，酸の強さは増す．

表2・5 酸性物質のK_aとpK_a

酸	示性式	$K_a(\mathrm{mol\ L^{-1}})$	pK_a
エタノール	CH_3CH_2OH	1.3×10^{-16}	15.9
フェノール	C_6H_5OH	1.3×10^{-10}	9.9
シアン化水素	HCN	4.9×10^{-10}	9.3
酢 酸	CH_3COOH	1.7×10^{-5}	4.8
ギ 酸	$HCOOH$	1.6×10^{-4}	3.8
硫 酸	H_2SO_4	$\sim10^3$	-3
塩 酸	HCl	$\sim10^7$	-7

　表に示した酸の示性式から酸の強さを予想することは難しい．そこで，酸の解離を理解するために，そのエネルギー断面図を描いてみよう（図2・28）．エネルギー断面図に示された出発物と生成物のエネルギー差が大きいほどK_aの値は大きくなるので，酸の酸性は強くなる．すなわち，酸の強さを比べるにはHXとX⁻の安定性の差を比較すればよく，X⁻が安定であれば，あるいはHXが不安定であれば，HXの酸性は強くなる．

HXが不安定であるということは，HXは高エネルギー状態にあり，X⁻が安定であるということは，X⁻が低エネルギー状態にあることを意味する．

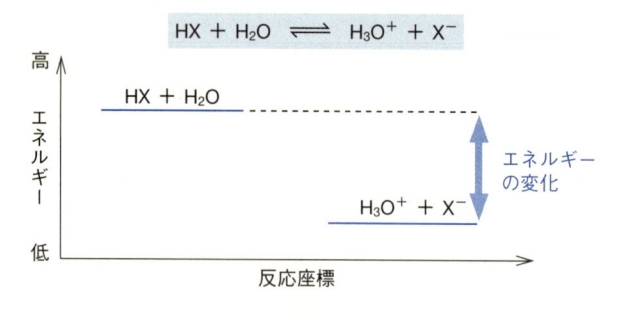

$$HX + H_2O \ \rightleftharpoons \ H_3O^+ + X^-$$

図2・28 HXの解離を示す反応座標

　有機化合物の酸解離定数K_aについて考えるとき，つぎの3点が重要である．

アニオンX⁻中に電気陰性度の大きな原子をもたない炭化水素（アルカン）は酸性を示さない（$pK_a = 40$）．

　i) アニオンX⁻の構造式のなかで負電荷をもつ原子の電気陰性度が大きいほど，K_aは大きくなる．通常の有機酸では酸素原子が該当する．

　ii) アニオンX⁻の負電荷が非局在化できる場合，X⁻は安定化するので酸性は強くなる．

　iii) 溶媒の影響（溶媒和効果）が重要である．たとえば，HClは水中では非常に強い酸であるが，トルエン溶液中や気相中では解離しない．

　有機酸が水中で解離するときのエネルギー変化は，少しエネルギーの高い方向に進むので不安定化する．このとき，解離定数 K_a は表2・5に示すように1より小さく弱酸である．つぎに，エタノールと酢酸の酸性の違いについて考えてみよう．酢酸アニオン（アセタートイオン）とエトキシドイオンの安定性を比べてみると，アセタートイオンでは負電荷は共鳴（3章参照）によって非局在化できるが，エトキシドイオンでは一つの酸素原子上に局在化しているので安定化されない．

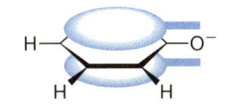

アセタートイオン

$CH_3CH_2O^-$
エトキシドイオン

　非局在化が酸性を高めるということは，フェノールの場合にも同様である．フェノールがエタノールよりも強い酸であるのは，フェノキシドイオンの負電荷がベンゼン環上に広がって非局在化するためである．ただし，負電荷はより多くの酸素原子上に非局在化したほうがより安定であるために，フェノールは酢酸よりも弱い酸である．同じことが硫酸と亜硫酸の場合にも起こり，硫酸は非局在化できる酸素を3個もつために，2個しかもたない亜硫酸より強い酸である（図2・29）．

フェノキシドイオンにおける負電荷の非局在化

$$H_2SO_4 + H_2O \rightleftharpoons \quad + H_3O^+ \qquad K_a = \sim 10^3$$

$$H_2SO_3 + H_2O \rightleftharpoons \quad + H_3O^+ \qquad K_a = 1.38 \times 10^{-2*}$$

図2・29　硫酸と亜硫酸の解離

＊図2・29中の K_a の値は，以下の解離の値を示す．

$$SO_2 + 2H_2O$$
$$\Updownarrow$$
$$HSO_3^- + H_3O^+$$

2・8・5　塩基の強さの比較

　有機塩基の pK_b 値を表2・6に示す．アルキルアミンの pK_b 値は非常に近い値を示しており，その塩基性にはアルキル基の電子供与性と溶媒和を受けやすいか

表2・6　アミンの塩基性の違い

酸	示性式	pK_b
アニリン	$C_6H_5NH_2$	9.4
アンモニア	NH_3	4.8
トリメチルアミン	$(CH_3)_3N$	4.2
エチルアミン	$CH_3CH_2NH_2$	3.4

どうかが関係している．アニリンの場合は，窒素原子上の非共有電子対がベンゼン環上に非局在化するので，塩基性は非常に弱くなる．この電子対を H^+ との結合に使おうとすれば，非局在化によるエネルギーの安定化分も失うことになる．したがって，アニリンは弱塩基である．

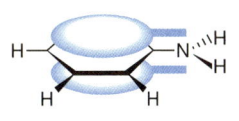

アニリンの非共有電子対の非局在化

練 習 問 題

分子中の原子の**形式電荷**
(formal charge) は共有結合
をつくっている原子間で電
子が均等に共有されている
と仮定して計算された電荷
のことである.

2・1　つぎの原子において, 1) 価電子はいくつあるか, 2) 通常の原子価はいくつ
かを記せ.

　a) 水素, b) 酸素, c) フッ素, d) 炭素, e) 窒素, f) ホウ素

2・2　つぎの各分子種を電子ドット式 (電子式) で表せ. 形式電荷があれば, 該当
する原子上に示せ.

　a) 亜硝酸 HONO, b) 硝酸 $HONO_2$

　c) ホルムアルデヒド H_2CO, d) 一酸化炭素 CO

　e) 三塩化ホウ素 BCl_3, f) シアン化物イオン CN^-

　g) 炭酸水素イオン HCO_3^-, h) メトキシドイオン CH_3O^-

2・3　つぎの簡略化された構造式を, すべての結合を示す構造式に書き換えよ.

　a) $(CH_3)_2CHCH_2CH_3$　　b) $(CH_3)_3COH$　　c) $CH_3CH_2OCH_3$　　d) $(CH_3CH_2)_2NH$

　e)　　　　　f)　　　　　g)　　　　　h)

2・4　つぎの構造式を問題2・3e)～h) のような折れ線を用いて表せ.

　a) $(CH_3)_2CHCH_2CH(CH_3)_2$　　b) $(CH_3)_2CHCHO$　　c) $CH_3CH_2CH(OH)CH_3$

2・5　つぎに示した化合物がブレンステッド酸であるか塩基であるかを示せ.

　a) 1-プロパール $CH_3CH_2CH_2OH$, b) 塩素酸 $HClO_3$, c) ジメチルアミド $(CH_3)_2N$

2・6　つぎに示した化合物がルイス塩基であるかどうかを記し, その理由を説明せ
よ.

　a) Mg^{2+}, b) 三塩化アルミニウム, c) 三フッ化ホウ素, d) トリエチルアミン

2・7　亜硝酸 (HNO_3, $pK_a = 3.3$) と亜リン酸 (H_3PO_3, $pK_a = 1.3$) ではどちらが
より強い酸かを答えよ. また, それぞれの K_a 値を計算で求めよ.

2・8　つぎの各組の化合物について, 沸点の高い化合物はどちらかを予想せよ.

　a) $CH_3CH_2CH_2CH_2CH_3$ と $CH_3CH_2CH_2CH_2OH$

　b) $CH_3CH_2OCH_2CH_3$ と $CH_3CH_2CH_2CH_2OH$

　c) 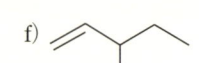 と 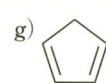　　d) CCl_4 と CH_2Cl_2　　e) $CH_3CH_2CH_2NH_2$ と $(CH_3)_3N$

2・9　カルボン酸 $R-CO_2H$ は水素結合により会合した二量体を形成する. どのよう
な構造が予想されるか.

2・10　つぎの化合物にはいずれも分子内水素結合が可能である. 分子内水素結合
を破線で示してその構造を書け.

　a) $HOCH_2CH_2OH$　　b) $(CH_3)_2NCH_2CH_2COOH$　　c)

3 有機化合物の構造と反応性

すでに学んだように，炭素–炭素結合には多彩な結合様式が可能である．有機化学ではその利点を生かして，いろいろな構造をもつ有機化合物を合成し，その性質を利用してきた．ここでは有機化学の基礎にもとづいて，有機化合物の構造と反応性について説明する．

3・1　有機化合物の構造と立体化学

有機化合物には同じ分子式をもつが，構造の異なるものが存在する．これをたがいに**異性体**という．図3・1に示すように，異性体は構造異性体と立体異性体に大きく分けられる．さらに立体異性体には立体配置異性体と配座異性体（または立体配座異性体）が存在する．

このような異性体同士での構造の違いが，さまざまな性質の違いを生み出す．まずは，有機化合物の性質を決める重要な要素の一つである異性体とその"立体化学"について見てみよう．

異性体 (isomer)

立体化学 (stereochemistry) とは分子の立体構造を取扱う化学である．

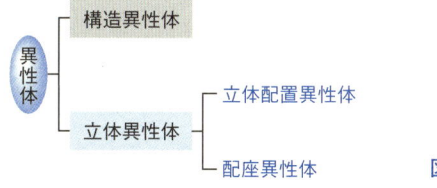

図3・1　異性体の種類

3・2　構 造 異 性 体

分子式は同じであるが，分子の構造が違うために性質が異なるとき，それらの化合物同士をたがいに**構造異性体**という．最も単純な場合は，原子が異なった順番に並ぶものである（図3・2）．

これらの異性体は融点や沸点のような物理的性質が異なるだけではなく，化学的性質も異なる．つまり官能基が変われば，化学的性質もかなり違ってくる．たとえば，図3・2の分子式 C_2H_6O をもつ化合物には2種類が存在する．CH_3OCH_3 はジメチルエーテルというエーテルであり，CH_3CH_2OH はエタノールというアルコールである．また，CH_3CH_2COOH と CH_3COOCH_3 は分子式がともに $C_3H_6O_2$

構造異性体
(structural isomer, constitutional isomer)

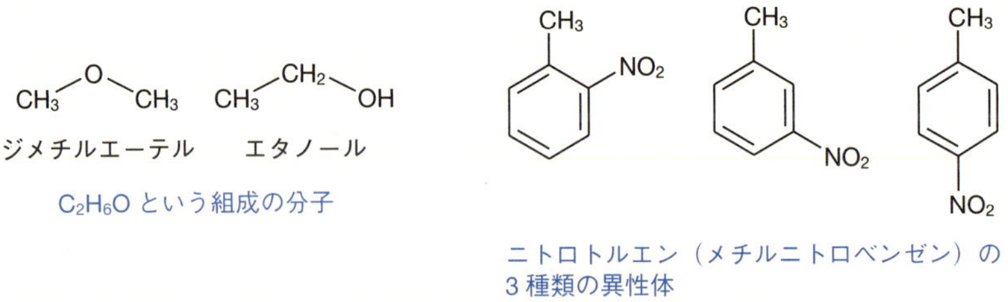

図3・2のニトロトルエンの
ように置換基を2個もつ芳
香族化合物では，それらの位
置の違いによる異性体が存
在する．1,2−，1,3−および
1,4−二置換体に対して，それ
ぞれ以下のように命名され
る．

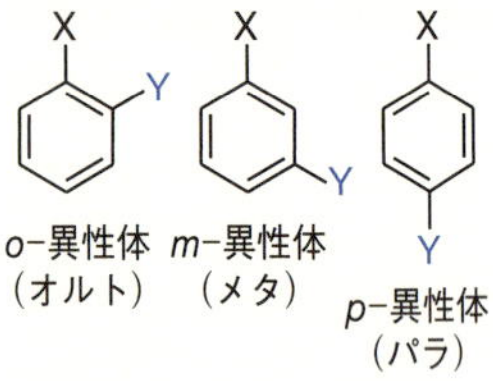

CH_3-O-CH_3　　CH_3-CH_2-OH

ジメチルエーテル　　エタノール

C_2H_6O という組成の分子

ニトロトルエン（メチルニトロベンゼン）の
3種類の異性体

図3・2　構造異性体の例

X — Y

o−異性体　m−異性体　p−異性体
（オルト）　（メタ）　（パラ）

であるが，前者は酸であり，後者はエステルである．

3・3　立 体 異 性 体

立体異性体 （stereoisomer）

立体異性体とは，原子の結合の順序は同じであるが，立体構造が異なる異性体
であり，立体配置異性体と配座異性体とに分けることができる．配座異性体は，
単結合の回転によって生じる置換基の相対的位置関係の違いによる異性体であ
る．立体配置異性体には，鏡像異性体（エナンチオマー）とジアステレオマーが
ある．前者は重ねあわせることのできない鏡像関係にある異性体であり，後者は
鏡像関係にない異性体である．アルケンおよびシクロアルカンのシス−トランス
異性体（幾何異性体ともいう）はジアステレオマーの例である．シス−トランス
異性体についてはあとで紹介するさまざまな機能とかかわりをもつので，最初に
説明する．

鏡像異性体については，3・
3・5節参照．
ジアステレオマーは異なる
物理的および化学的性質を
もつ．ジアステレオマーに
ついては3・3・6節も参照の
こと．

3・3・1　シス−トランス異性体

シス−トランス異性体
（*cis-trans* isomer）

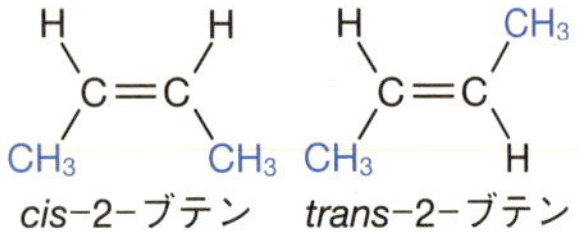

cis−2−ブテン　trans−2−ブテン

2−ブテンを $CH_3-CH=CH-CH_3$ のように書くと，二つの可能な構造が存在
することを想像することは難しい．しかし，その構造を左図のように描くと，二
つのメチル基−CH_3 が二重結合の同じ側にある異性体（シス体）と反対側にある
異性体（トランス体）が存在することが理解できる（図3・3）．$C=C$ 結合のまわ
りの回転は抑制されているので，二つの異性体は π 結合を壊して回転させない限
り，同じものにはならない．

これらの二つの異性体は異なる沸点（物理的性質）をもち，化学的性質も異なる．

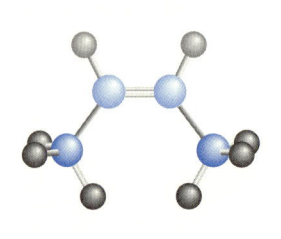

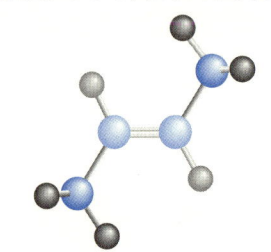

cis−2−ブテン（Z−2−ブテン）　　　trans−2−ブテン（E−2−ブテン）

図3・3　2−ブテンのシス−トランス異性体

一般にトランス体のほうが融点が高く，有機溶媒への溶解度が低いことが多い．

　シス-トランス異性体が存在するためには，図3・3に示すように二重結合のどちらの炭素原子にも二つの異なる置換基が結合していることが必要となる．

　図3・4に示すように，二つの1-ブテンもたがいに異性体であるように見える．しかし分子全体が平面性をもつので，左の分子をひっくり返せば右の分子に重ねることができる．したがって，これらはたがいにシス-トランス異性体ではない．

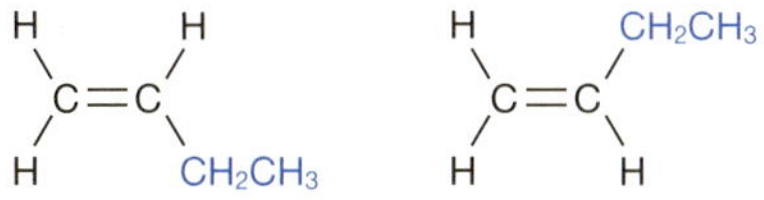

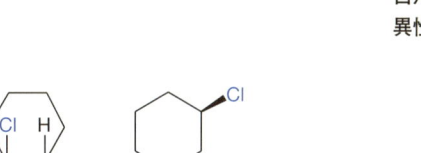

図3・4　1-ブテンの構造

3・3・2　環状化合物のシス-トランス異性

　環状の有機化合物にもシス-トランス異性体が存在する．1,2-ジメチルシクロプロパンでは，二つのメチル基の相対的な配置の違いにより，シス-トランス異性体が生じる（図3・5）．

　シクロヘキサンのように平面構造をとらない環でも同様である．シクロヘキサンではいす形と舟形とよばれる配座異性体ができる（3・3・4節および図3・10参照）．これらの配座異性体において，相対的な上下関係は環の反転が起こっても変わらないので，立体配置についてはシクロヘキサン環を平面構造として考えることができる．このことから，1,2-二置換シクロヘキサンのシス-トランス異性体はつぎのように表される（図3・6）．ここで，実線のくさびは環の面（この場合は紙面と同じ）から上に出た結合を，破線のくさびは環から下に出た結合を表している．

二重結合のまわりにおける配置の表示法として，**E, Z 表示法**がよく用いられている．この表示法では，二重結合を形成している二つの炭素原子それぞれについて，2個の原子または原子団に順位をつけ，上位の置換基同士が二重結合の同じ側にある配置を記号 Z，反対側にある配置を記号 E で表す．置換基の順位は立体配置の表示で用いる **R, S 表示法**の順位則に従って決める（R, S 表示法については p.31 のコラム参照）．

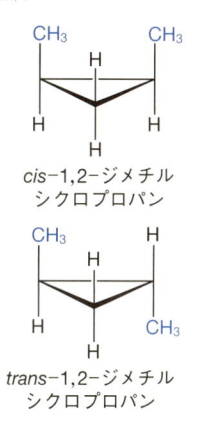

cis-1,2-ジメチル
シクロプロパン

trans-1,2-ジメチル
シクロプロパン

図3・5　二置換シクロプロパンのシス-トランス異性体

cis-1,2-ジクロロシクロヘキサン　　　　trans-1,2-ジクロロシクロヘキサン

図3・6　1,2-ジクロロシクロヘキサンのシス-トランス異性体

3・3・3　配座異性体

　エタン CH_3-CH_3 の炭素-炭素結合を軸として回転させると，二つの炭素原子に結合した，3個の水素原子の空間における相対的な位置が変化する．このような単結合の回転により生じる立体構造を**立体配座（コンホメーション）**という．そして，立体配座の異なる化合物をたがいに**配座異性体（コンホマー）**という．

　エタンには無数の立体配座が存在するが，このうち特徴的な配座をニューマン

立体配座（conformation）
分子が単結合を軸として回転する際に生じるいろいろな相対配置．

配座異性体（conformer）

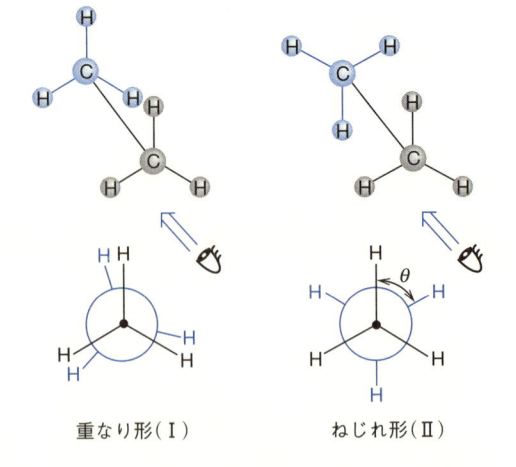

図3・7　エタンの立体配座とニューマン投影式

立体配座を表す方法には,ニューマン(Newman)投影式が用いられる.分子をC−C結合軸の方向から見て,目に近いほうの炭素原子を点で,遠い方の炭素原子を円で描き,それぞれの炭素原子に結合している水素を線で結び,紙面上に投影する.

重なり形配座
(eclipsed conformation)

ねじれ形配座
(staggered conformation)

重なり形配座(I)は,エタンがC−C結合軸に対して回転する場合に最も不安定な配座であり,このような状態を“遷移状態”という.また,ねじれ形配座(II)は安定で単離することができるから,中間体である.

投影式で図3・7に示す.向こう側の水素原子と手前の水素原子との重なり具合によって,異なる配座をもつ.手前の水素と向こう側の水素が重なっているものを**重なり形配座**,たがいにねじれているものを**ねじれ形配座**という.

　配座異性体はそれぞれ異なるエネルギーをもつ.エタンでは,最もエネルギーが高いのは重なり形(I)であり,最もエネルギーが低いのはねじれ形(II)である.このことは,重なり形よりもねじれ形のほうが安定であることを示す.これらの配座の間には,約 $12\ \mathrm{kJ\ mol^{-1}}$ のエネルギー差がある.炭素−炭素結合の回転とエネルギーの関係の様子を図3・8に示す.

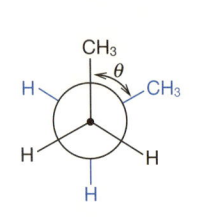

ゴーシュ形(gauche)
$\theta = 60°$

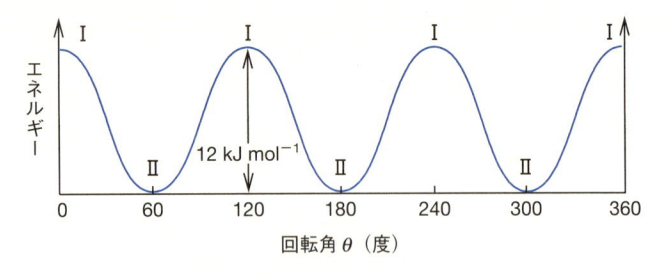

図3・8　エタンの炭素−炭素結合に対するねじれ角とポテンシャルエネルギーの関係(I:重なり形,II:ねじれ形)

アンチ形(anti)
$\theta = 180°$

図3・9　ブタンの二つのねじれ形配座

　ブタン $CH_3CH_2CH_2CH_3$ の中央に位置する C−C 結合を軸として回転させた場合のねじれ形配座をニューマン投影式を用いて,図3・9に示す.メチル基と水素原子およびメチル基とメチル基との立体反発によって,異なる配座をもつ分子はそれぞれ異なったエネルギーをもつことになる.ブタンの立体配座のうち最もエネルギーが高いのは重なり形で,最もエネルギーが低いのはねじれ形である.エネルギーが極小になるねじれ形には,**アンチ形**と**ゴーシュ形**がある.このうち,メチル基同士が遠く離れたアンチ形がより安定な配座である.

アンチ形とゴーシュ形との間では, エネルギー障壁が低いので, 二つの立体配座は単結合のまわりの回転により容易に相互変換する. したがって, ある立体配座に固定されたブタン分子を単離することはできない（配座異性体は単離できない）.

アンチ形とゴーシュ形のこれらの相互交換に要するエネルギーは 約 $3.8\,\mathrm{kJ\,mol^{-1}}$ と求められており, 室温でも容易に回転が起こる.

3・3・4 シクロヘキサンの配座異性

sp^3 混成の炭素原子が環状につながったアルカンでは, 環の大きさによっては 109.5° の結合角がひずむために, 可能な立体配座が制限される. しかし, シクロヘキサン C_6H_{12} の炭素は 109.5° の正常な結合角を保ったままで, ひずみのない二通りの環状構造をとることができる. 一つは**いす形**, もう一方は**舟形**とよばれる（図 3・10）. いす形から舟形への環の配座の変化を詳しく調べると, いす形配座から非常に不安定な**半いす形**の遷移状態を経て, 少し安定な**ねじれ舟形**をつくり, さらに舟形の遷移状態を経てねじれ舟形に変わり, 半いす形の遷移状態を経て反転したいす形に変化することがわかった.

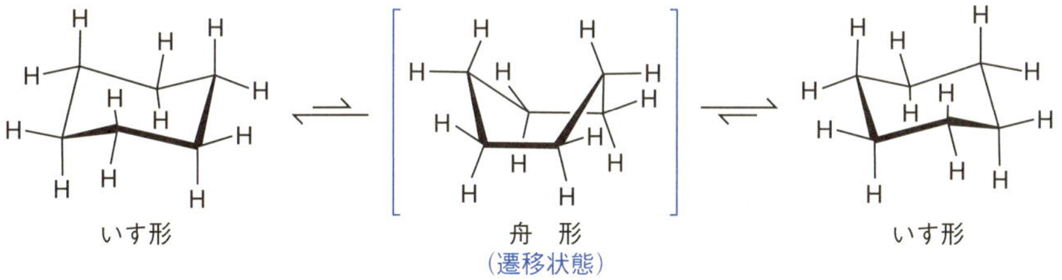

いす形（chair form）

舟形（boat form）

半いす形（half-chair form）は四つの炭素が平面に並ぶ構造であり, 非常に不安定な配座である. これに対して, **ねじれ舟形**（twist-boat form）は炭素ー水素結合がねじれるので, ねじれひずみと立体ひずみが減少し, 舟形より安定な中間体である.

いす形

舟形

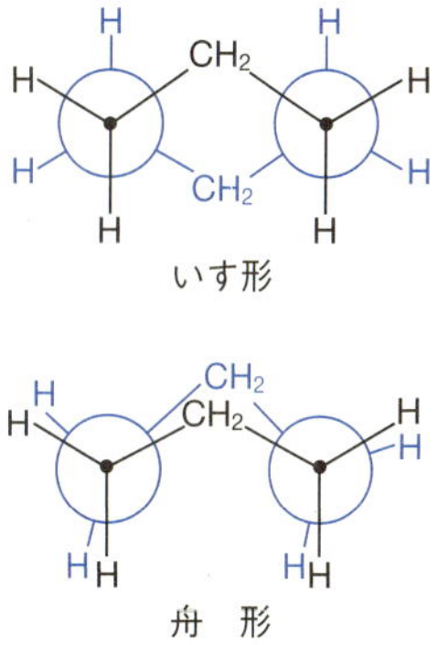

図 3・11　シクロヘキサンのいす形と舟形のニューマン投影式

いす形と舟形の二つについてニューマン投影式を見てみると（図 3・11）, いす形ではすべての C−C−C 角は 111.5° で四面体角（109.5°）に近くなっている. また, いす形では 6 個の C−C 結合がすべてゴーシュ形であるのに対し, 舟形では 2 個の C−C 結合のところで重なり形が存在する. このため, 舟形はいす形に比べて不安定である. 個々の分子は舟形を中間体として, もう一方のいす形との間で速やかに変換しあっており（図 3・10）, 一定の配座に固定されているわけではない.

シクロヘキサンには 12 個の C−H 結合が存在する. いす形では, そのうちの 6 本は環がつくる平均的な分子平面に垂直であり, 交互に環の上下に向いている（図 3・12）. これらの結合を**アキシアル結合**という. 残りの 6 本の C−H 結合は平均的な分子平面にほぼ平行に向いている. これらを**エクアトリアル結合**という. シクロヘキサン環の反転によって, アキシアル結合はエクアトリアル結合に, エクアトリアル結合はアキシアル結合にそれぞれ変わる.

シクロヘキサン環に置換基が一つ導入されると, その置換基は環の反転によりアキシアル位にもエクアトリアル位にも位置する. しかし, アキシアル配座は立

図 3・10　シクロヘキサンの立体配座と環の反転

いす形　⇄　舟　形（遷移状態）　⇄　いす形

シクロヘキサン環の相互変換のエネルギー障壁は $50.6\,\mathrm{kJ\,mol^{-1}}$ であり, 室温では 1 秒間に 10^5 回, 環の反転が起こっている.

アキシアル（axial）
エクアトリアル（equatorial）

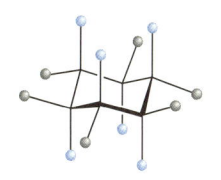

図 3・12　シクロヘキサンのアキシアル（○）とエクアトリアル（○）

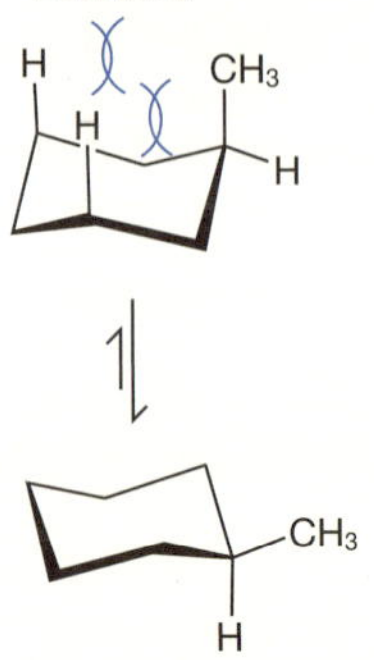

立体反発

体的に込みあうためにエクアトリアル配座に比べて不安定である．図3・13に示されるようなアキシアル置換基による効果を，相互作用する置換基との位置関係から，**1,3-ジアキシアル相互作用**という．

　たとえば，メチルシクロヘキサンの場合，メチル基がエクアトリアル配座であるほうがアキシアル配座に比べて $7.3\,kJ\,mol^{-1}$ 安定であり，室温では95%がエクアトリアルによるいす形で存在する．メチル基よりも立体的に大きな置換基である *tert*-ブチル基がつくと，アキシアル結合がますます不利になり，*tert*-ブチル基がエクアトリアル結合になる立体配座に固定されるようになる．

鏡像異性体 (enantiomer)
鏡像異性体の特徴は，それぞれが平面偏光の偏光面を回転させる性質（**旋光性**）をもつことである．進行してくる光を観測者から光源の方向に見て，偏光面を時計方向に回転させるときは，その異性体が右旋性であるといい，その逆方向に回転させるときは左旋性であるという．右旋性の物質に（＋）を，左旋性の物質に（－）を，それぞれの名称の前につけて区別する．

3・3・5 鏡 像 異 性 体

　三次元的な構造をもつ分子では，鏡に映すと左手と右手のように重ならない関係にある異性体が存在する．このような鏡像が同一でない異性体を**鏡像異性体**（**エナンチオマー**）という．鏡像異性体は光学異性体とよばれることもあり，融点や沸点のような物理的性質は同じで，その溶液が平面偏光を回転させる方向だけが異なっている．

　例として，乳酸の鏡像異性体を図3・14に示す．分子 **A** を回転させた場合，中心のC原子やCOOH基およびOH基が重なると分子 **B** が得られるように思われるが，実際は不可能である．

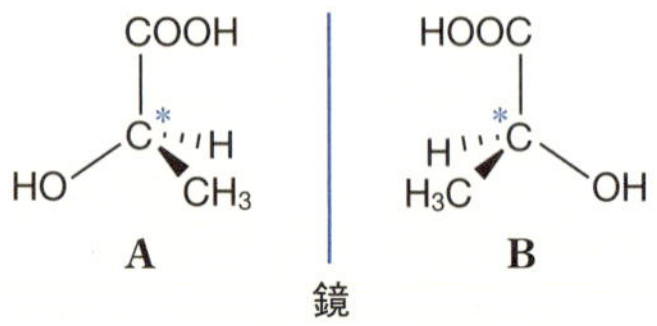

図3・14　乳酸の鏡像異性体

　乳酸分子の＊をつけた炭素には，たがいに異なる4個の原子や置換基が結合している．このような炭素原子を**不斉炭素原子**という．乳酸の二つの異性体（**A** と **B**）は，平面偏光を回転させる方向が違うことにより区別されるが，融点，沸点などの物理的性質は等しい．また，化学的性質においても差異はないが，他の鏡像異性体との反応性には，右手と右手で握手するか右手と左手で握手するかのような著しい差が見られる．

不斉炭素原子
(asymmetric carbon atom)

キラル (chiral)

アキラル (achiral)

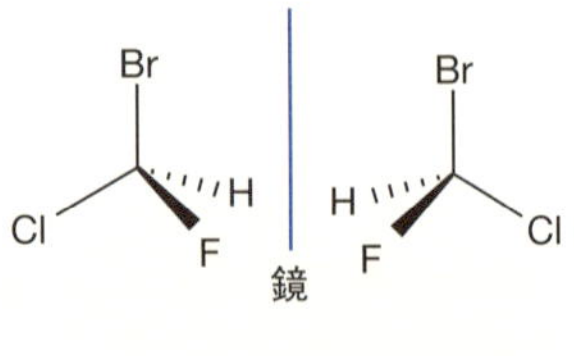

図3・15　ブロモクロロフルオロメタンの鏡像異性体

　このように実像と鏡像を重ねあわすことができないとき，ギリシャ語の"手をもった"の意に由来する言葉を用いて，その形は**キラル**であるという．鏡像異性体はキラルな構造をもつことになる．キラルでない分子はギリシャ語の"手をもたない"の意に由来する言葉を用いて，**アキラル**という．この不斉炭素をもつことが鏡像異性体になることの一つの条件である．

　旋光性を示す物質を"光学活性"であるという．図3・15に示したブロモクロロフルオロメタンは光学活性であり，その鏡像異性体はもちろん光学活性であ

る．しかし，二つの鏡像異性体を等量ずつ混合すると，偏光面を回転させること
はなく，光学的に不活性となる．このような等量混合物を**ラセミ体**といい，（±）　ラセミ体（racemate）

立体配置の表示法

不斉炭素原子をもつ化合物の立体配置は，立体構造を図示することなく，***R, S* 表示**（*R, S* system）によって示すことができる．

不斉炭素原子に結合する四つの置換基を示す順位規則に従って，①，②，③，④ の番号をつける．図1のように最下位の置換基④ を最も遠くに見たとき，手前に出た残りの三つの置換基の ①→②→③ の並び方が右まわり（時計方向）のとき *R* 配置，左まわりのとき *S* 配置とする．*R, S* の記号はそれぞれラテン語の rectus（＝right），sinister（＝left）に由来する．

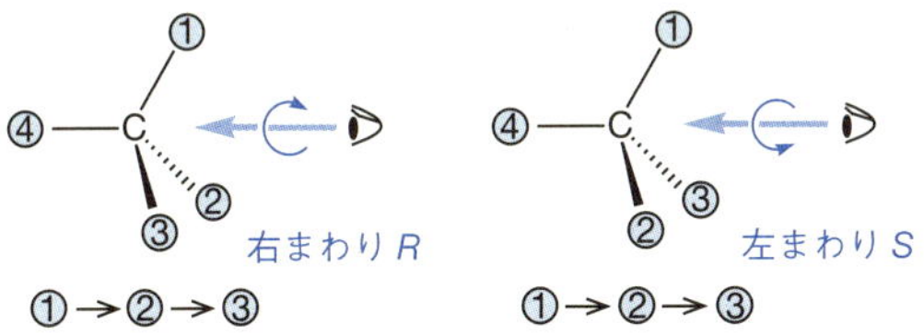

図1　立体配座の *R, S* 表示

順位規則の要点をまとめると，以下のとおりである．

1. 不斉炭素原子に直接結合している原子を比べて，それらの原子番号が大きい順に順位をつける．

2. 直接に結合している原子が同じ場合は，つぎの原子（不斉炭素原子から数えて2番目の原子）を比較し，原子番号の大きいほうを高順位にする．それでも決まらないときは，3番目，4番目以降を比較して順位をつける．

3. 二重結合や三重結合がある場合は，それぞれ2個あるいは3個の同一原子が結合の数だけついているものとみなして，順位規則を適用する．

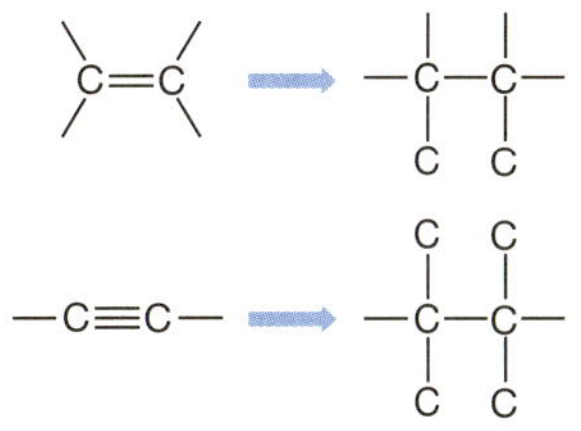

たとえば，−CHO 基の炭素原子には2個の O と1個の H が結合しているとみなす（図2）．

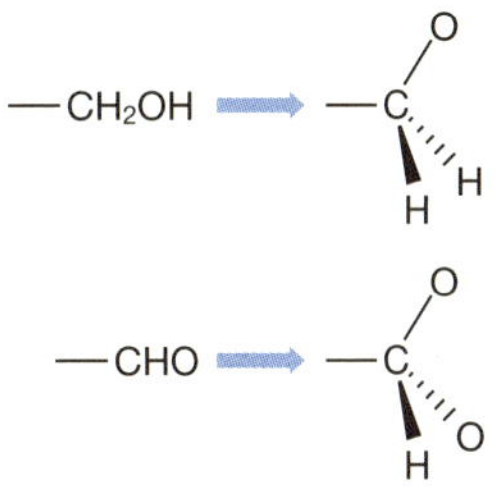

図2　アルコールとアルデヒドの順位づけ

図3のグリセルアルデヒドを *R, S* 表示で示してみよう．i) 不斉炭素原子に直接結合した原子の原子番号から−OH が ①，−H が ④ という順位はすぐ決まる．−CH$_2$OH と−CHO については，1番目の C では決まらない．ii) 図2に示すように，2番目の原子は−CH$_2$OH の O, H, H に対し，−CHO は O, O, H であるから，−CHO のほうが高順位で ② となる．④ を一番遠くに見たときの ①，②，③ の並び方が右まわりとなるから，(*R*)−グリセルアルデヒドである（図3）．

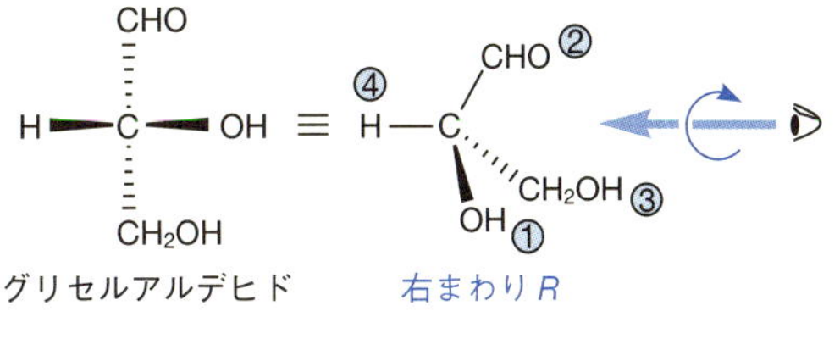

グリセルアルデヒド　　　　右まわり *R*

図3　グリセルアルデヒドの立体配置の決め方

の記号を化合物の名称のまえにつけて表す．ラセミ体のことを**ラセミ混合物**あるいは**ラセミ化合物**ともいう．

ラセミ体はその成分である（＋）−体や（−）−体とは融点，溶解度，密度などが異なり，一つの純物質のように固有の性質を示す．

3・3・6 キラル中心を複数もつ化合物の鏡像異性体とジアステレオマー

n 個の不斉炭素原子をもつ分子には原則として 2^n 種類の立体異性体が存在する．たとえば，図3・16に示すように2個の不斉炭素原子をもつ1−クロロ−2−フルオロシクロプロパンには，4種類の立体異性体がある．

図3・16の **A**（$1R, 2R$）の1位の立体配置は下図に示す順位から $1R$ と決定できる．

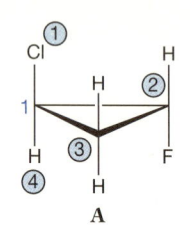

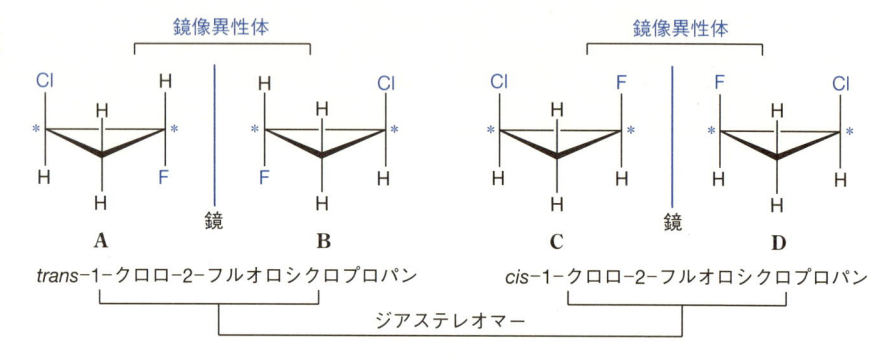

図3・16 1−クロロ−2−フルオロシクロプロパンの立体異性

ところで，**A** と **B**，**C** と **D** は鏡像異性体の関係にあるが，これ以外の組合わせはすべて鏡像関係にはない立体異性体である．このような立体異性体を**ジアステレオマー**という．

ジアステレオマー
（diastereomer）

1,2−ジクロロシクロプロパンには不斉炭素原子が2個あるので，4種類の立体異性体の存在が予想される．しかし実際には，立体異性体は3種類しか存在しない（図3・17）．**E** と **F** は鏡像異性体の関係にある．しかし，**G** と **H** は重ねあわすことができるので，たがいに鏡像異性体ではなく同一の化合物であることがわかる．

図3・17の **G** と **H** は同じ化合物であり，さらに光学的に不活性で旋光性を示さない．このように，不斉炭素原子をもちながら，その鏡像異性体が存在しない立体異性体を**メソ化合物**（meso compound）という．

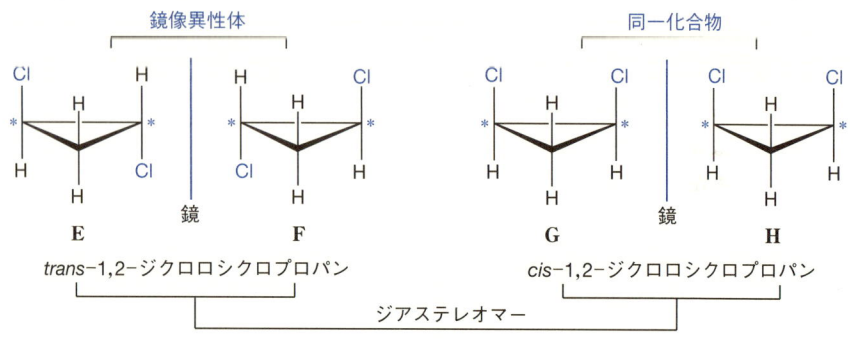

図3・17 1,2−ジクロロシクロプロパンの立体異性

3・3・7　不斉炭素原子をもたない鏡像異性体

　不斉炭素原子をもたないのに，鏡像と重ねあわせることができない構造の化合物が存在する．たとえばプロパジエン $CH_2＝C＝CH_2$ では，中央の炭素原子は sp 混成で，二つの p 軌道はそれぞれ直交する二つの平面上で両端の sp^2 炭素原子と π 結合をつくる（図3・18）．この化合物を慣用名で**アレン**という．アレン分子自身は，その鏡像体と重ねあわすことができるのでアキラルである．しかし，アレン分子にメチル置換基をつけた，アレン置換体Ⅰは実体と鏡像を重ねあわせることができず，1対の鏡像異性体が存在する（図3・19）．同じ理由で，ビフェニル置換体Ⅱにも1対の鏡像異性体が存在する．

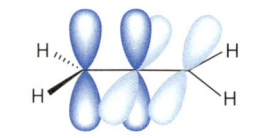

アレン（allene）

図3・18　アレンのp軌道

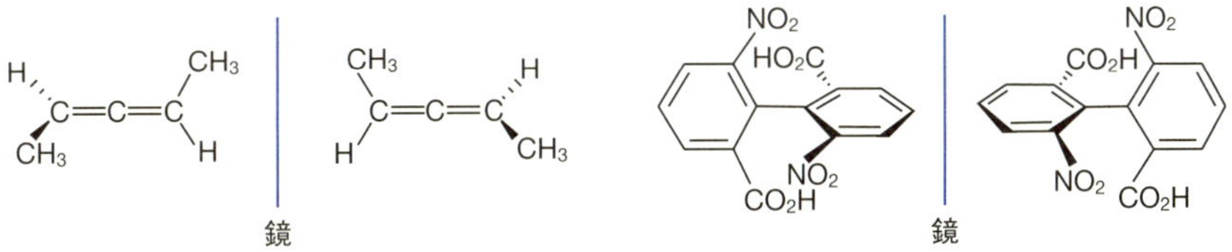

図3・19 のⅠやⅡの鏡像異性体のいずれにおいても，不斉炭素原子が存在しないのに分子がキラルな軸をもつので，全体としてキラルな形をもつ．

鏡　　　　　鏡

アレン置換体（Ⅰ）　　　　ビフェニル置換体（Ⅱ）

図3・19　不斉炭素原子をもたない鏡像異性体

分子のキラリティーと生理活性

　分子に含まれる炭素原子一つのまわりの位置の違い（キラリティー）によって，生物に対する作用が非常に大きく異なることがある．たとえば，天然アミノ酸は L 体（ S 配置）であり，D 体（ R 配置）はアミノ酸としては働かない．このような鏡像異性体の生理作用の違いがモノテルペン（炭素 10 個をもつ植物精油の主成分）やサリドマイドの場合に見られる．

　リモネンは植物の香気成分の一つとして知られている．その香りは鏡像異性体によって大きく異なり，(S)-リモネンはモミの木の松かさに含まれるテレビン油の香りがするが，(R)-リモネンはオレンジ特有の香りを示す．また，(S)-カルボンはケーキやビスケットの香味料であるキャラウェーの香りを示すが，(R)-カルボンはまったく違うスペアミントの香りをもつ．

　サリドマイドは，非常に有用な鎮静剤として 1960 年にヨーロッパで市販され，妊婦のつわり止めにも利用された．しかし，サリドマイドの S 体は強い催奇性を示し，その薬を服用した妊婦から多数の奇形児が生まれたことから，医薬品としての使用が全面的に禁止された．近年，サリドマイドがハンセン病の特効薬であること，および骨髄がんに有効であることから再び注目を集め，その薬理作用が調べられた結果，サリドマイドの S 体がセレブロンというタンパク質と特異的に結合して各種の生理活性を示すのに対して，R 体はタンパク質との複合体をつくらず，まったく生理作用を示さないことがわかった．

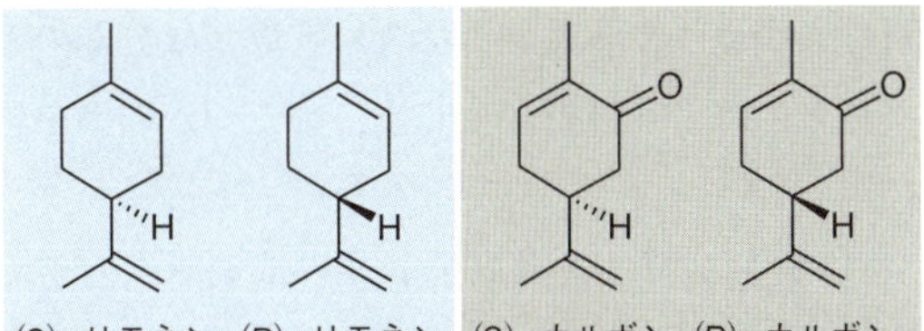

(S)-リモネン　(R)-リモネン　(S)-カルボン　(R)-カルボン 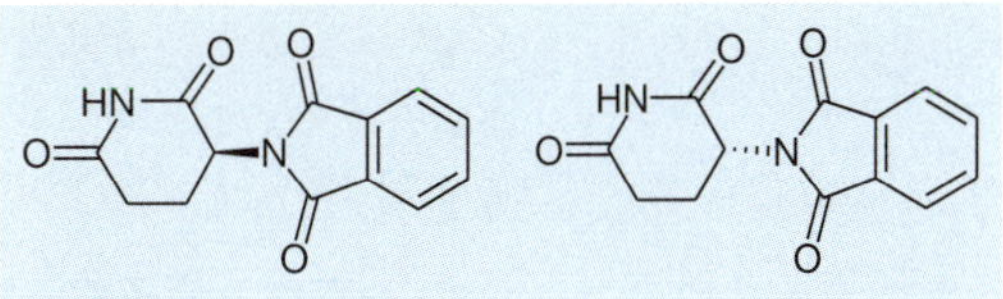　　　(S)-サリドマイド　　(R)-サリドマイド

3・4　分子の中の電子の偏り

　有機化合物の性質や反応性を支配する最も重要な要因は，分子の中で起こる電子の偏りである．すでに2・4節で述べたように，分子中に電気陰性度の異なる原子が存在すると，その原子間の電子密度分布は非対称となり，結合に分極が生じる．

　C−H結合やC−O結合などにおいても同様に電子の偏りが生じる．本章では，σ結合やπ結合をつくる電子が一方の原子に引き寄せられたり，π電子がいくつかの結合にわたって分散したときに，分子がどのような影響を受けるかについて見てみることにする．

3・4・1　結合における分極の大きさ

　すでに2・4・1節でふれたように，分極の大きさは結合の双極子モーメント（結合モーメント）を用いて求められる．

原子間距離 r を隔て，一方の原子に δ+，他方の原子に δ− の荷電を生じる結合は，
$$\mu = \delta \times r$$
の双極子モーメントをもつ．δ は二つの原子の電荷分離の量（単位電荷 e）であり，r は結合距離である．

　二原子分子では測定される分子の双極子モーメントが，そのまま分子の結合のモーメントになる．しかし多原子分子では，各結合モーメントのベクトル和として分子全体の双極子モーメントが計算される．分子の中に大きな結合モーメントをもつ結合が含まれていても，分子が対称な構造であれば，分子全体としては双極子モーメントがゼロとなる．$\mu = 0$ または0に近い分子を"無極性分子"，$\mu \neq 0$ の分子を"極性分子"という．アルカンは代表的な無極性分子であり，通常，分極はしていない．一般にCl，O，Nなどの原子を含み，非対称な構造をもつ有機分子では，分子全体として極性が現れる．表3・1に，おもな結合の双極子モーメント μ の値を示す．

双極子モーメント μ は，D（デバイ）単位を用いて表される．

表3・1　共有結合モーメント μ

O−H	1.51	C−O	0.74
N−H	1.31	C−N	0.22
C−Cl	1.46	C=O	2.3
C−Br	1.38	C≡N	0.9
C−I	1.19	C≡N	3.5

単位はD（デバイ）

3・4・2　官能基における結合の分極

　多重結合をもたない炭化水素中のC−C結合とC−H結合の分極はあまり大きくない．しかし，非共有電子対をもつ原子や多重結合を含む官能基は分極の大きな結合をつくるので，それらの結合に特有な性質が生じる．いくつかの例を見てみよう．

　a. ハロゲン原子C−X　　ハロゲン原子は炭素原子よりも電気陰性度が大きいので（図2・19参照），C−X結合には $C^{\delta+}−X^{\delta-}$ のような分極が起こる．このような分極が起こることが，C−X結合のところで多くの反応が起こる原因である．

b. ヒドロキシ基 −OH　　O−H 結合をもつヒドロキシ基では，酸素と水素の電気陰性度の差が大きいので，$O^{\delta-}-H^{\delta+}$ という分極が大きい．このため，ヒドロキシ基はイオン化傾向の大きい金属ナトリウムと反応して，水素を発生する．また，酸に近い反応性を示す．

c. アミノ基 −NH₂　　N と H の間の電気陰性度の差は O と H との差よりも小さいので，N−H の分極は O−H よりもずっと小さく，酸としての性質は弱い．窒素原子は sp^3 混成をしているので，非共有電子対をもつ．このため，塩基としての性質が現れる．

d. カルボニル基 >C=O　　エテンの炭素原子と同様に，カルボニル基の炭素原子は sp^2 混成で結合しているので，酸素との結合のうち 1 本は σ 結合，もう 1 本は π 結合である．σ 電子に比べて分極しやすい π 電子は電気陰性度の大きな酸素原子のほうに強く引きつけられるので，カルボニル基の π 結合は強く分極している（図 3・20）．σ 結合も分極しているが，π 電子に比べて σ 電子の分極が起こりにくいので，σ 結合の分極は小さい．

アルコールの場合，σ 電子が酸素に引きつけられると，C と H は正，O は負の電荷を帯びている．その際，H には C より大きな正の電荷が生じる．

$$\overset{\delta+}{C}-\overset{\delta-}{O}\leftarrow\overset{\delta+}{H}$$

π 電子が酸素に引きつけられると，C は正，O は負の電荷を帯びるので，実際の分子の分極はつぎのようになる．

$$\overset{\delta+}{C}=\overset{\delta-}{O}$$

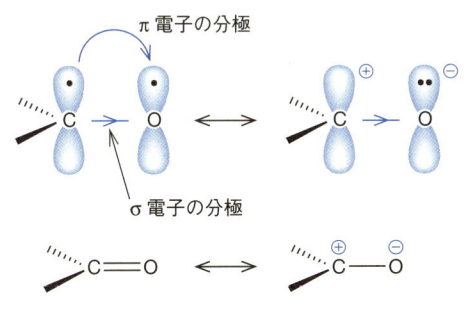

π 電子の分極

σ 電子の分極

図 3・20　カルボニル基の分極

e. シアノ基 −CN　　シアノ基の炭素原子は，エチンの炭素原子と同じ sp 混成により窒素原子と結合している．3 本の結合のうち 2 本は π 結合で，これらが分極している．窒素の電気陰性度は酸素より小さいので，カルボニル基ほど大きな分極ではない．

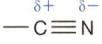

$$\overset{\delta+}{-C}\equiv\overset{\delta-}{N}$$

3・4・3　誘起効果とその大きさ

すでに述べたように，共有結合に関与する電子の偏りは結合に近接する炭素骨格部分にも分極を誘起する．たとえば，メタン CH_4 の一つの水素原子を塩素原子で置換した CH_3Cl では，C−Cl 結合の電子対の分布は Cl 原子のほうに偏っている．そのため，CH_3 の炭素原子は CH_4 の炭素原子に比べて電子が少ない状態になる．この影響は C−H 結合にまで及び，C−H 結合の電子対は，CH_4 の場合よりも C 原子のほうに強く引きつけられる．このように，σ 結合を通して電子密度に偏りが誘起されることを**誘起効果**という（→ によって示す）．

表 3・2　官能基 X の誘起効果とその大きさ　（R はアルキル基を示す）

電子供与性　（-≪X）	電子求引性　（-≫X）
$-\bar{N}R > -O^-$ $-C(CH_3)_3 > -CH(CH_3)_2 > -CH_2CH_3 > -CH_3$ $-\bar{S} > -O^-$	$-\overset{+}{O}R_2 > \begin{cases} -\overset{+}{N}R_3 > -NO_2 > -NR_2 \\ -\overset{+}{S}R_2 \\ -OR \end{cases}$ $-F > \begin{cases} -Cl > -Br > -I \\ -OR \end{cases}$

電子求引性
(electron-withdrawing)

電子供与性
(electron-donating)

大きな負電荷をもつアニオンほど電子供与性が増す. また, アルキル基では, 第三級＞第二級＞第一級の順に大きな電子供与性を示す.
電子求引性の大きなカチオンは, より大きな正電荷をもっている. ハロゲン原子の電子求引性の大小は電気陰性度の大きさと同じである.

炭素原子と X （原子または官能基）の結合 C-X において, X が σ 結合の共有電子を X の方向に引き寄せるとき, X は**電子求引性の誘起効果**をもつといい, 逆に X が σ 結合の共有電子を炭素原子のほうに押しやるとき, X は**電子供与性の誘起効果**をもつという. X の誘起効果の例を, その相対的な強さとともに表 3・2 に示す. X が電気陰性度の小さな原子や負電荷をもつ原子団の場合には, 強い電子供与性の誘起効果が現れる. 逆に, 電気陰性度の大きな原子や正電荷をもつ原子団の場合には, 電子求引性の誘起効果を示す. アルキル基は電子供与性の置換基である.

誘起効果による電子の偏りは σ 結合を介して, つぎつぎと伝達される. たとえば, $CH_3-CH_2-CH_2-Cl$ という分子において, Cl の電子求引性の誘起効果により ① の炭素上に正電荷が生じるが, それを補うように隣接する ② の炭素から電子が引き寄せられる. その結果, ② の炭素にもわずかながら正電荷が生じる. このようにして, ② の炭素原子の誘起効果による電子分布の偏りは ③ の炭素原子にまで伝達される.

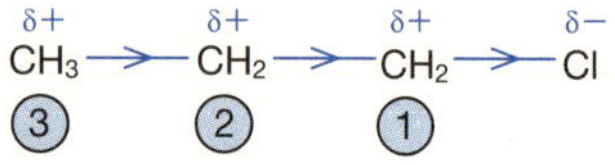

$$\underset{③}{\overset{\delta+}{CH_3}} \longrightarrow \underset{②}{\overset{\delta+}{CH_2}} \longrightarrow \underset{①}{\overset{\delta+}{CH_2}} \longrightarrow \overset{\delta-}{Cl}$$

共役 (conjugation)
二つ以上の多重結合が単結合をはさんで存在する場合, これらの多重結合の間にはπ電子による相互作用が生じる. その相互作用を共役（きょうやく）とよぶ.

共鳴 (resonance)
分子の構造を一つの構造式で書くよりも, 二つ以上の古典的構造式（極限構造式）の重ねあわせとして表したほうが分子の性質をより良く表せる場合, これらの構造の共鳴として表す.

しかし, その偏りの程度は結合を介するごとに著しく減少する. たとえば, 飽和のカルボン酸 $CH_3(CH_2)_n COOH$ では大ざっぱにいって, カルボキシ基と CH_3 との間に CH_2 が 1 個入るごとに誘起効果は半減する.

3・4・4　共役と共鳴 —— 分極の広がり

1,3-ブタジエンは二つの二重結合が**共役**した分子であり, 図 3・21 に示す**共鳴**によって安定化する. そのため, 1,3-ブタジエンの中央の C-C 結合は 1.47 Å であり, エタンの結合の長さ 1.54 Å より短い. また, 二重結合は 1.37 Å であり, エテンの二重結合の長さ 1.34 Å よりも長くなっている （図 3・25 参照）.

前節で学んだように, 誘起効果は σ 結合における電子密度の偏りから生じた. しかし, カルボニル基が分極する場合の π 結合における電子密度の偏りは, 不飽

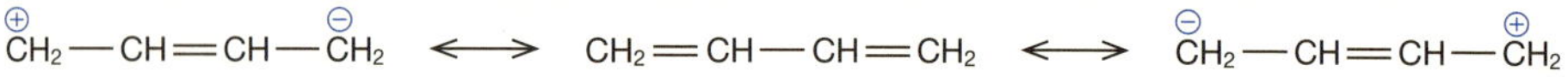

$$\overset{\oplus}{CH_2}-CH=CH-\overset{\ominus}{CH_2} \quad \longleftrightarrow \quad CH_2=CH-CH=CH_2 \quad \longleftrightarrow \quad \overset{\ominus}{CH_2}-CH=CH-\overset{\oplus}{CH_2}$$

図 3・21　1,3-ブタジエンの共鳴構造

和結合を通して伝わる.

　たとえば図3・22に示すように，プロペナール（アクロレイン）$CH_2=CH-CHO$では，カルボニル基の分極により正電荷を帯びたsp^2混成炭素①は隣接するsp^2混成炭素②から電子を引き寄せる. そのため，③のsp^2炭素上ではπ電子が不足して正電荷が生じ，プロペナールにはカルボニル基の分極に加えて，π電子の移動によって起こるⅢのような分極も誘起される.

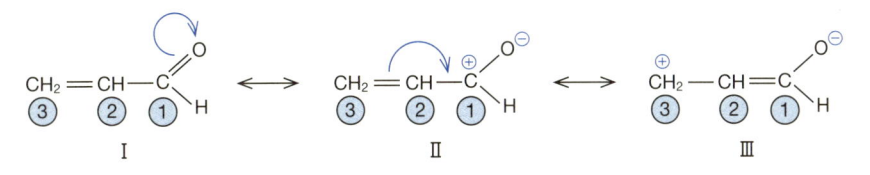

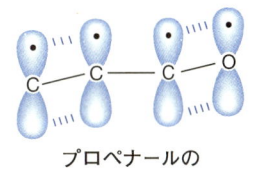

プロペナールの
共役π電子系

図3・22　プロペナールのカルボニル基の分極

　メチルビニルエーテル$CH_2=CH-OCH_3$では，酸素原子上の非共有電子対がπ軌道のほうに移って，末端に位置する②のsp^2炭素に負電荷が生じるような分極を起こす.

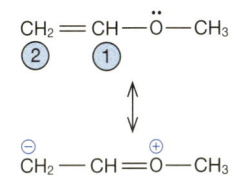

　このように不飽和結合のπ電子や原子の非共有電子対が，それと隣接する不飽和結合にπ電子を移動させることによって伝達される効果を**共鳴効果**という. カルボニル基のように，不飽和結合から電子を引き寄せる場合は**電子求引性の共鳴効果**であり，メチルビニルエーテルの酸素原子のように，不飽和結合に電子を与える場合は**電子供与性の共鳴効果**である.

　飽和炭化水素の炭素骨格には，σ結合を通した誘起効果のみが起こるが，多重結合や芳香環に置換した官能基を含む炭素骨格は，誘起効果以上にπ結合を通した大きな分極を示す.

3・4・5　共鳴と共鳴混成体

　前節で学んだように，二重結合とカルボニル基が隣接しているエノン構造を含むプロペナール$CH_2=CHCHO$の構造式はⅠで表せるが，プロペナールには共役による効果が働くために，ⅡやⅢの構造で表すこともできる（図3・23）. 実際の

図3・23　プロペナールのπ電子の分極

プロペナールは，ⅡおよびⅢの構造式を重ねあわせて平均化したような電子構造をもつ．Ⅰ，Ⅱ，Ⅲを電子が収容されているp軌道（π軌道）で表すと図3・23のようになる．Ⅰ，Ⅱ，Ⅲはいずれも，π電子が特定の結合や原子に固定された構造であるが，これらを重ねあわせるということは，π電子が分子全体に広がって分布している，あるいは，分子全体を動きまわっていることを意味する．これをπ電子の**非局在化**という．電子は狭い空間に閉じ込められているよりも，広く非局在化しているほうが安定な状態である．Ⅰ，Ⅱ，Ⅲのようなπ電子を局在化させて書いた構造式を**共鳴構造**または**極限構造**といい，実際の電子状態はこれらの**共鳴混成体**であるという．

共鳴構造は実在するものではなく，構造を部分的に強調しているにすぎない．したがって，ある瞬間に一つの共鳴構造，つぎの瞬間に別の共鳴構造に変わるというものでもなく，いくつかの共鳴構造の混合物というわけでもない．全体として真の構造を表す．共鳴構造はエネルギーの低いものほど，真の構造に近い．これを共鳴の寄与が大きいという．共鳴構造を ⟷ で結んで共鳴混成体を表し，寄与の程度が最も大きいものを "主共鳴構造" という．共鳴混成体を表す構造式は，通常，主共鳴構造式で代表させるので，プロペナールはⅠの構造式で表される（図3・23）．

プロペナールの共鳴構造には，上に示したⅡやⅢ以外に構造ⅣとⅤを書くことができる（図3・24）．このとき，炭素原子上に正と負の電荷，酸素原子上に負電荷をもつ共鳴構造Ⅴは生成が不可能な構造ではないが，酸素原子上に正電荷をもつⅣは非常に不安定な構造であると予想される．また，Ⅳでは，酸素原子が6電子の電子配置となっており，さらに酸素原子より電気陰性度の小さな炭素原子のほうに電子が移っているので，共鳴構造としての寄与はほとんど考えられない．

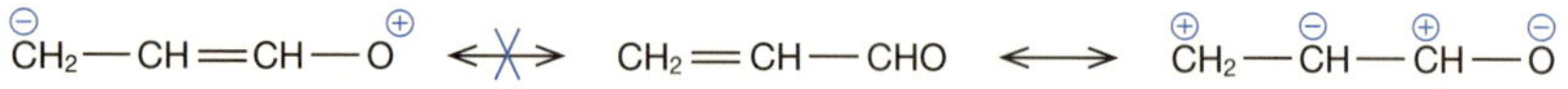

非局在化 (delocalization)

共鳴構造
(resonance structure)

極限構造
(canonical structure)

共鳴混成体
(resonance hybrid)

共鳴構造を書く場合に，それぞれの原子の価電子が，その電子殻に収容できる電子の数（炭素，窒素，酸素のような第2周期の元素はいずれも8電子）を超えるような共鳴構造を書いてはいけない．

$$\overset{\ominus}{CH_2}-CH=CH-\overset{\oplus}{O} \;\;\overset{\times}{\longleftrightarrow}\;\; CH_2=CH-CHO \;\;\longleftrightarrow\;\; \overset{\oplus}{CH_2}-CH=CH-\overset{\ominus}{O}$$

$$\text{Ⅳ} \qquad\qquad\qquad \text{Ⅰ} \qquad\qquad\qquad \text{Ⅴ}$$

電気陰性度 C<O　　　　　　　　プロペナール　　　　　　　共鳴の寄与は小さい
酸素上に電子が6個しかない　　　　　　　　　　　　　　　　（ほとんど存在しない）
（まったく存在しない）

図3・24　プロペナールには寄与しない共鳴構造の例

メチルビニルエーテル $CH_2=CH-O-CH_3$ には，構造Ⅱ以外に，酸素原子上に負電荷がある構造Ⅲも考えられるが，構造Ⅲは酸素原子のまわりに10個の電子が存在することになるので，共鳴構造として適当でない．

酢酸が他の有機酸より比較的強い酸であることは，共鳴により説明することが

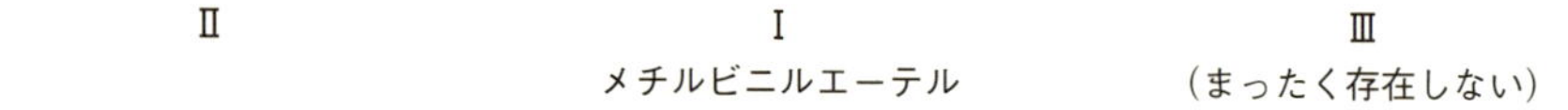

$$\overset{\ominus}{CH_2}-CH=\overset{\oplus}{O}-CH_3 \;\;\longleftrightarrow\;\; CH_2=CH-\overset{\cdot\cdot}{O}-CH_3 \;\;\overset{\times}{\longleftrightarrow}\;\; \overset{\oplus}{CH_2}-CH=\overset{\ominus}{O}-CH_3$$

$$\text{Ⅱ} \qquad\qquad\qquad \text{Ⅰ} \qquad\qquad\qquad \text{Ⅲ}$$

メチルビニルエーテル　　　　　　（まったく存在しない）

できる．解離によって生じる共役塩基 CH_3COO^- には二つの等価な共鳴混成体（**A**, **B**）が書け，**C** のように負電荷が二つの O 原子上に非局在化している．

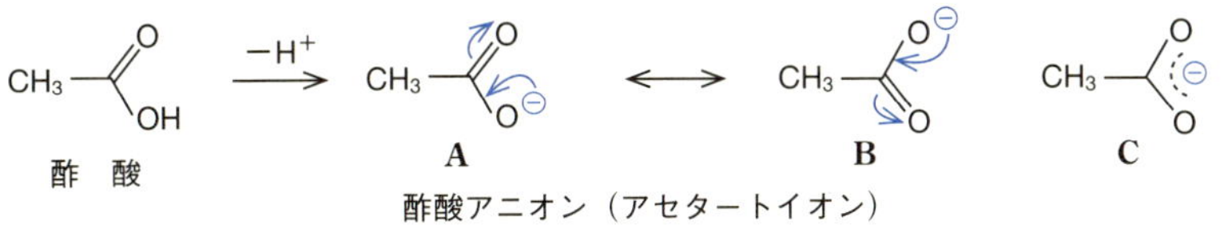

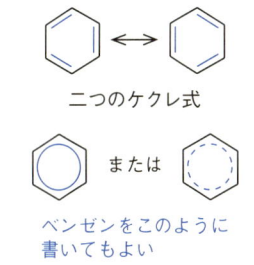

酢酸　　　　　　　　　　　　酢酸アニオン（アセタートイオン）

3・4・6 共鳴エネルギー

1,3-ブタジエンは図3・21で示した共鳴混成体で表される．1,3-ブタジエンの中央の C−C 結合は短く，二重結合は長くなっている．このことは，1,3-ブタジエンにおいても，エノンで見られたのと同様な共鳴構造（前節参照）が存在し，中央の C−C 単結合が二重結合性を帯びていることを示している（図3・25）.

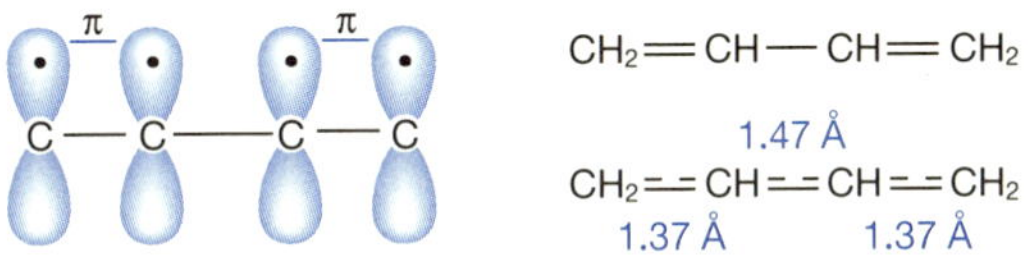

$$CH_2=CH-CH=CH_2$$

1.47 Å

$$CH_2==CH==CH==CH_2$$

1.37 Å　　　　　1.37 Å

図3・25　1,3-ブタジエンの π 結合および結合の長さ

このように，共鳴により表される実際の電子の状態は，仮想的な主共鳴構造よりもエネルギーが低く，安定である．このエネルギー差を**共鳴エネルギー**といい，1,3-ブタジエンの場合は約 14.6 kJ mol^{-1} である．共鳴混成体に寄与する共鳴構造が多いほど，共鳴エネルギーも大きくなる．

共鳴エネルギー
(resonance energy)

ベンゼンの構造において，6個の炭素原子は正六角形を形成し，炭素−炭素結合の長さがすべて等しく 1.40 Å である．この結合の長さは C−C 結合の長さ（1.54 Å）と C=C 結合の長さ（1.34 Å）の中間の値である．このように実際のベンゼンの構造は，等価な二つのケクレ（Kekulé）式の共鳴混成体として説明することができる（図3・26）．図3・27 に示したように，ベンゼンの6個の p 軌道は両隣の p 軌道と等しく重なることができ，その結果，π 電子は非局在化して二つのドーナッツ形の電子雲を六角形の上下につくる．ベンゼンは大きな非局在化エネルギーをもち，特異な安定性を示すことから**芳香族化合物**とよばれる．

二つのケクレ式

または

ベンゼンをこのように書いてもよい

図3・26　ベンゼンの構造

芳香族化合物
(aromatic compound)

ベンゼンの安定性はつぎのようにして見積もることができる（図3・28）．シク

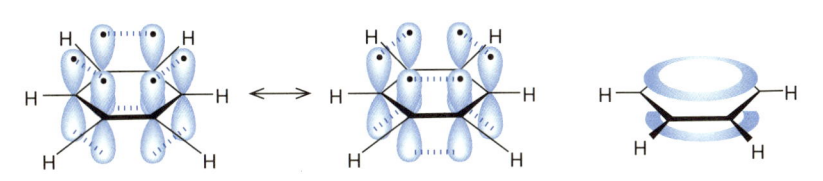

図3・27　ベンゼンの π 電子のと共鳴

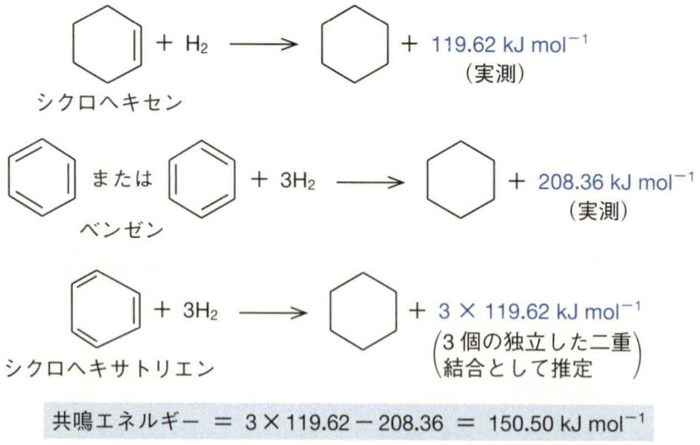

図 3·28   ベンゼンの共鳴エネルギーの見積り

ロヘキセンの水素化は $119.62\,\mathrm{kJ\,mol^{-1}}$ の発熱反応である。ベンゼンがケクレ構造であれば、水素化されてシクロヘキセンになるとき、$119.62\,\mathrm{kJ\,mol^{-1}}$ の 3 倍、すなわち $358.86\,\mathrm{kJ\,mol^{-1}}$ の発熱となるはずである。しかし、実測されたベンゼンの水素化熱は $208.36\,\mathrm{kJ\,mol^{-1}}$ の発熱で、予想より $150.50\,\mathrm{kJ\,mol^{-1}}$ だけ少ない。この安定化エネルギーが非局在化エネルギーまたは共鳴エネルギーである。この値は 1,3-ブタジエンの共鳴エネルギー $14.6\,\mathrm{kJ\,mol^{-1}}$ と比べると著しく大きい。

3·5 有機化合物の反応 —— 結合の開裂と電子の動き

有機化合物のもつ反応性を学ぶことによって、正しい反応機構が理解できる。有機化合物を実際に扱う場合に、これらの反応性と反応機構の習得が非常に重要である。新しい機能性有機分子をつくり出す際には、その分子の合成からはじめることになるために、特に有機合成反応の幅広い知識が必要になる。

3·5·1 有機化学反応の種類

有機化学で用いる反応は、主に置換反応、付加反応、脱離反応の三つに分類することができる。以下にその例を示す。

置換反応
(substitution reaction)

置換反応：分子の中の原子や原子団が他の原子や原子団で置き換わる反応をいう。

$$CH_4 + Cl_2 \longrightarrow CH_3Cl + HCl \tag{3·1}$$

付加反応
(addition reaction)

付加反応：$C=C$、$C=O$、$C=N$ などの不飽和結合に水素、ハロゲン原子や官能基が付加する反応をいう。

$$CH_2=CH_2 + Br_2 \longrightarrow CH_2BrCH_2Br \tag{3·2}$$

脱離反応
(elimination reaction)

脱離反応：ある分子から水素と原子や官能基が脱離して不飽和結合を生成する反応をいう。水が脱離する反応を特に脱水反応という。脱離反応は付加反応の逆反応である。

$$CH_3CH_2OH \longrightarrow CH_2=CH_2 + H_2O \tag{3·3}$$

3・5・2　結合の開裂 ── ヘテロリシスとホモリシス

　炭素原子が形成する σ 結合 C−X には，C と X の電気陰性度の大きさの差により二通りの分極があり得る．これらの分極がさらに強まって共有電子が一方の原子に完全に引き寄せられると，共有結合はイオン開裂を起こす．このとき共有結合において，炭素原子の電気陰性度が小さい場合は**カルボカチオン**を，炭素の電気陰性度が大きい場合には**カルボアニオン**を生じる．このように，結合電子対が一方の原子にまたは原子団に偏った開裂が起こることを**ヘテロリシス**（**不均一開裂**）という．

$$R_3C:Y \longrightarrow R_3C^+ + Y:^- \qquad (3\cdot4)$$
$$\text{カルボカチオン}$$

$$R_3C:Y \longrightarrow R_3C:^- + Y^+ \qquad (3\cdot5)$$
$$\text{カルボアニオン}$$

　アルカンの C−H 結合のように，分極の小さい共有結合が反応を起こす場合は，結合電子対は各原子に1個ずつ分配され，不対電子をもつ電気的に中性な原子または原子団を生成する．このような2個の**ラジカル**を生成する反応を**ホモリシス**（**均一開裂**）という．

$$X:Y \longrightarrow X\cdot + \cdot Y \qquad (3\cdot6)$$

カルボカチオン
（carbocation）

カルボアニオン
（carbanion）

ヘテロリシス（heterolysis）

ラジカル（radical）
遊離基のことであり，1個の不対電子をもつ原子あるいは分子の総称である．

ホモリシス（homolysis）

3・5・3　求核試薬と求電子試薬

　結合の切断と新しい結合の生成によって反応が起こり生成物ができる例として，塩酸と *tert*-ブチルアルコールから塩化 *tert*-ブチルが生成する反応がある（図3・29）．最初に起こる反応は，*tert*-ブチルアルコールの C−O 結合がヘテロリシスによって切れて，*tert*-ブチルカチオンと水を生成する．*tert*-ブチルカチオンは Cl⁻ イオンと反応して，安定な生成物である塩化 *tert*-ブチルとなる．

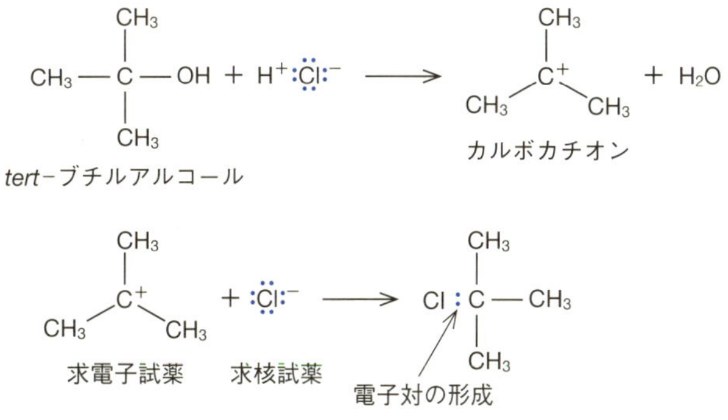

図3・29　*tert*-ブチルアルコールと HCl の反応

　図3・29の反応で，Cl⁻ イオンのような電子豊富な試薬は**求核試薬**とよばれ，カルボカチオンのような電子不足の試薬は**求電子試薬**とよばれる．

求核試薬（nucleophile）
有機化学反応において，相手に電子を与えるか，相手との共有結合の生成に電子対を供給する試薬．

求電子試薬（electrophile）
有機化学反応において，相手から電子をもらうか，相手の電子対によって共有結合を生成する試薬．

3・5・4　矢印を用いる反応機構の書き方

　曲がった矢印（巻矢印）と片矢印は電子の動きを描くのに便利である．イオン中間体の反応では曲がった矢印が用いられ，また，結合がヘテロリシスによって切れる場合にも曲がった矢印が用いられる．たとえば，塩化 *tert*-ブチルの C－Cl 結合が切れる反応では，電子対は塩素原子に移り，Cl⁻イオンを生成する（図3・30）．

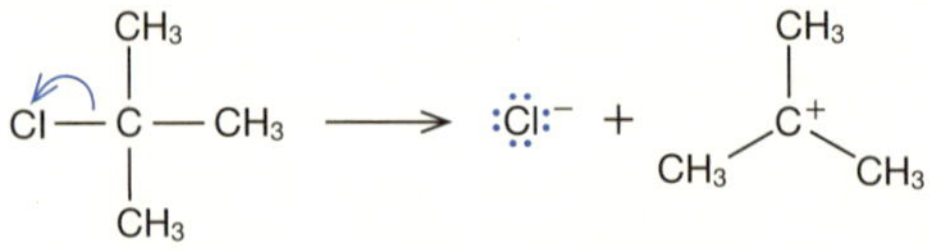

図3・30　塩化 *tert*-ブチルの結合開裂（ヘテロリシス）

　図3・31に曲がった矢印を用いる結合開裂と結合生成の例を示す．いずれの場合も矢印は電子対（結合電子対または非共有電子対）を出発点とし，原子または新しくできる結合までが正確に示されなければならない．

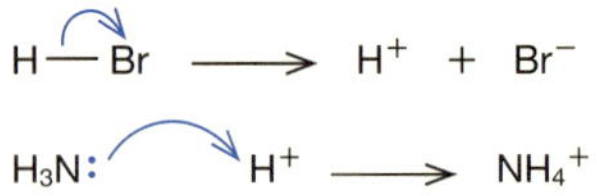

図3・31　曲がった矢印の例

　片矢印は曲がった片矢印または**釣り針形矢印**ともいわれ，一電子の動きを示すのに使われる．臭素分子は光や熱によって二つの臭素ラジカルを生成する（ホモリシス）．この反応は二つの片矢印を用いて表すことができる．エタンの炭素-炭素結合が開裂して，2 個のメチルラジカルを生成する反応も同様に書き表すことができる（図3・32）．

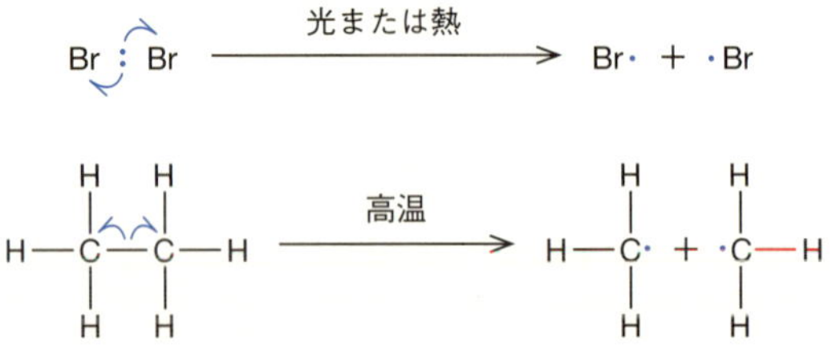

図3・32　曲がった片矢印の例

3・5・5　反応の方向とエネルギー

　すべての化学反応において重要なことは，① 生成物がどれだけ得られるのか，および ② どれくらい速く反応が進むかという点にある．そこで，反応物から生成物に変化する場合のエネルギーの変化（熱力学）と，反応が進む際の経路と速度（速度論）について考察する．

　反応物から生成物へと反応が進む様子をわかりやすく示すものに**エネルギー断面図**がある．ポテンシャルエネルギーを縦軸に，反応座標（反応経路）を横軸にとって反応の過程を表す．たとえば，塩化アセチルと水との反応は速やかに進行して，酢酸と HCl を生成する．この反応は一方向にのみ進み，逆反応は起こらない．この反応のエネルギー断面図は以下のとおりである（図3・33）．この反応ではエネルギーが放出されるので，**発熱**的である．

エネルギー断面図
(energy profile)
反応の進行に対応する反応座標に沿って得られるエネルギーの変化．

発熱反応
(exothermic reaction)

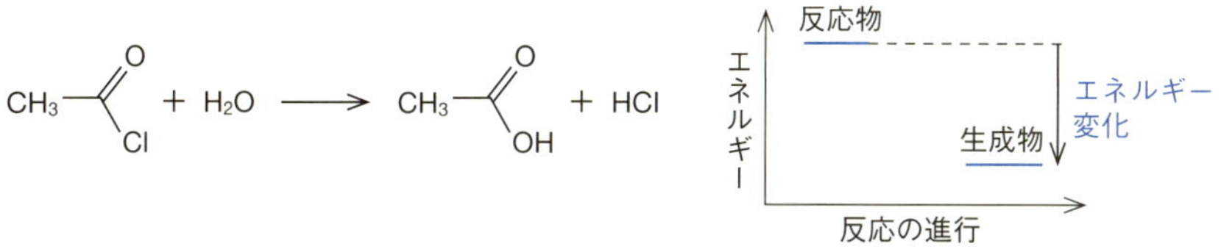

図3・33　塩化アセチルと水の反応およびそのエネルギー断面図

　つぎに，反応の平衡状態において，出発物と生成物の両者が存在する場合を考える．酸触媒によるエステル化は，この良い例である．この反応では，平衡はいくぶん酢酸のほうに片寄っている（図3・34）．

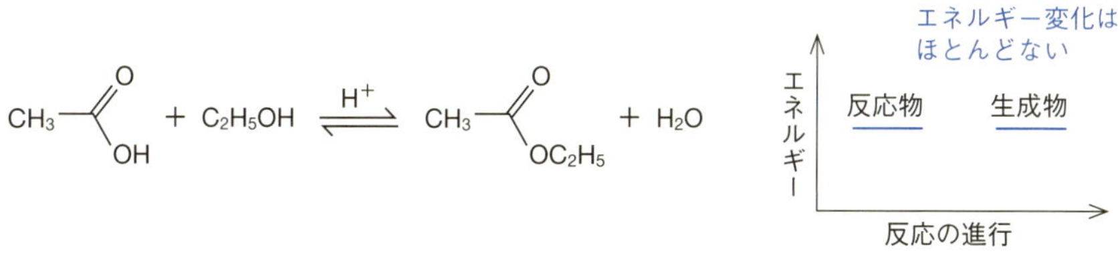

化学反応の速度を変化させるが，自分自身は反応によって変化しない物質のことを**触媒**（catalyst）という．触媒は活性化エネルギーを低くして反応を進行しやすくする働きがある．

図3・34　酢酸とエタノールの酸触媒反応およびそのエネルギー断面図

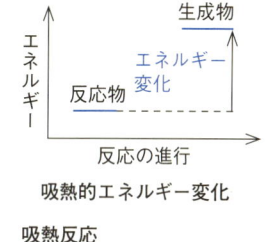

吸熱的エネルギー変化

　以上で示した二つの反応からわかるように，反応物に比べて生成物のポテンシャルエネルギーが高いと，平衡状態において生成物はほとんど生じないことになる．このような反応には，エネルギーを供給する必要があるので，**吸熱**的であるという．

吸熱反応
(endothermic reaction)

3・5・6　反応速度と活性化エネルギー

　反応物と比べて生成物のポテンシャルエネルギーが非常に低い場合でも，反応が容易には進まないことがある．これは，有機反応の速度が，その反応のエネルギー障壁の高さに依存しているからである．反応物が一段階で生成物に変化するとき，反応断面図は反応物と生成物を結ぶなめらかな曲線になる（図3・35）．この反応経路上でエネルギーの最も高い状態を**遷移状態**といい，反応物から遷移状態に達するまでに必要なエネルギーを**活性化エネルギー**という．図3・35に示した反応は同じエネルギー変化を示す発熱反応であるが，高い活性化エネルギーをもつ反応は遅く，活性化エネルギーの低い反応は速く進む．

遷移状態（transition state）

活性化エネルギー
(activation energy)

図3・35(a) の反応では, 生成物→反応物という逆反応は, 高い活性化エネルギーをもつために起こらないが, 図3・35(b) の反応は低い活性化エネルギーをもつので生成物→反応物という逆反応の平衡は生成物のほうに片寄るが, 高温ではわずかに逆反応が起こる場合がある. 通常の有機反応では活性化エネルギー E_a の大部分が活性化エンタルピー $\Delta H^{\ddagger}$ である.

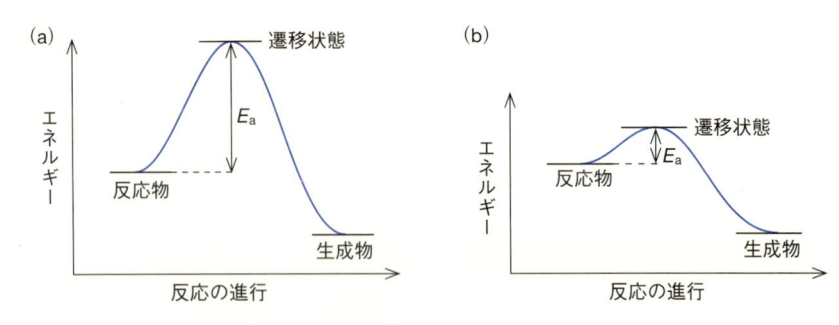

図3・35　遅い反応と速い反応の遷移状態と活性化エネルギー E_a (a) 遅い反応, (b) 速い反応

一般に, 化学反応は反応温度が高いとき速く, 反応温度が低ければ遅い. これは, 反応に関与する活性化エネルギー以上のエネルギーをもった分子の数が, 高温では多く, 低温では少ないことによる. 分子のエネルギー分布は温度に依存し, 0 °C と 100 °C における分子のエネルギー分布は, **ボルツマン分布**によって示される (図3・36). ボルツマン分布している分子のもつエネルギーの平均値を "平均エネルギー" という. 各温度で反応するのに十分なエネルギーをもった分子の割合は, 0 °C に比べて 100 °C では飛躍的に増大する.

化学反応によって生成物ができる場合, 一般には熱力学的に最も安定な生成物

ボルツマン分布
(Boltzmann distribution)
熱平衡にある系の分子(または粒子)の分布(各エネルギー準位への分子(または粒子)の分布).

高いひずみエネルギーをもつ有機化合物

サイコロ形分子であるキュバンはそれ自身が高いひずみエネルギーをもっている. この分子に 8 個の

キュバン

ニトロ基を導入したオクタニトロキュバンは分解して二酸化炭素と窒素を生成する際に, 1150 倍の体積の増加と 3500 kJ mol^{-1} のエネルギーを放出する(図

1). これはオクタニトロキュバンが非常に高性能の爆薬であることを意味し, 2,4,6-トリニトロトルエン (TNT) よりもはるかに強力である. オクタニトロキュバンは, 衝撃を与えなければ爆発しないので, その反応 (爆発) の活性化エネルギーは比較的大きいが, 高温では非常に激しく反応する. また, 反応物から生成物に変化する際のエネルギー変化量が大きく, 体積の増加も大きいので, 高性能な爆薬としての最適な条件を備えている.

$$\underset{\text{O}_2\text{N}}{\text{オクタニトロキュバン}} \xrightarrow[\text{爆発}]{\text{摩擦, 熱}} 8\text{CO}_2 \ + \ 4\text{N}_2 \ + \ 3500 \text{ kJ mol}^{-1}$$

体積の増加は1150 倍

図1　オクタニトロキュバンの爆発

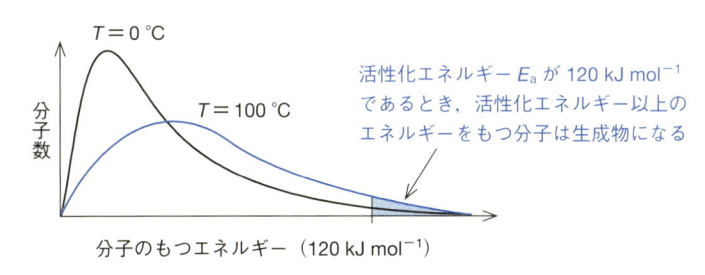

活性化エンタルピー $\Delta H^{\ddagger}(\cong E_a)$ が 20 kJ mol^{-1} の反応では，温度を 0 °C から 100 °C に上げると，平均エネルギーはわずかに（2 kJ mol^{-1}）増加するだけであるが，反応速度は 40000 倍になる．

図 3・36　**0°C と 100°C における反応物のもつエネルギーの分布**

が得られる．しかし，熱力学的に不安定な生成物であっても，安定な生成物への反応経路よりも活性化エネルギーが低いとき，熱力学的に不安定な生成物が主生成物となることがある．

3・6　炭 素 同 素 体

単体の炭素としては**ダイヤモンド，グラファイト（黒鉛）**が古くから知られていたが，20 世紀後半に炭素の新しい同素体であるフラーレン，グラフェン，カーボンナノチューブが発見され，その構造に対する興味ばかりでなく，最近では次世代のナノテクノロジーを支える重要な素材であると期待されている．ここでは，炭素の新しい同素体の構造と性質を中心に見てみよう．

同素体（allotrope）

ダイヤモンド（diamond）

グラファイト（黒鉛）
（graphite）

3・6・1　フ ラ ー レ ン

フラーレンは，ダイヤモンド，グラファイトにつぐ第三の炭素安定同素体であり，直径 0.7〜1.0 nm 程度のボール状分子である．1985 年にサッカーボール型の構造をもつ C_{60}（[60]フラーレン）がクロトーとスモーリーによる星間物質の再現実験から偶然発見された．さらに 1990 年には C_{60} の大量合成法が見いだされ，C_{60} を手に入れることが容易になり，さまざまな分野での研究が爆発的に進行した．この功績により，1996 年にはクロトー，スモーリー，および彼らの共同研究を橋渡したカールの 3 氏にノーベル化学賞が授与された．

炭素の同素体のうち，ダイヤモンドはすべて sp^3 混成の炭素で構成され，4 本の手が三次元的に結合した構造をしているのに対し，グラファイトは sp^2 混成の炭素で構成され，3 本の手でベンゼン類似の六員環平面構造が二次元的に広がったシートを形成し，さらにそのシートが重なりあった構造をしている（図 3・37）．フラーレンはグラファイト同様すべて sp^2 混成の炭素でできているが，グラファイトシートの六員環の一部が五員環に置き換わり，丸まったものである．図 3・38 に示す最も安定な球状の C_{60} のほか，楕円球状の C_{70}，C_{76}，C_{78} などが単離されている．しかし C_{60} 以外の生成量が少ないため，フラーレンの応用研究はおもに C_{60} を用いて行われている．フラーレンを用いた機能材料については 7 章〜9 章で紹介する．

フラーレン（fullerene）

クロトー（H. W. Kroto）

スモーリー（R. E. Smalley）

カール（R. F. Curl）

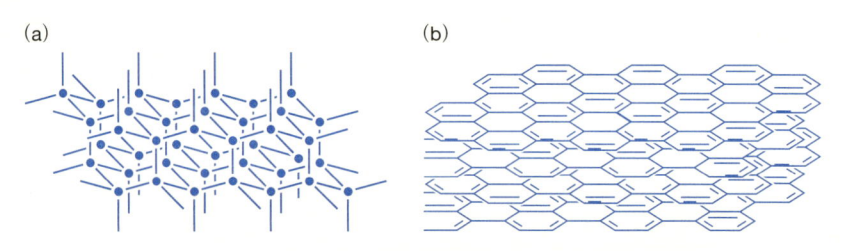

図3・37　ダイヤモンド（a）とグラファイト（b）の構造

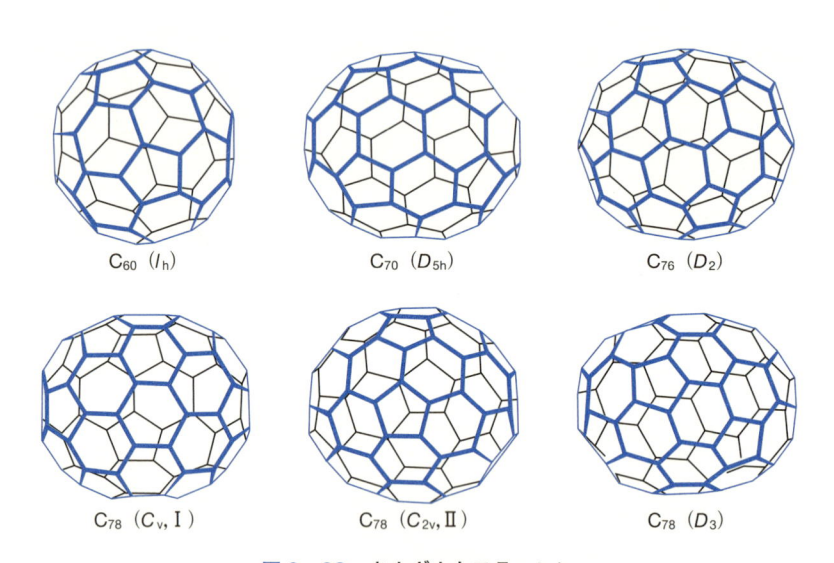

図3・38　さまざまなフラーレン

C_{60} はグラファイトと異なり，有機溶媒に可溶で，球面構造によるひずみのため反応性に富み，種々の合成化学的な構造修飾が可能である．また低い最低空軌道（LUMO）をもち，電子を受け取りやすい性質があり，さらに LUMO は三重に縮重しているので，電気化学測定では6電子還元されたものまで観測される．

3・6・2　カーボンナノチューブ

　フラーレンの発見により炭素クラスターの研究が盛んになるなか，1991年に飯島澄男は，**アーク放電**によるフラーレン合成の際の陰極側に**カーボンナノチューブ**が生成していることを見いだした．このカーボンナノチューブはグラファイトのシートを丸めた筒状の構造であり，単層のもの，二層のものおよび多層のものが知られている．またシートを丸めるときに，基準となる六角形がどの位置の六角形と重なるかによって座標を決め，(n, m) のように表記して，カーボンナノチューブの構造を表す（図3・39）．(n, n) で表されるものを"アームチェア型"，$(n, 0)$ で表されるものを"ジグザグ型"，これら以外を"キラル"あるいは"ヘリカル型"という．このうち，アームチェア型および $n - m$ が3の倍数になるとき

カーボンナノチューブ
（carbon nanotube）

アーク放電（arc discharge）
気体中2本の電極の間に電圧をかけることにより起こる放電現象．放電部をアーク（電弧）とよび，このアーク中で気体はプラズマ状態となって，その温度は 3000 ℃以上に達する．このような高温に耐える電極の素材としては，炭素しかなく，19世紀頃にはすでに，電気製鋼などの電気炉で，炭素電極のアーク放電が利用されていた．

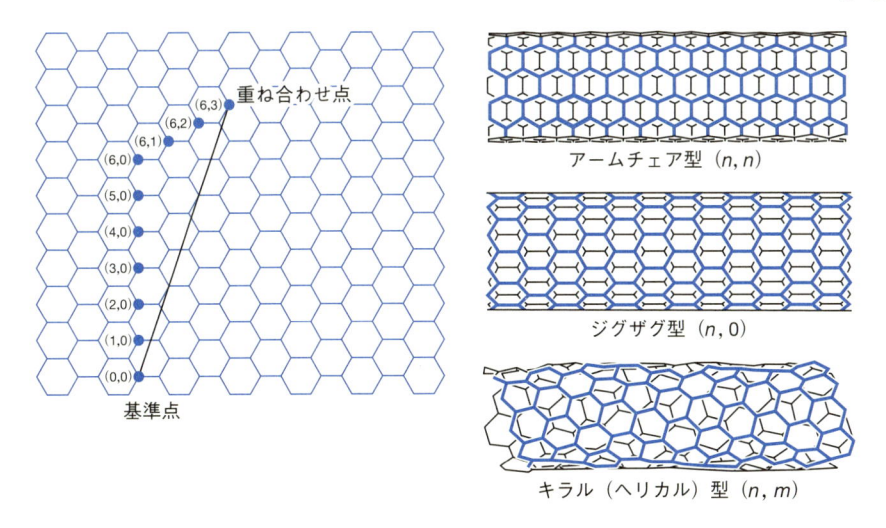

図3・39　カーボンナノチューブ

アームチェア型 (n, n)

ジグザグ型 (n, 0)

キラル（ヘリカル）型 (n, m)

に金属的な性質を示し，それ以外の場合は半導体的なものになると理論的に予想され，これらのことは実験的にも支持されている．

　カーボンナノチューブの合成法としては，炭素電極のアーク放電によるもののほか，炭素ターゲットに対する**レーザー蒸発法**もあるが，これらの方法ではナノチューブ以外のアモルファス（非晶質）のものや，グラファイト，フラーレン類も半分以上混在し，精製過程が必要になる．これに対して，メタンや一酸化炭素などを熱分解して，金属触媒を作用させて生成させる**化学気相成長法**は比較的高い純度のものが得られる．カーボンナノチューブのデバイスとしての応用は7・6節および8・5節で簡単に示す．

3・6・3　グラフェン

　ベンゼンが二次元に敷きつめられた炭素の単層シートを**グラフェン**という（図3・40）．グラフェンが積層するとグラファイトとなるが，グラフェンの電子物性はグラファイトとはかなり異なるので，ナノサイエンスにおいて注目を集めている．グラフェンの構造は20世紀中ごろから注目を集めてきたが，2004年にガイ

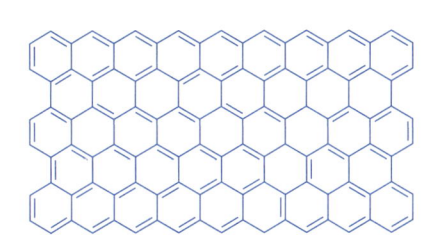

図3・40　グラフェン

レーザー蒸発法
(laser evaporation)
Co-Ni などの触媒を練り込んだ炭素棒をレーザーで高温に加熱し，炭素を蒸発させることによりカーボンナノチューブを合成する方法．単層のものの合成に向いているが，大量合成には向かない．

化学気相成長法
(chemical vapor deposition)
メタン，アセチレン，一酸化炭素などを Fe，Ni，などの触媒存在下，熱分解させることによりカーボンナノチューブを合成する方法．この方法の特徴としては，ナノチューブを基板に直接成長させることが可能であることがあげられる．

グラフェン（graphene）

ムとノボセロフがセロハンテープを用いて HOPG（高配向熱分解グラファイト）からグラフェンを取出して光学顕微鏡でその構造を確認し，さらに電極を取付けて電気物性を明らかにした．この研究が発表されたことによって，グラフェンの研究は急速に発展し，ガイムとノボセロフには 2010 年にノーベル物理学賞が授与された．

ガイム（A. Geim）

ノボセロフ（K. Novoslelov）

　グラフェンは，電子が平面に閉じ込められているために，三次元に積層したグラファイトや円筒状のナノチューブとは異なる電子構造をもっている．グラフェンを用いたデバイスなどの研究は，現在，幅広く研究されており，その一部を 7 章と 8 章でごく簡単にふれる．

3・7　高　分　子

　分子内の主鎖が共有結合でつながった化合物で，分子量が 10000 程度以上になるものを**高分子（ポリマー）**とよぶ．また，**モノマー**とよばれる低分子量の有機化合物を重合させることにより人工的に合成されるものは，生体由来の天然の高分子と区別する意味で，**合成高分子**ともよばれるが，単に高分子といえば合成高分子をさす場合が多い．高分子化合物では ① 多くの官能基が同一分子中に高密度に存在するので，それらの間に強い相互作用が生じ（濃縮効果），② 高分子中の官能基の配列を調節すると，官能基が互いにまったく相互作用しない構造をつくることができ（希釈効果），③ 官能基の導入場所を制御すると，特異な構造・物性を示す反応場をつくることができる（環境効果）．高分子は有機機能材料として幅広く用いられており，本書でもいくつかの機能を説明するので，その基礎となる高分子の化学を簡単に見てみよう．

高分子（ポリマー）
（macromolecule, polymer）

モノマー（monomer）

合成高分子
（synthetic polymer）

3・7・1　高分子の合成

　高分子を合成するために行われる重合反応は，その反応機構や反応の活性種の種類により図 3・41 のように分類される．まず，高分子の鎖長が伸びる際に，どの部分が反応点となるかによって**逐次重合**と**連鎖重合**に分けられる．また，重合反応の種類によって重縮合，重付加，付加重合，開環重合，配位重合などに細分化される．これらすべての重合反応は，素反応を繰返し行うことにより進行するので，高分子量のものを合成するためには，素反応の収率が高いことが要求される．以下に個々の反応の概要を説明する．

逐次重合
（sequential polymerization）

連鎖重合
（chain polymerization）

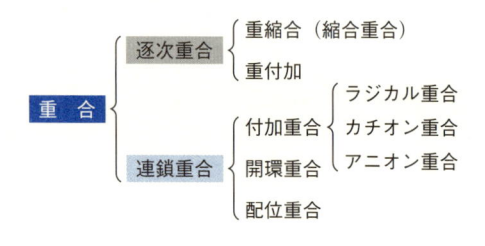

図 3・41　いろいろな重合反応

a. 重 縮 合 重縮合（縮合重合，縮重合ともよばれる）とは，カルボン酸とアルコールまたはアミンとの間での脱水反応により，エステルやアミド結合を形成させて重合させる反応である（(3・7)式）．このような反応は可逆反応であるため，減圧，加熱の操作で，反応系中から水を除去することにより平衡を生成物側にずらすことができる．カルボン酸の代わりにより扱いやすいエステルをモノマーに利用する場合もあるが，この場合はエステルモノマーから生成するアルコールを系中から除く操作を行う．この方法によってポリアミド，ポリエステルなどがつくられる．

重縮合，縮重合
(polycondensation)

縮合重合 (condensation polymerization)

$$HO-\overset{\overset{\displaystyle O}{\|}}{C}-R-\overset{\overset{\displaystyle O}{\|}}{C}-OH + HO-R'-OH \longrightarrow \left(\!O-\overset{\overset{\displaystyle O}{\|}}{C}-R-\overset{\overset{\displaystyle O}{\|}}{C}-O-R'\!\right)_{\!n} \quad (3・7)$$

b. 重 付 加 重付加はポリ付加ともよばれ，イソシアナートとアルコールの反応によるウレタン結合の形成を利用したポリウレタンに代表されるように，二官能性モノマー間の付加反応で，小さな分子の脱離を伴わない．ポリ尿素の合成にも使われる（(3・8)式）．

重付加，ポリ付加
(polyaddition)

$$O=C=N-R-N=C=O + HO-R'-OH \longrightarrow \left(\!O-\overset{\overset{\displaystyle O}{\|}}{C}-\overset{\overset{\displaystyle H}{|}}{N}-R-\overset{\overset{\displaystyle H}{|}}{N}-\overset{\overset{\displaystyle O}{\|}}{C}-O-R'\!\right)_{\!n}$$
$$(3・8)$$

c. 付 加 重 合 不飽和結合を有する化合物が，成長末端のラジカルやイオンに付加する反応を繰返すことによって高分子を生成する反応が**付加重合**である（(3・9)式）．アルケンの重合反応がその代表例としてあげられる．

付加重合
(addition polymerization)

$$H_2C=\overset{\overset{\displaystyle }{|}}{\underset{\underset{\displaystyle R}{|}}{CH}} \longrightarrow \left(\!\overset{\overset{\displaystyle H}{|}}{\underset{\underset{\displaystyle H}{|}}{C}}-\overset{\overset{\displaystyle H}{|}}{\underset{\underset{\displaystyle R}{|}}{C}}\!\right)_{\!n} \quad (3・9)$$

環状のエーテル，アミン，エステル，アミドが酸あるいは塩基により**開環重合**するのも付加重合の一つである（(3・10)式）．これらの重合反応では，活性種の違いによりラジカル重合，アニオン重合，カチオン重合，金属触媒を用いる**配位重合**があり，反応は連鎖的に，すなわち成長末端にある活性点が，単量体と反応して重合が進行する（連鎖重合）．その結果，逐次重合と異なり，モノマーが反応の最後のほうまで残り，高分子量のものが反応の初期から生成する．また活性点の反応性を制御することにより，重合度の分布の狭い**リビング重合**が可能になり，モノマーの種類を反応の途中で変えて，違う種類のモノマーを部分的に重合させる**ブロック共重合体**の合成にも応用される．

開環重合
(ring-open polymerization)

配位重合 (coordination polymerization)

リビング重合
(living polymerization)
二つの活性末端の反応や副反応などによる活性末端の失活がない重合．長さのそろったポリマーが得られる．

ブロック共重合体
(block copolymer)
2種類以上のモノマーがいくつか連続してつながった高分子の総称．
－ AABBBBAAABB －

$$\underset{NH}{\overset{\bigcirc}{\diagdown}}=O \overset{H_2O}{\longrightarrow} \left(\!\!\diagup\diagdown\diagup\diagdown\diagup\overset{\overset{\displaystyle O}{\|}}{C}-\overset{N}{\underset{H}{|}}\!\!\right)_{\!n} \quad (3・10)$$

d. 機能性高分子の合成   機能材料として重要な π 共役系の高分子の合成は，上記の合成法を組合わせて行われる．ポリアニリン，ポリピロール，ポリチオフェンは電気化学的あるいは化学的な一電子酸化により発生するラジカルカチオンのラジカルカップリングと芳香環の再生に由来する脱プロトン化により重合させる方法が主に用いられる（(3・11)式）．電気化学的方法は**電解重合**とよばれ，化学的方法は**酸化重合**とよばれる．これらの反応は，不安定なラジカルカチオンを経由するため副反応を伴う場合が多く，また非対称な形で置換基をもつものでは反応点の制御ができず，ランダムな構造になる．

ラジカルカップリング
（radical coupling）
ラジカルを反応中心としてポリマー鎖が伸長していく重合反応である．(3・11)式に示した合成法以外に，ポリエチレンやポリスチレンの合成には連鎖移動反応によって (3・9)式と同じタイプの合成を行うことができる．

電解重合
（electrolytic polymerization）

酸化重合
（oxidative polymerization）

$$\text{(3・11)}$$

ラジカルカチオン種がより不安定であるフェニレン系の重合や，自己集合的な性質を引き出すために位置選択性の高いものが要求される場合などは，**遷移金属触媒**を用いたクロスカップリング反応が重合に用いられる．最近では，環状オレフィンのメタセシス反応を適用した**開環メタセシス重合**も開発されており，形状記憶高分子として有名なポリノルボルネンがこの方法でつくられている（(3・12)式）．

遷移金属触媒（transition metal catalyst）
Pd 触媒などを用いて異種分子間に結合させるクロスカップリング反応は効果的な合成反応の一つである．

開環メタセシス重合
（ring opening metathesis polymerization）
2分子のオレフィンの間で結合の組換えが起こる反応をメタセシスという．(3・12)式の反応はメタセシスを重合に用いている．

$$\xrightarrow{\text{ルテニウム触媒}} \qquad \text{(3・12)}$$

3・7・2 高分子材料の形態

有機化合物は同じ構造と同じ分子量をもつ分子の集まりであるのに対して，高分子はある一定の分子量の分布をもった同じ種類の類似構造分子の集団から成り立っている．このような高分子の性質を決めるのは，その構造の立体規則性と高分子鎖の立体配座である．たとえば，図3・42に示すポリアセタール（POM）とポリエチレンオキシド（PEO）はともにらせん構造（図3・43）をしているが，POM はきつく巻かれ，PEO はゆるく巻かれている．そのため，POM は室温で有機溶媒に溶けない固いエンジニアリングプラスチックとなるのに対して，PEO は柔らかく，分子量の小さなものは室温で液体である．

高分子の形に関してもその骨格が一次元の鎖状構造から，二次元の網目構造，および三次元の立体構造と変化に富んでいる．さらに，図3・43に示すように立体構造においてもランダム構造，折りたたみ構造，らせん構造など，さまざまな

POM

PEO

図3・42　ポリオキシメチレン（POM）とポリエチレンオキシド（PEO）

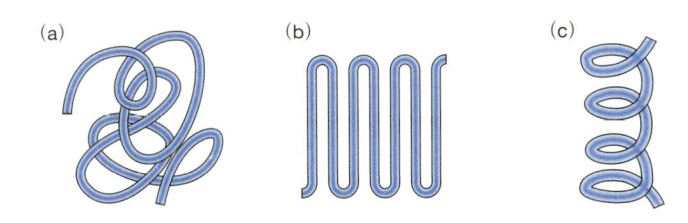

図3・43 鎖状高分子の立体構造 (a) ランダム構造, (b) 折りたたみ構造, (c) らせん構造

ものが知られている.

3・7・3 材料としての高分子

高分子材料のもつ特徴をまとめると, つぎのようになる. ① 分子量が大きいので不揮発性の強靭な固体となるため, 容器や包装フィルムなどの素材として使うことができる. ② 溶媒などへの溶解度が低く, しばしば不溶性であるから, 溶液反応における触媒の構造・機能の支持担体として使うことができる. ③ 長い鎖状構造を反映してゴムのような弾性をもつ. このような特徴のほか, 高分子は機能材料として利用できる種々の物性を示す.

a. 熱可塑性樹脂と熱硬化性樹脂　　**熱可塑性樹脂**は, 加熱すると柔らかくなり, さらに加熱すると流動性を示す樹脂である. これは, 熱可塑性樹脂が一次元の鎖状高分子からできているので, ガラス転移温度または融点以上に加熱すると軟化するからである. これに対して, **熱硬化性樹脂**では, 加熱すると三次元架橋が形成され, 樹脂の硬化が起こる. この硬化した樹脂は再度加熱しても変化しなくなる.

b. 高分子ゲル　　高分子が架橋されて三次元の網目をつくり, 水などの液体を吸って膨潤したものを**高分子ゲル**という. 寒天, こんにゃく, ゼラチンなどは多糖類やポリペプチドからできた天然ゲルである. これに対して, 合成高分子ゲルとしてはポリ(2-ヒドロキシエチル)メタクリレートを使ったコンタクトレンズが代表例である.

c. 機能性高分子　　機能性高分子は, 感光性樹脂(フォトレジスト)(5章), イオン交換樹脂, 有機ガラス, 光ファイバー, 吸水性樹脂, 強誘電性材料, 導電性高分子(7章), 有機EL素子(8章), 接着剤など, 身近な素材として幅広く使われている.

また, 機能性高分子としてのデンドリマーや超分子ポリマーについては9章で解説する.

熱可塑性樹脂
(thermoplastic resin)

熱硬化性樹脂
(thermosetting resin)

高分子ゲル (polymer gel)

練 習 問 題

3・1 C_4H_{10} および $C_4H_{10}O$ の分子式をもつすべての異性体の構造を書け.

3・2 つぎの化合物の不斉炭素原子に＊印をつけよ.

a) $C_6H_5CH(OH)CO_2H$ b) 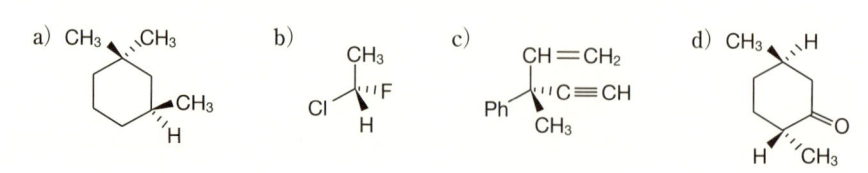—$CH(OH)CO_2H$

c) 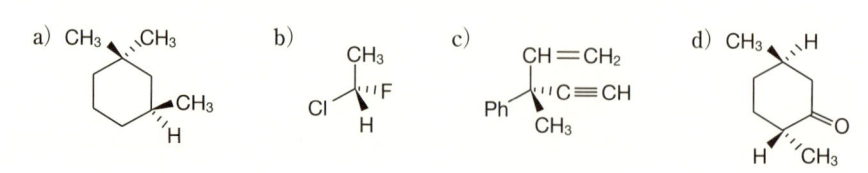—$CH(OH)CO_2H$ d) CH_3—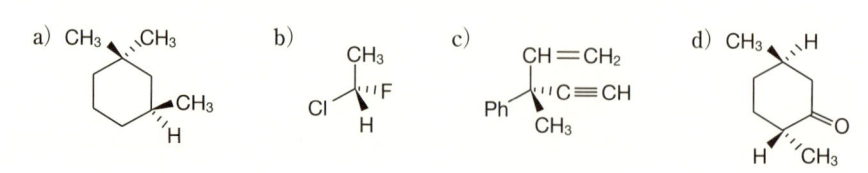—CH_3

3・3 つぎの化合物の不斉炭素原子について, R, S 表示を示せ.

a)

b)

c)

d)

3・4 cis-1,2-ジブロモシクロヘキサンには鏡像異性体が存在しない. この理由を説明せよ. また, cis-1,4-ジブロモシクロヘキサンには鏡像異性体が存在するか.

cis-1,2-ジブロモシクロヘキサン cis-1,4-ジブロモシクロヘキサン

3・5 つぎの化合物について, 考えられる立体異性体をすべて書き, それぞれの異性体を R, S および E, Z 表示法を用いて命名せよ.

a) 3-メチル-1,4-ペンタジエン, b) 2-ブロモ-5-クロロ-3-ヘキセン, c) 2,5-ジクロロ-3-ヘキセン

3・6 ベンジルメチルスルホキシド(Ⅰ)には 1 対の鏡像異性体が存在する. この化合物の分子構造を推定せよ.

3・7 つぎの各組の分子では, どちらの極性が大きいか.

a) CH_3OH と CH_3NH_2 b) 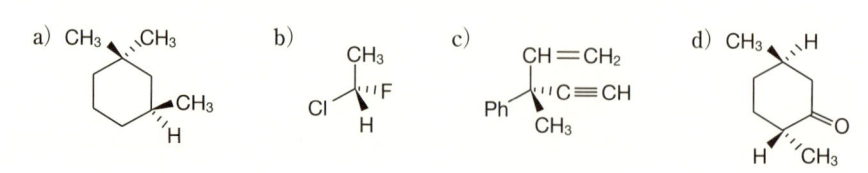 と 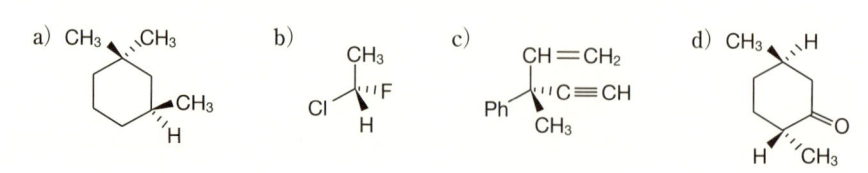   c) CO_2 と SO_2

3・8 つぎの化合物の共鳴に寄与する極限構造式を書け.

a) $CH_3-O-CH=CH-CH=CH_2$ b) $CH_2=CH-CO-CH=CH_2$

3・9 つぎの構造式をもつ化合物において, 曲がった矢印で示されるように電子が移動したときに得られる構造を示せ.

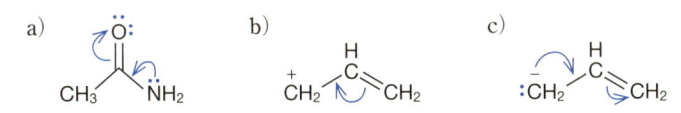

3・10 つぎの各反応を片矢印を用いて示せ.

a) Cl—Cl $\longrightarrow$ 2Cl·

b) CH_3—H + Cl· $\longrightarrow$ CH_3· + HCl

c) CH_3· + Cl· $\longrightarrow$ CH_3—Cl

3・11 つぎの二つの構造式に曲がった矢印を記入し，両者を相互変換するための
電子の移動を示し，形式電荷を記せ．また，この相互変換がフェノールの酸性に与え
る影響を説明せよ.

形式電荷については, 練習問
題 2・2 を参照.

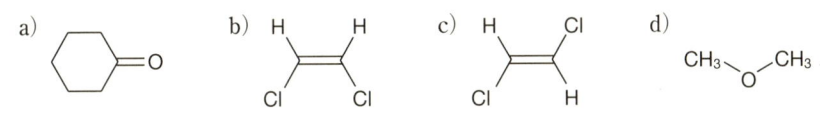

3・12 つぎの化合物のもつ双極子モーメントの方向を推定せよ.

a)
 b) H H
 Cl Cl <br> c) H Cl
 Cl H <br> d) CH_3—O—CH_3

3・13 つぎの二つの構造式に曲がった矢印を記入し，両者を相互変換するための
電子の移動を示し，形式電荷を記せ．この効果がアニリンの塩基性をどのように変え
るかを説明せよ.

3・14 つぎのそれぞれの状況を表す反応断面図を描け.

a) 大きな活性化エネルギーをもつ発熱反応

b) 小さな活性化エネルギーをもつ吸熱反応

4 物性有機化学の基礎

4・1 有機化合物の光化学

高等学校の化学の教科書で，有機化合物がかかわる光反応の記述があるのは，「光合成」，「メタンの塩素化」，「BHC の生成」，「フロンの光反応によるオゾン層破壊（2・5・1節参照）」が主なものである．しかし，これらのうちで「有機化合物が光を吸収して起こる反応」とよべるものは，「フロンの光反応」（図4・1）と「光合成」（p.68 のコラム参照）だけであり，他は，光によって塩素分子が解離して生じた反応性の高い塩素原子（塩素ラジカル）の反応である．また，大学の基礎の有機化学の講義では，光反応はほとんど出てこない．

BHC : ベンゼンヘキサクロリド(benzene hexachloride) 正式には，1,2,3,4,5,6–ヘキサクロロシクロヘキサンである．8種の立体異性体が考えられるが，そのうち7種が知られている．殺虫剤として用いられていた．

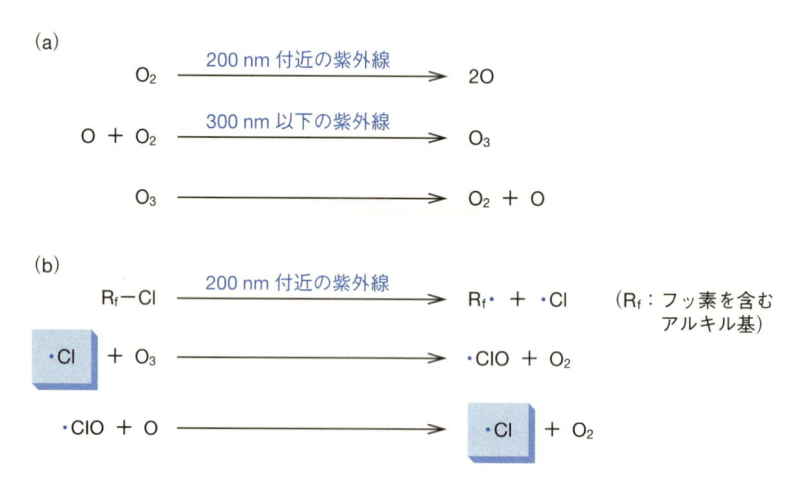

図4・1 代表的な光反応の例 (a) オゾンの生成と分解，(b) 塩素原子によるオゾンの連鎖的分解

したがって，読者諸君は有機化合物の光化学についてあまり学んだことがないだろう．ところが，本書で取上げる有用な物質（マテリアル）は"機能"と密接に関連しており，"機能"とは，外部刺激に応答して必要な働きをすることであるから，外部からの刺激の一つであり，非接触で刺激できる"光"と有機化合物の相互作用は非常に重要である．まず本項で，有機分子と光のかかわり方の基礎を学ぼう．

外部刺激としては，ほかに熱，電気，磁気，化学物質，圧力などがある．

4・1・1　光と電磁波

　光は電磁波である．**電磁波**は電場の振動と磁場の振動が同期して空間を伝わっていく．電磁波が真空中で伝わる速度は，波長，振動数によらず一定である．電磁波が 1 回振動する間に進む距離が波長 λ であり，1 秒間に何回振動するかが振動数 ν であるので，

$$c = \lambda\nu \tag{4・1}$$

となる．ここで c は真空中の電磁波（光）の速度であり，$2.998 \times 10^8\,\mathrm{m\,s^{-1}}$ である．

　光は電磁波の一種であるから，"波"である．波としての性質は，干渉や回折によって示される．しかし，光（電磁波）は粒子としての性質も示す．後述するが，光と分子の相互作用は，1 個の分子と 1 個の光の粒子（光子という）の間で起こる．光子 1 個のエネルギーは，

$$e = h\nu = \frac{hc}{\lambda} \tag{4・2}$$

で表される．h はプランク定数（$6.626 \times 10^{-34}\,\mathrm{J\,s}$）である．ここで，粒子としての光のエネルギーを記述するのに，ν（振動数）や λ（波長）という波の性質を用いなくてはならないところに，光の二重性（波動性と粒子性）が現れている．

　光子の数は，物質と同じようにモル単位を用いる．光子 1 モルのことを「1 アインシュタイン」といい，1 アインシュタインのエネルギーは下記の式で表される．

$$E = eN_A = \frac{hN_A c}{\lambda} \tag{4・3}$$

ここで，N_A はアボガドロ定数（$6.022 \times 10^{23}\,\mathrm{mol^{-1}}$）である．光子 1 個のエネルギーが波長によって異なるので（(4・2)式），1 アインシュタインの光子のエネルギーを $\mathrm{kJ\,mol^{-1}}$ などで表した大きさは波長によって異なる．

　波長 λ（nm）の光のエネルギーは，単位を $\mathrm{kJ\,mol^{-1}}$ とすると，1 アインシュタインあたり $1.196 \times 10^5/\lambda$（$\mathrm{kJ\,mol^{-1}}$）のエネルギーをもつということになる．可視光線の領域の光は波長がおよそ 380 nm から 780 nm であるから（図4・2参照），これは $300\,\mathrm{kJ\,mol^{-1}}$ から $150\,\mathrm{kJ\,mol^{-1}}$ 程度のエネルギーに相当する．そして紫外線の領域の光である 300 nm の光は，約 $400\,\mathrm{kJ\,mol^{-1}}$ のエネルギーをもつ．

　これら光子のエネルギーの大きさを，原子間の結合エネルギーと対比させてみよう．一般的な C−H 結合は $410\,\mathrm{kJ\,mol^{-1}}$，C−C 結合は $351\,\mathrm{kJ\,mol^{-1}}$，C−Br 結合は $280\,\mathrm{kJ\,mol^{-1}}$ 程度である．弱いものでは，N−N 結合の $160\,\mathrm{kJ\,mol^{-1}}$ のようなものもある．したがって，紫外から可視領域の光のエネルギーは，通常の有機分子の結合エネルギーに匹敵する大きさである．

　電磁波を，その波長あるいは振動数で分類すると便利である[*]．一般に使われている電磁波の分類名は，γ 線，X 線，**紫外光（紫外線）**，**可視光（可視光線）**，**赤外光（赤外線）**，マイクロ波，ラジオ波などである．図4・2にその概略を示す．

光（light）

電磁波
（electromagnetic wave）

[*]　化学者は，通常光を波長で分類する．一方，物理学者は，振動数や，エネルギーの単位である eV（エレクトロンボルト）で分類する．

紫外光（紫外線）
（ultraviolet light（rays））

可視光（可視光線）
（visible light（rays））

赤外光（赤外線）
（infrared light（rays））

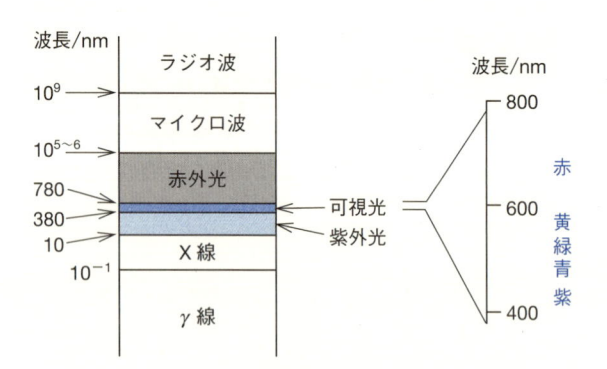

図 4・2　電磁波の波長と分類

　"光"とよばれる電磁波は，短波長（高エネルギー）側から，紫外光，可視光，赤外光である．紫外光の範囲は，おおむね波長 10 nm 位から 380 nm 位まで，可視光は 380 nm 位から 780 nm 位まで，赤外光は 780 nm 位から 1 mm 位までである．

　可視光は，ヒトの目に感じられるか否かという，きわめて便宜的な分類である．その可視光も，ヒトがどう感じるか，という感覚で大まかに分類される．これを"色"という．色を感じるのはヒトだけではないが，生物によって感受性をもつ波長領域が異なる．

色については5章で詳しくふれる.

　可視光のなかで最も短波長なのが紫の光，最も長波長なのが赤い光である．紫はだいたい 400 nm 位の波長，赤は 650 から 750 nm 位の波長である．ヒトの目が感知できる光の波長は，380 nm から 780 nm といわれている．

　物質の色は，白色光（紫から赤までの各波長成分の光を同程度の強度で含む光．太陽光が白色光である）が物質に当たってある特定の波長の光が吸収され，残った光が反射してヒトの目に入ることによって感じられる．木々の葉が緑であるのは，白色光から長波長の赤い光と短波長の青い光がクロロフィル（葉緑素）によって吸収され，残った緑を中心とする光が反射されてヒトの目に入るからである．

クロロフィルについては p.68 のコラム参照.

4・1・2　分子軌道

　分子は原子からなり，原子は原子核と電子からなっている．そして，分子の中の電子は分子軌道に収容されていることを2章で学んだ．分子がその構成要素の原子に分解しないわけは，電子が接着剤として働き，原子単体として存在するより分子として存在するほうが安定だからである．その安定性の程度は，結合エネルギーの総和として見積もることができる．

　原子に所属する電子に対して原子軌道があるように，原子同士が結合して存在している分子には，その中の電子のあり方を表す分子軌道がある．原子軌道に当てはまる基本ルールは，そのまま分子軌道にも当てはまる．つまり，「エネルギーの低い（安定な）軌道から順に電子が詰まる（築き上げの原理）」，「一つの軌道には，スピン量子数の異なる電子が 2 個まで収容できる（パウリの排他原理）*」，

*　古典的モデルで考えると，電子は自転（スピン）していて，その自転の方向によって＋1/2 あるいは−1/2 の 2 種類のスピン量子数をとることができる．図に示すときは，上向きおよび下向きの矢印で示す．一つの軌道には電子が 2 個まで入るというパウリの排他原理は，スピン量子数が異なる二つの電子が一つの軌道に入るという意味である．

「同じエネルギーの軌道がある場合には（縮重という），同じスピンの電子が別々の軌道に順に収容されていく（フントの規則）」．

2章で学んだように，1個の電子が入っている二つの原子軌道が電子を出しあって重なって分子軌道を形成するとき，分子軌道は二つできる．一つは元の原子軌道より低エネルギーであり，他方は高エネルギーである（図4・3a）．

図4・3(b) に示すようにアセチレンの場合，片方の炭素（C-a）の sp 混成軌道と他方の炭素（C-b）の sp 混成軌道から二つの σ 軌道が生成し，エネルギーの低いほうの σ 軌道に二つの電子が入る．これがアセチレンの σ 結合である．他方の σ 軌道（σ*軌道）は電子の入っていない空軌道である．同様に，C-a と C-b の上の残りの sp 混成軌道は，それぞれ水素の s 軌道と重なりあって σ 軌道と σ* 軌道を形成し，各 σ 軌道に電子が二つ入って C と H をつなぐ σ 結合を形成する．

また，各炭素上の混成に関与しなかった二つの p 軌道は，他方の炭素上の p 軌道と側面で重なりあってそれぞれ二つずつ，合計四つの π 軌道を形成する．二つは低エネルギー（π 軌道），二つは高エネルギー（π*軌道）であり，低エネルギーの二つの π 軌道に電子が合計 4 個入って二つの π 結合を生じる．

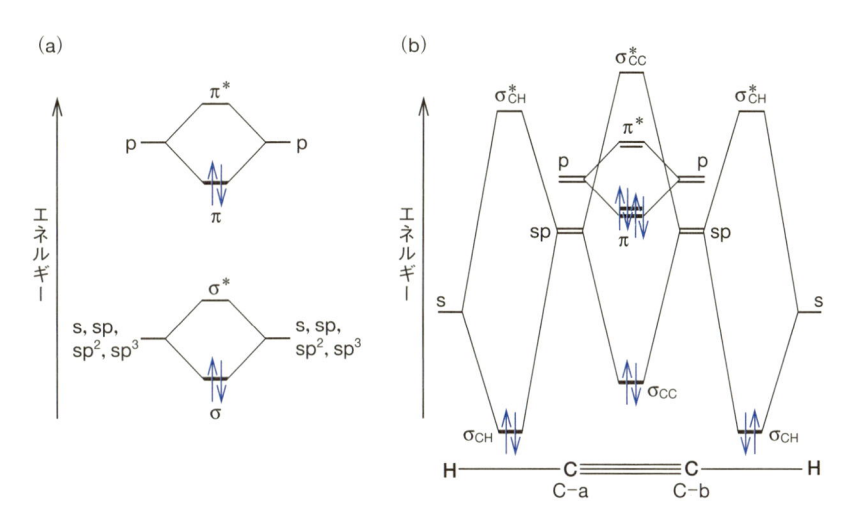

図4・3 **分子軌道** (a) 分子軌道の成り立ち，(b) アセチレンの分子軌道

通常の安定な有機分子は，偶数個の電子をもっており，各分子軌道に 2 個ずつ電子が入っている．電子の入っている，最もエネルギーの高い分子軌道を**最高被占軌道（HOMO）**といい，電子の入っていない，最もエネルギーの低い軌道を**最低空軌道（LUMO）**とよぶ（図4・4）．HOMO と LUMO は，熱反応や光反応において，特に協奏的に進行する有機反応について，反応性や立体選択性に決定的な役割を果たすことが多い（p.59 のコラム参照）．それは，反応しようとしている二つの分子 A と B が電子の授受によって結合の組替え（生成・消滅）を行うな

最高被占軌道（HOMO）
(highest occupied molecular orbital)

最低空軌道（LUMO）
(lowest unoccupied molecular orbital)

ら，分子 A のエネルギーの最も高い（不安定な）被占軌道 HOMO から，分子 B のエネルギーの最も低い（安定な）空軌道 LUMO に電子がにじみ出し，結合をつくるように作用するからである．そのような場合には，分子 A の HOMO と分子 B の LUMO の相互作用の大きさが重要である．

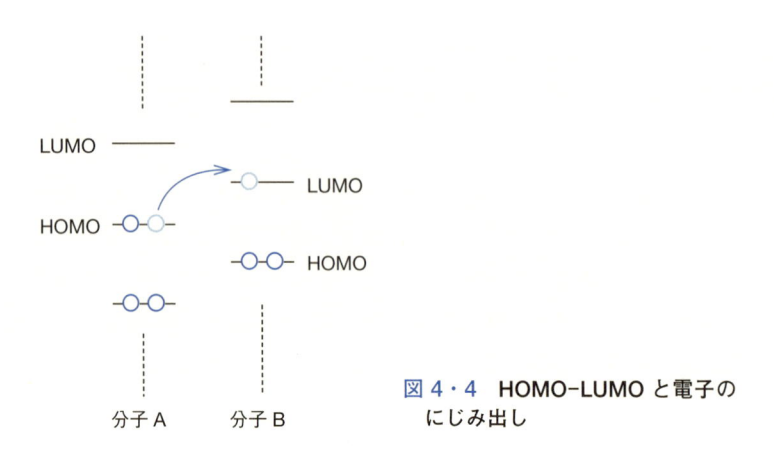

図 4・4　**HOMO-LUMO と電子の にじみ出し**

HOMO および LUMO を，反応時の最前線にいる軌道という意味で「フロンティア軌道」という．故福井謙一博士は，フロンティア軌道論の創始者として 1981 年にノーベル化学賞を受賞した．

4・1・3　光の吸収と励起状態の生成

さて，ある 1 個の分子においては，HOMO と LUMO の関係はどうなっているのだろうか．この分子に，HOMO と LUMO のエネルギー差にあたるエネルギーを外部から供給すれば，HOMO の電子が 1 個 LUMO に遷移（昇位）する可能性がある．このように，電子が遷移した状態を**励起状態**といい，元の状態を**基底状態**という．励起状態をつくり出すことは熱によっても可能であるが（炎色反応は，熱によって生じた電子励起状態の原子の示す発光現象である），電磁波の吸収によるほうが一般的である．たいていの有機分子は，励起に要するエネルギーが，電磁波でいうと紫外光から可視光の領域のエネルギーに相当する．つまり，分子 1 個が光子 1 個を吸収して，HOMO の電子を 1 個 LUMO に昇位させて励起状態をつくり出すのである．このとき，光子は消滅する．

4・1・4　励 起 状 態

ある分子が，HOMO と LUMO のエネルギー差に相当するエネルギーをもった光子を吸収して励起状態となると，その電子状態は基底状態とは異なるため，基底状態とは異なるさまざまな挙動をすることになる．基底状態では LUMO であった軌道が，励起状態では電子の入っている最もエネルギーの高い軌道になる．

また，電子を受け入れることのできる軌道は，励起電子が入った軌道と励起電

福井謙一（1918～1998）京都大学名誉教授. フロンティア軌道論, HOMO-LUMO 相互作用, 反応経路解析などの業績により, 日本学士院賞, 文化勲章を受賞. 1981 年に米国の R. Hoffmann とともにノーベル化学賞受賞.

励起状態（excited state）

基底状態（ground state）

厳密には, 基底状態と同じ電子数をもつ, 基底状態以外の電子的に不安定な状態を"励起状態"という.

Stark-Einstein の法則という. しかし, レーザーのように光子密度の大きい光を分子に浴びせると, 分子 1 個が光子 2 個を吸収して励起状態をつくることもある. これを"2 光子吸収"という.

協奏反応

　"協奏的に進行する有機反応"とは，分子内・分子間にかかわらず，化学反応に伴う結合の組替えが起こるときに，かかわっているすべての結合の変化（生成・消滅・結合次数の変化）が同時に起こる反応をさす．これを**協奏反応**（concerted reaction）といい，結合の変化が逐次的に起こる**段階的反応**（stepwise reaction）と区別する．

　たとえば，炭素6員環をつくるのに有用な**ディールス-アルダー反応**（Diels–Alder reaction）はその典型的な例である（図1）．この反応では，ブタジエンを構造中にもつ試薬（ジエン，diene）と二重結合を構造中にもつ試薬（求ジエン試薬，dienophile）の両端で炭素−炭素結合が同時に生成し，シクロヘキセン骨格が生じる．通常，ジエンの HOMO から求ジエン試薬の LUMO に電子がにじみ出し，二箇所で同時に結合が生じる．この反応が協奏的に進行するのは，置換基のつき方が，ジエンと求ジエン試薬の置換様式を反映して定まることからわかる．

　このような協奏反応は，反応する分子の軌道の重なりで反応の立体選択性が決まる．ウッドワード（R. B. Woodward）とホフマン（R. Hoffmann）による Woodward–Hoffmann 則，および福井謙一博士のフロンティア軌道論によってその選択性が予測できる．

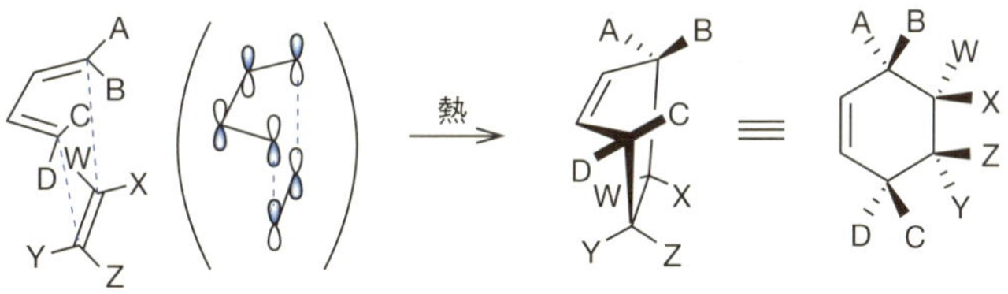

図1　ディールス-アルダー反応

　子が出ていった軌道の二つが存在するため，他の分子との相互作用の仕方が変わってくる．電子の励起によって生じた，電子を一つしかもたない軌道を**半占軌道（SOMO）**とよぶ．二つの SOMO を区別するために，高エネルギーの軌道（元 LUMO）を SOMO′，低エネルギーの軌道（元 HOMO）を SOMO という（図4・5）．

　たとえば，エテンの HOMO は π 電子が二つ入っている π 軌道であり，LUMO

半占軌道（SOMO）
（singly occupied molecular orbital）

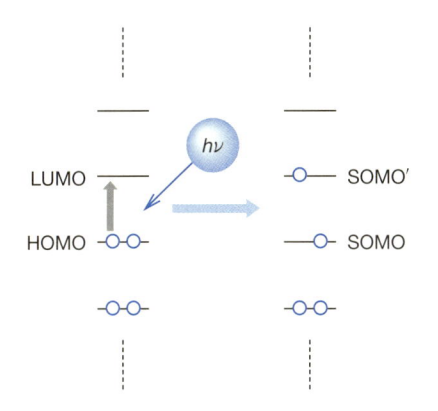

図 4・5　励起と SOMO–SOMO′

は空の π*軌道である. エテンの励起状態をつくり出すためには, 165 nm の光が必要である. 励起後, HOMO は SOMO となり, LUMO は SOMO′ となる. SOMO にも SOMO′ にも電子が1個入っている (図4・5).

4・1・5　カルボニル化合物の nπ*励起と ππ*励起

さて, ここまでは HOMO から LUMO への励起を見てきたが, もし, HOMO の一つ下の軌道 (**next HOMO** という: NHOMO あるいは HOMO−1) と LUMO のエネルギー差に相当する光を照射したらどうなるだろうか. あるいは, HOMO と LUMO の一つ上の軌道 (**next LUMO**: NLUMO あるいは LUMO+1) の組合わせの場合はどうだろうか. 図4・6に示すように, 後者の場合は, 励起は起こるが, 励起した電子がすぐ下の完全に空の軌道 (基底状態における LUMO) に移動して, HOMO から LUMO への励起と同じ状態になるのが普通である. 前者の場合は, 励起が起こり, HOMO から LUMO への励起と異なる挙動をすることが多い.

> HOMO の電子を LUMO より高エネルギーの軌道に励起させても, 振動緩和と内部転換 (図4・13参照) によって LUMO への励起と同じになってしまうことを **Kasha の法則**という.

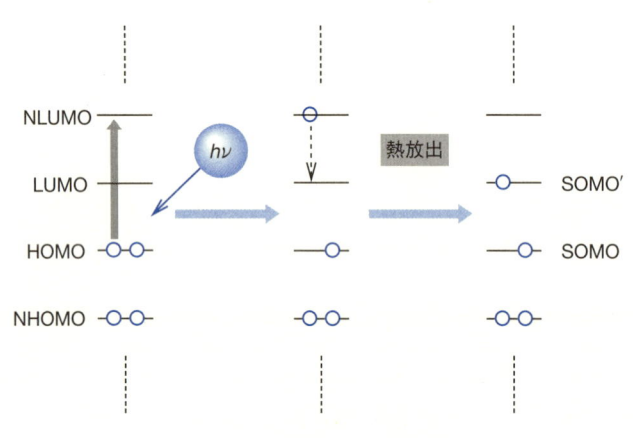

図4・6　NHOMO と NLUMO

では, HOMO から LUMO への励起と NHOMO から LUMO への励起は, 何が違うのだろうか. これを, ホルムアルデヒドを例にとって調べてみよう (図4・7).

ホルムアルデヒドには, C と O の間に二重結合がある. 炭素は sp² 混成をしており, 酸素は sp 混成をしている. 炭素の sp² 混成軌道のうちの二つは, それぞれ水素と σ 結合および σ*結合を形成している. 残った一つの sp² 混成軌道は, 酸素の sp 混成軌道と σ 軌道および σ*軌道を形成している. また, 混成に参加しなかった炭素の p 軌道は, 酸素の p 軌道の一つと側面で重なって π 軌道と π*軌道を生成する. 2個の電子は π 軌道に入る.

酸素のもう一つの p 軌道は, 炭素の原子軌道とかかわりをもたず, そのまま2個の電子を収容する分子軌道となる. また, 酸素の二つの sp 混成軌道のうち, σ 結合生成に使われなかった軌道もそのまま2個の電子を収容する分子軌道とな

る．これら二つの分子軌道は，結合生成にかかわらないことから，**非結合性軌道**（n軌道）とよばれ，n軌道に入っている電子対は，非共有電子対，孤立電子対あるいはローンペアとよばれる（2・1・2節参照）.

非結合性軌道（non-bonding orbital，略してn軌道という）

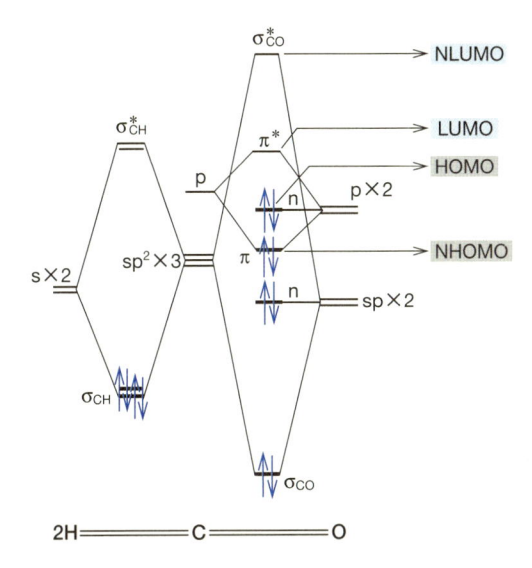

図4・7　ホルムアルデヒドの分子軌道

　ホルムアルデヒドの HOMO は酸素の p 軌道からなる n 軌道であり，NHOMO はカルボニルの π 軌道である．最もエネルギーの小さい光（長波長の光）で起こる電子励起は HOMO の n 軌道から LUMO の π* 軌道への励起（nπ* 励起）であり，もう少しエネルギーの大きい短波長の光によって，π 軌道から π* 軌道への励起（ππ* 励起）も起こる．したがって，異なる波長の光を用いて，nπ* 励起状態または ππ* 励起状態をつくり分けることができる.

　図4・8に示すように nπ* 励起状態は，カルボニル基の酸素原子上の非共有電子対の電子1個が，C−O 結合の周囲に広がっている π* 軌道に昇位した状態である．酸素原子の n 軌道に電子が1個残されるので，nπ* 励起状態はアルコキシルラジカル（R−Ö·）の性格をもつ．一方，ππ* 励起状態は，C−O 結合間に広がった π 軌道から C−O 結合の周囲に広がった π* 軌道への励起であり，ラジカル的な性質は小さい．この違いが，励起状態の反応性の違いを生み出す.

　図4・8に示した nπ* 励起と ππ* 励起との間には，さらに際だった差がある．それは，光吸収の起こる確率である．ππ* 励起を起こす吸収（ππ* 吸収）は，nπ* 吸収の100倍から1000倍位起こりやすい．つまり，ππ* 吸収を起こす短波長の光と，nπ* 吸収を起こす光を，同じカルボニル化合物に同じ光子数だけ浴びせた場合，ππ* 励起状態のできる確率は nπ* 励起状態のできる確率の100倍から1000倍である．励起が起こりやすいかどうかは，電子の励起にかかわる二つの軌道の相性と，励起で消滅する光子の電場の振動方向に依存するが，nπ* の場合は n 軌道

ラジカル（3・5・2節参照）は，フリーラジカルあるいは遊離基ともよぶ．不対電子（半占軌道に存在する電子）をもつ化学種のこと．不対電子を二つもつものはビラジカルという．ラジカルには2種類の生成の仕方がある．第一は，分子のどこかの結合が切断されたとき，両方の切断点（結合をつくっていた原子）が一つずつ電子をもちあってともにラジカルになる方法．第二は，分子あるいは原子に電子が1個つけ加わったり取去られたりする方法．通常，不対電子をもつ金属原子や金属錯体はラジカルとよばない.

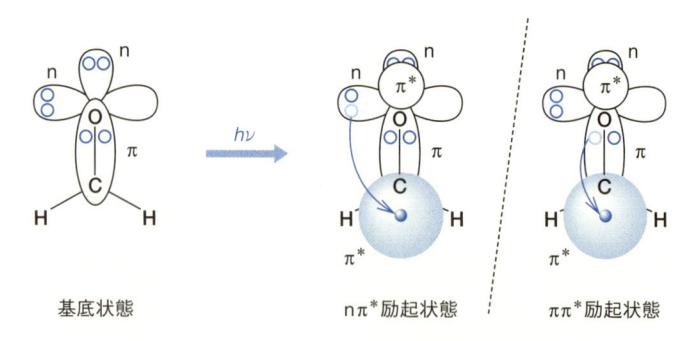

基底状態   nπ*励起状態   ππ*励起状態

図4・8 ホルムアルデヒドの2種類の励起状態

"相性" の中身は,
・軌道の重なり
・軌道の符号
・入射光の電場の振動方向
がある.
nπ*は軌道の重なりが悪く,
ππ*はすべてが良い.

と π* 軌道の "相性" が決定的に悪く, ππ* の場合は π 軌道と π* 軌道の "相性" が良いことにより大きな差が生じている.

4・1・6 吸収スペクトルとランベルト-ベールの法則

ある化合物が, どの波長の光を吸収しやすいかということは, どのように調べることができるだろうか. それは, その化合物を, 調べる波長域の光を吸収しない溶媒に溶解して, 調べる波長域の光を吸収しない容器 (セル, という) に入れ, 波長を連続的に変化させて光を照射し, 入射光と透過光の強度比の波長依存性を調べればよい. セルへの入射光強度 (光子数) と透過光強度 (光子数) の差が, 吸収された光の量 (光子数) になり, 入射光強度 I_0 に対する透過光強度 I の比が, 透過率 T ($=I/I_0$) になる. $\log(1/T)$ を吸光度 A で表すと,

$$A = \varepsilon c L \qquad (4・4)$$

ランベルト-ベール
(Lambert-Beer)

SI 単位では, モル濃度の単位に M は用いない. M = mol L^{-1} であるが, L も SI 単位系ではない. L = dm^3 なので, モル濃度の単位は mol dm^{-3} となる.

という, **ランベルト-ベールの法則**とよばれる関係がある. 吸光度 A は物質の濃度 c (mol dm^{-3}) と光路の長さ L (cm) に比例する. 比例定数 ε は, 物質, 溶媒, 測定波長を特定すれば決まる定数であり, "モル吸光係数" という. A が無名数であるため, ε の単位は mol^{-1} dm^3 cm^{-1} となる. A を縦軸, 波長を横軸にとってプ

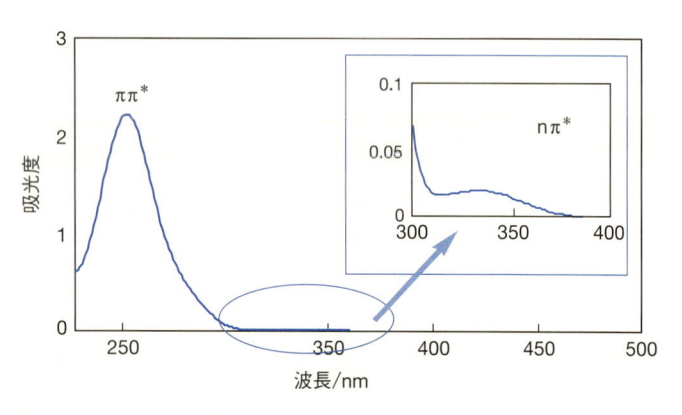

図4・9 ベンゾフェノンの吸収スペクトル 溶媒: メタノール, 濃度: 1.6×10^{-4} mol dm^{-3}, セル長: 1.0 cm. 横浜国立大学大学院工学研究院 生方俊博士のご厚意による.

ロットしたものを**吸収スペクトル**という.

　メタノール中におけるベンゾフェノンの吸収スペクトルを図 4・9 に示す. カルボニル化合物の $\pi\pi^*$ 吸収は起こりやすいので, ε の値は数千から数万の大きさであるが, $n\pi^*$ 吸収は起こりにくく, 数十からせいぜい数百である. たとえば, 水中でのプロペナール (アクロレイン) の $\pi\pi^*$ 吸収の吸収極大波長 210 nm における ε は 11500, $n\pi^*$ 吸収の吸収極大波長 315 nm における ε は 26, と報告されている (図 4・10). $\pi\pi^*$ 吸収は高エネルギー (短波長) の光で起こり, その確率が大きく (ε が大きい), $n\pi^*$ 吸収は低エネルギー (長波長) の光で起こり, その確率は小さい (ε が小さい) ことに注意しよう.

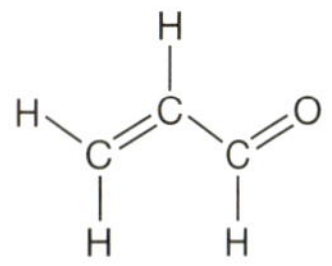

　有機材料は, 溶液ではなくフィルムとして扱うことが多い. 吸収スペクトルは, フィルムでも同様に測定できる. この場合, 高分子媒体に有機化合物を均一に混ぜてフィルムにしても良いし, 有機化合物自体がフィルム状になるならそれでも良い.

吸収スペクトル
(absorption spectrum)

λ_{max} 210 nm (ε 11500, $\pi\pi^*$)
　　　315 nm (ε 26, $n\pi^*$)

図 4・10　プロペナール

4・1・7　一重項と三重項

　さて, 生成した $\pi\pi^*$ や $n\pi^*$ 励起状態の電子スピンはどうなっているのだろうか. 基底状態では各軌道に 2 個ずつ電子が入っていたから, パウリの排他原理によってスピンの向きは互いに逆向きに規定されていたが, 励起状態で電子が 1 個しか入っていない軌道ではそのような束縛はないはずである.

　電子励起に要する時間は 10^{-15} 秒 (フェムト秒) のオーダーである. この時間内では, 分子内の原子核はほとんど動かないので, 原子核の位置は基底状態のままで電子励起が起こる. この状態を, 励起状態のなかでも特に**フランク–コンドン状態**という (図 4・12 の $S_1^{\ddagger}$). この状態は, 励起状態の構造としては安定なものではなく, 核間の距離, 結合角などを, 分子内の振動によって変化させながら (この変化を**振動緩和**という), 最も安定な励起状態の構造に移行する. 狭義には, この振動緩和した状態を "励起状態" とよぶ.

　この間, 励起した電子のスピンは, 基底状態のスピンを保っている. したがって, 別々の軌道に入ってはいるが, 二つの電子はスピンだけ見ると対をつくっている状態になっている. この状態を**励起一重項状態** (S_1) という (図 4・11). 基底状態も一重項状態 (S_0) である.

　さて, パウリの排他原理の束縛から解かれた励起一重項状態は, どちらかの電子がスピンを反転させることが可能である. その結果できる状態は**励起三重項状態** (T_1) とよばれ (図 4・11), このスピンの反転を**項間交差**, あるいは**系間交差**という.

　三重項状態では, 軌道が異なるとはいえ, もともと対をつくっていた電子同士が同じスピンになったので反発があるため, 電子同士が接近できない. したがって, 電子同士の静電反発が小さい. それに対して一重項状態では, スピンが異な

フランク–コンドン
(Franck–Condon)

振動緩和
(vibrational relaxation)

分子波動関数を軌道項と電子スピン項に分けて記述したとき, **一重項** (singlet) はスピン項の記述の方法が一通りしかない. これに対し, **三重項** (triplet) は記述の方法が三通りある.

項間交差, 系間交差
(intersystem crossing)

SOMO と SOMO′ の混ざりあいによって, 二つの電子が同じ軌道に入る瞬間ができる. そのときのパウリの排他原理への抵触を避けるために, 電子同士が離れる.

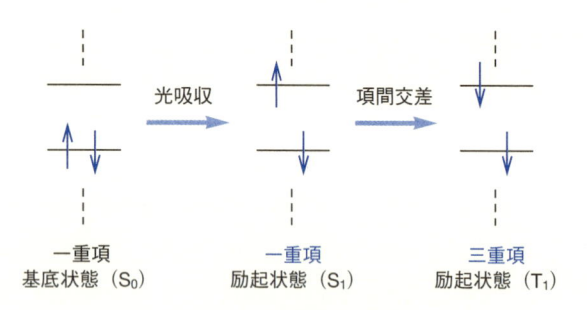

図4・11　一重項と三重項

るので電子同士の接近に障害がないため，静電反発が生じる．この一見不可思議な電子のふるまいのため，三重項状態のほうが一重項状態より安定であり，またフントの規則の生じる原因について同様の解釈をすることができる．

励起に関する諸事象をまとめて図示すると，図4・12のようになる．分子のエネルギーをこのように簡略化して描いた図は，**ジャブロンスキー図**という．

ジャブロンスキー図
(Jablonski diagram)

このようにして生じた一重項あるいは三重項の励起状態の運命はどうなるのだろうか．いつまでもこの状態でいるのだろうか．そうではない．自然は，安定な状態があればその方向にいこうとする．次節で励起状態の運命を見てみよう．

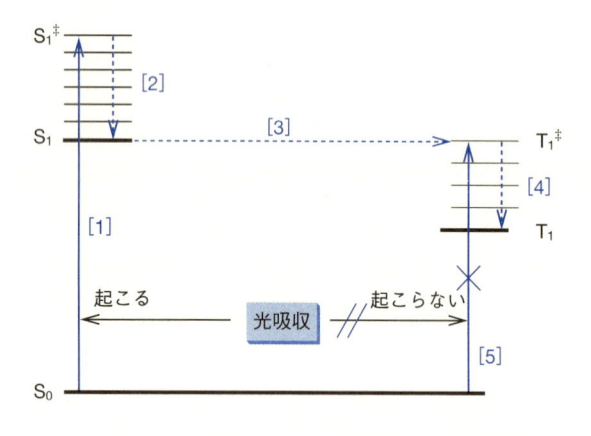

プロセス			名　称	要する時間/s
[1]	$S_0 + h\nu$	$\longrightarrow S_1^{\ddagger}$	光吸収	10^{-15}
[2]	$S_1^{\ddagger}$	$\longrightarrow S_1 + 熱$	振動緩和	$10^{-11} \sim 10^{-12}$
[3]	S_1	$\longrightarrow T_1^{\ddagger}$	項間交差	$10^{-12} \sim 10^{-6}$
[4]	$T_1^{\ddagger}$	$\longrightarrow T_1 + 熱$	振動緩和	$10^{-12} \sim 10^{-11}$
[5]	$S_0 + h\nu$	$\overset{/\!/}{\longrightarrow} T_1^{\ddagger}$	（光吸収）	

図4・12　励起のジャブロンスキー図

4・2　励起分子の化学

前項で，光子を吸収した分子がとりあえずたどり着く状態である，励起一重項状態と励起三重項状態を説明した．しかし，これが，励起した分子の終着駅では

ない. 励起状態はあくまでも中間地点であり, 光子の吸収/消滅によって得た余分のエネルギーをもてあましている.

これらの状態から起こることは, 大別して四つある.

第一は, 熱を徐々に放出して基底状態に戻ること, 第二は, 光の放出によって基底状態に戻ること, 第三は, 分子内あるいは分子間で異性化や反応を起こし, 光を吸収した分子とは別の化合物になることである. 第四は, 他の基底状態分子に励起エネルギーを渡して別の励起状態分子をつくり, 自身は基底状態に戻ることである. 光励起以後に起こる事象のジャブロンスキー図を図4・13に示す.

ある分子が反応を起こしたとき, 分子量が変わらずに結合の順序や種類だけが変わる現象を**異性化** (isomerization) という. 3章で述べた, ある化合物とその異性体の間で起こる変換反応であり, 熱反応または光反応によって起こる. 触媒が関与することもあるし, 分子単体で起こることもある. 異性化は可逆な場合もあるし, 不可逆な場合もある. 5章で述べるフォトクロミズムは"可逆な光異性化反応"であり, 9章のナノマシンや分子デバイスの一部を構成することもある.

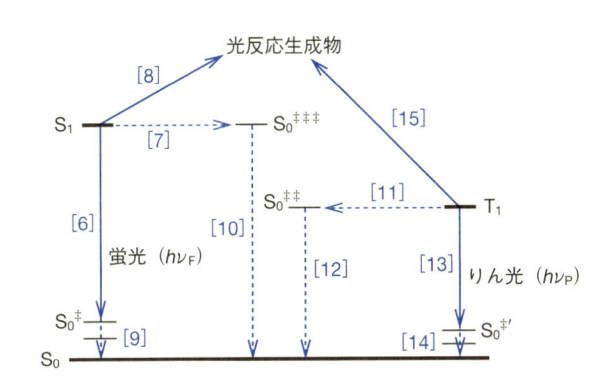

プロセス			名 称	要する時間/s
[6] S_1	$\longrightarrow$	$S_0^{\ddagger} + h\nu_F$	蛍光	$10^{-9} \sim 10^{-5}$
[7] S_1	$\longrightarrow$	$S_0^{\ddagger\ddagger\ddagger} + $ 熱	内部転換	$10^{-10} \sim 10^{-5}$
[8] S_1	$\longrightarrow$	生成物	光反応	$10^{-10} \sim 10^{-2}$
[9] $S_0^{\ddagger}$	$\longrightarrow$	$S_0 + $ 熱	振動緩和	$10^{-12} \sim 10^{-11}$
[10] $S_0^{\ddagger\ddagger\ddagger}$	$\longrightarrow$	$S_0 + $ 熱	振動緩和	$10^{-12} \sim 10^{-11}$
[11] T_1	$\longrightarrow$	$S_0^{\ddagger\ddagger} + $ 熱	項間交差	$10^{-6} \sim 10^{2}$
[12] $S_0^{\ddagger\ddagger}$	$\longrightarrow$	$S_0 + $ 熱	振動緩和	$10^{-12} \sim 10^{-11}$
[13] T_1	$\longrightarrow$	$S_0^{\ddagger} + h\nu_P$	りん光	$10^{-3} \sim 10^{2}$
[14] $S_0^{\ddagger\prime}$	$\longrightarrow$	$S_0 + $ 熱	振動緩和	$10^{-12} \sim 10^{-11}$
[15] T_1	$\longrightarrow$	生成物	光反応	$10^{-10} \sim 10^{-2}$

図4・13 励起以後のジャブロンスキー図

異なるスピン多重度間の遷移は項間交差というが, 図4・13のプロセス[7]のように同じスピン多重度間の遷移は**内部転換** (internal conversion) という. HOMOからNLUMOへの電子励起に引き続く, 直下の空軌道 (LUMO) への電子遷移も内部転換である. 励起一重項状態から基底状態に内部転換, あるいは励起三重項状態から基底状態に項間交差した直後の状態は, 振動励起状態としては非常に高い励起状態であり, hot-ground-state (熱い基底状態) という.

励起状態から基底状態に移行することを**失活** (deexcitation) という.

蛍光 (fluorescence)

りん光 (phosphorescence)

4・2・1 熱と光の放出

図4・13に示すように一重項からの熱失活は, 励起状態の振動緩和した状態から, 基底状態の振動励起した状態 $S_0^{\ddagger\ddagger\ddagger}$ に内部転換し, 徐々に溶媒分子などの周囲の環境に熱をまき散らしながら基底状態の振動緩和した状態に移行する. 三重項からの熱失活は, 基底状態の振動励起した状態 $S_0^{\ddagger\ddagger}$ に項間交差し, そののち振動緩和していく.

励起一重項から, 光を放出していきなり基底状態に遷移する場合がある. この光を**蛍光**という. 励起三重項から光を出して一重項基底状態に遷移する場合は, **りん光**という. 蛍光は一重項から一重項への遷移に伴って放出されるから電子スピンを反転させる必要がないので起こりやすく (許容), りん光は三重項から一重

項への遷移に伴って放出されるのでスピンの反転を伴い，起こりにくい（禁制）．しかし，不安定な励起状態を解消して安定な基底状態に戻ろうという自然の摂理のために，三重項はしばしばりん光を放出して基底状態に戻る．

励起三重項のエネルギー準位が励起一重項のエネルギー準位よりそれほど低くない場合，励起三重項から励起一重項への逆項間交差が起こることがある．励起三重項の寿命は長いので，励起三重項からの失活が起こるまえに励起一重項に戻り，蛍光発光によって基底状態に戻ることがある．このような蛍光を，**遅延蛍光**あるいは**熱活性化遅延蛍光**とよぶ．蛍光の発光はナノ秒のタイムスケールで起こるが，遅延蛍光はマイクロ秒からミリ秒程度と長く発光する．これにより，蛍光発光の効率（蛍光量子収率という．4・2・4 節参照）が格段に上昇する．蛍光を効率的に用いることができるので，有機エレクトロルミネセンス（8・1 節参照）では遅延蛍光の利用に期待が集まっている．

遅延蛍光
（delayed fluorescence）

熱活性化遅延蛍光
（thermally activated delayed fluorescence）

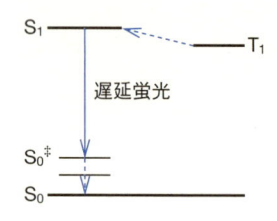

励起状態の分子の濃度が低いため，励起状態の分子同士が反応する確率は小さい．

エキシマー
（excimer = excited dimer）

エキシプレックス
（exciplex = excited complex）

4・2・2　分子間光反応

三番目の"光反応"であるが，一重項の寿命は短いので，励起している間に他の分子と衝突する確率は大きくない．分子内反応であれば，分子構造の幾何学的な配置によっては一重項からの反応が主になることがある．三重項は，基底状態に戻るためにはスピンを反転させる必要があるために寿命が長く，他の分子と衝突する確率が大きくなる．そのため，多くの分子間光反応は三重項から起こる．

励起状態が関与する分子間光反応は，励起状態の分子と基底状態の分子の間で起こる．反応が偶発的な衝突で起こる場合もあるが，なかには，反応する二つの分子が反応前に静電的あるいは軌道相互作用による結合性の相互作用を及ぼしあい，片方の励起を契機として錯体を形成する場合がある．この相互作用は，当然基底状態の分子同士のものとは異なる．相互作用の中身は，SOMO′ から LUMO へ，および HOMO から SOMO への電子のにじみ出しによる弱い結合の生成である（図 4・14）．同種分子の片方が励起されて生成する錯体の場合は**エキシマー**，異種分子の場合は**エキシプレックス**という．もし，このような錯体（励起錯体）の形成は起こるが光反応までは至らない場合は，この錯体は何らかの方法で失活する．よく観察されるのが，蛍光の放出である．錯体の生成は濃度が高いほど起こりやすいので，この蛍光強度も濃度が高いほど強くなる．単一の励起分子（励起モノマー）も蛍光を出す場合，濃度の上昇とともに励起モノマーからの発光が減少

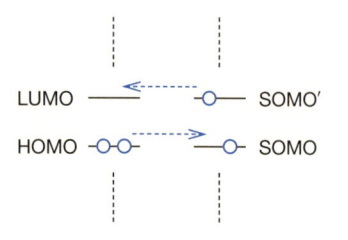

図 4・14　エキシマー・エキシプレックス生成の電子相関

し，励起錯体からの発光が増加する．この場合，励起錯体のほうが安定なので，発光はモノマー発光より長波長側に現れる．ピレンという化合物の例を図4・15に示す．

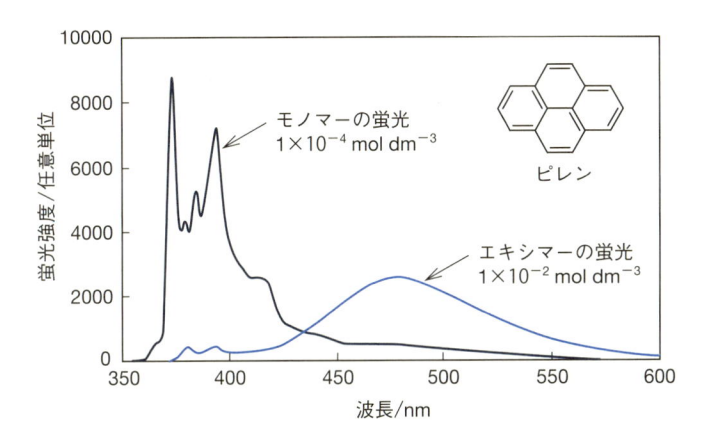

図4・15 **ピレンのモノマーとエキシマーの蛍光**（溶媒：アセトニトリル）
北里大学理学部　稲田妙子博士のご厚意による．

4・2・3 エネルギー移動

　励起分子が基底状態に戻る第四の方法である“エネルギー移動”には，励起状態分子と基底状態分子の衝突によって電子の交換が起こり，結果として励起状態と基底状態が入れ替わる**デクスター機構**（おおむね 1 nm 以内の距離で起こる）と，分子同士の接触なしに，励起電子の生み出す振動電場と基底状態分子の共鳴によるエネルギー移動を起こす**フェルスター機構**（1～10 nm の距離で起こる）とがある（図4・16）．これらの方法を用いると，励起三重項状態が生成しにくい分子Aに対し，三重項ができやすい分子Bの励起三重項状態をつくり出して基底状態の分子Aにエネルギー移動させることによって，Aの励起三重項状態を容易につくり出すことができる．これを**増感作用**という．ここでは，BはAの三重項“増感剤”である．また，これを分子Bの側から見ると，Bの励起三重項状態が分子Aによって失活させられたことになる．これを**消光作用**という．励起状態からの発光を出させないことから“消光”とよぶが，実際には「他の分子へのエネルギー

デクスター機構
（Dexter mechanism）

フェルスター機構
（Förster mechanism）

増感作用（sensitization）
増感剤（sensitizar）
消光作用（quenching）

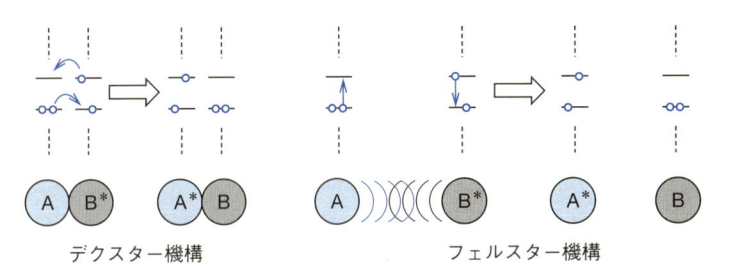

図4・16 **エネルギー移動**

消光剤（quencher）

移動によって励起状態を失活させること」という意味で用いる．AはBの三重項"消光剤"である．一重項に対しても同様のことが当てはまる．

4・2・4　光反応における量子収率

量子収率（quantum yield）
量子収量ともいう．

　　励起状態から何が起こるかということを，励起状態分子の数に対するその起こった事象の数の比率として表したものを**量子収率**という．振動緩和した励起一重項状態からは，蛍光発光，光反応，三重項への項間交差，熱失活について量子収率が決定でき，同様に項間交差して生成した三重項における事象であるりん光の量子収率も定義できる．また，物質の消失についても量子収率を考えることができる．

　　量子収率は，励起一重項状態の数に対する起こった事象の比だから，励起一重項状態を生成するために吸収された光子の数に対する，生成物の分子数，消失した分子数，蛍光によって放出された光子の数などで決められる．光反応に例をとると，

$$光反応量子収率 = \frac{生成物の分子数}{吸収された光子の数} \tag{4・5}$$

である．したがって，量子収率は通常1を超えることはないが，例外はいくつか

光 合 成

　　励起された電子が他の物質につぎつぎに移動し，元の物質に戻らずに他の分子を還元してしまうことがある．最も重要かつ有名なのが，緑色植物の**光合成**（photosynthesis）である．クロロフィルを中心とする光合成システムが，2個の光子のエネルギーを用いて，水の酸化による酸素の発生と二酸化炭素の還元による炭水化物の生成を行う（図1）．光化学系Ⅰのクロロフィルに吸収された光子によって1個の

電子が励起され，この電子がつぎつぎと異なる分子の間を受け渡され，二酸化炭素の還元系にたどり着く．電子を失ったクロロフィルは，光化学系Ⅱのクロロフィルの励起によって電子を供給されて元に戻り，電子を失った光化学系Ⅱのクロロフィルは水を酸化して電子を奪い，酸素を発生させる．このような光合成経路を模倣した人工光合成系の研究が盛んに行われている．

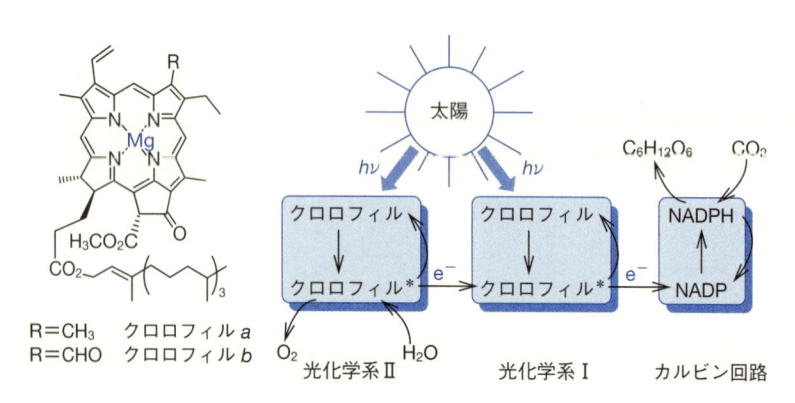

R=CH₃　クロロフィル *a*
R=CHO　クロロフィル *b*

図1　クロロフィルと光合成経路

ある.

　もし，分子 A が光子を吸収して 2 分子の分子 B に解離する光反応があったとすると，分子 B の生成の量子収率は最大 2 になる．また，励起分子が同じ基底状態分子と反応して二量体を与えるとすると，生成物に着目すると量子収率は 1 を超えないが，消失する分子に着目すると量子収率は最大 2 になる.

　また，光吸収によって連鎖反応が起こると，量子収率は 1 を大きく超えることになる．特に有名な反応が，塩素と水素から塩化水素が生成する反応であり，量子収率はガスの濃度に依存するが，10^5 程度になる．塩素分子が光子を吸収し，分解して塩素ラジカルとなる．塩素ラジカルと水素分子から塩化水素分子と水素ラジカルが生成し，この水素ラジカルは塩素分子と反応して塩化水素分子と塩素ラジカルを生成する．この二つの段階が連鎖反応である．水素分子の代わりにアルカンがあると，同様の連鎖反応によって塩化アルキルが生成する．連鎖の停止は，塩素ラジカルの二量化である.

$$\begin{aligned}
\text{開始}&: Cl_2 + h\nu \longrightarrow 2Cl\cdot \\
\text{連鎖}&: Cl\cdot + H_2 \longrightarrow HCl + H\cdot \\
\text{連鎖}&: H\cdot + Cl_2 \longrightarrow HCl + Cl\cdot \\
\text{停止}&: 2Cl\cdot \longrightarrow Cl_2
\end{aligned} \qquad (4\cdot6)$$

　一方，励起状態のできやすさは，ある分子がどのくらい光子を吸収しやすいか，ということであるので，これはモル吸光係数 ε（4・1・6 節参照）の大きさで決まる．したがって，ある分子の光変換反応を効率良く起こすためには，大きなモル吸光係数と大きな量子収率をもつことが望ましい．もちろん，光の強度（すなわち単位時間あたりに分子が浴びる光子の量）が大きいことが望ましいことはいうまでもない.

4・3　電荷移動相互作用

　二つの分子の間で，電子の移動により電荷の偏りが生じる現象を**電荷移動**といい，電荷移動によって生じた相互作用を**電荷移動相互作用**という．ある基底状態の分子の HOMO のエネルギーレベルが高いとき，電子を出しやすく，酸化されやすい．このような分子を**電子供与体（ドナー）**という．また逆に，LUMO のエネルギーレベルが低いとき，電子を受け取りやすく，還元されやすい．このような分子を**電子受容体（アクセプター）**という．この概念を拡張して，一つの分子内に存在する二つの官能基がドナーとアクセプター間の相互作用を示す場合を**分子内電荷移動相互作用**という．電子供与体と電子受容体の間の電荷移動相互作用は，有機分子を機能性材料として用いる場合に非常に重要な相互作用である.

4・3・1　電荷移動錯体

　基底状態で高い電子供与能力をもつ電子供与体が高い電子受容能力をもつ電子

電荷移動（charge transfer）

電荷移動相互作用
ファン デル ワールス力より強く，共有結合形成より弱い相互作用として，電荷移動相互作用と水素結合がある.

電子供与体
（electron donor）

電子受容体
（electron acceptor）

ピクラート

受容体と出会えば二つの分子の間で電荷移動が起こり，この相互作用が強い場合に**電荷移動錯体**を生成する．電子供与性と電子受容性については3・4・3節と表3・2ですでに説明したように，有機反応における酸化反応と還元反応，ルイス酸とルイス塩基，および求電子試薬と求核試薬といったいろいろな基本的性質の基礎となる概念である．電荷移動相互作用における電子供与体は他の分子やイオンに電子を容易に与えるものであり，また電子受容体は電子を容易に受け取るものである．図4・17 に示すように，電子受容体と電子供与体が相互作用して電荷移動錯体をつくる反応は三つに分類できる．

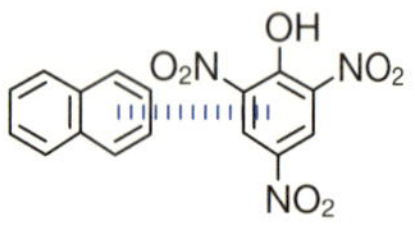

① D + A ⟶ D---A   (例) ナフタレンとピクリン酸からピクラートの生成
② D + A ⟶ $D^{\delta+}-A^{\delta-}$ (例) ヒドロキノンとベンゾキノンからキンヒドロンの生成
③ D + A ⟶ D^+ A^- (例) DDQ による電子移動酸化の初期過程

図4・17　電子供与体 (D) と電子受容体 (A) の相互作用

① ドナー (D) とアクセプター (A) が非常に弱い相互作用をする場合で，実際には電荷の分離はほとんど起こらないが，結晶状態で錯体を形成したり，励起状態でエキシプレックスを形成する．

② ドナーとアクセプターが中程度の相互作用をする場合で，完全には電荷分離を示さないが，混合原子価状態をつくり，しばしば導電性・磁性などの物性を示す．

③ ドナーからアクセプターに完全に電荷移動が起こる組合わせであり，イオン対を形成する．

電荷移動錯体において基底状態でDとAに働く力は，双極子−双極子相互作用，双極子−誘起双極子相互作用，ファン デル ワールス力および電荷移動相互作用のあわさったものであるが，電荷移動相互作用が最も重要である．一般に基底状

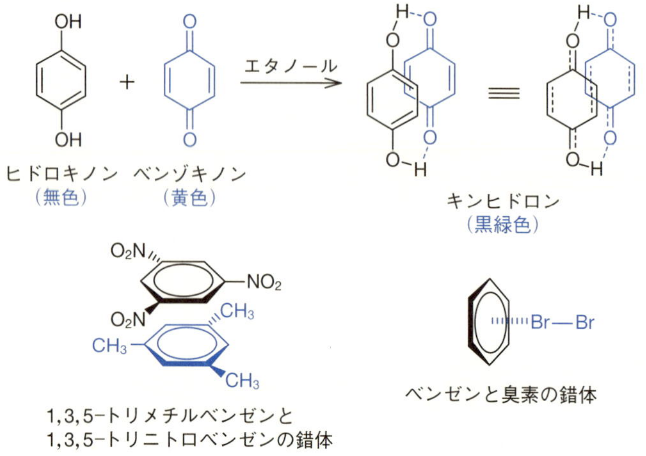

ヒドロキノン　ベンゾキノン
（無色）　　（黄色）

キンヒドロン
（黒緑色）

1,3,5−トリメチルベンゼンと
1,3,5−トリニトロベンゼンの錯体

ベンゼンと臭素の錯体

図4・18　いろいろな電荷移動錯体

態で電荷移動構造の寄与があまり大きくない ① と ② を分子性錯体，完全に電荷の移動した ③ をイオン性化合物とよんで区別する．

　分子性錯体としては，たとえば，ヒドロキノンとベンゾキノンから得られる黒緑色の "キンヒドロン" がよく知られている．また，1,3,5-トリメチルベンゼンと 1,3,5-トリニトロベンゼンの CT 錯体（電荷分離のない π–π 錯体），ベンゼンと臭素の錯体（電荷分離のない π–σ 錯体）なども知られている（図4・18）.

　部分的な電荷移動によって導電性が誘起される例としては，テトラチアフルバレン（TTF）とテトラシアノキノジメタン（TCNQ）の分子性錯体があげられる．黄色の TTF（ドナー）と黄色の TCNQ（アクセプター）を混合すると，黒色の CT 錯体が生成する（図4・19）. この錯体では，TTF と TCNQ 各一対あたり 0.59 個の電子が移動しており，TTF には HOMO（金属の場合には価電子帯という）に 1 分子あたり 0.59 個の正電荷（**正孔**），TCNQ には LUMO（同じく伝導帯という）に 1 分子あたり 0.59 個の負電荷（電子）が存在しており，代表的な分子性の導電性有機化合物として知られている．TTF に残っている電子と TCNQ に移った電子が結晶中の電子移動を容易にしている．

代表的な電荷移動錯体であるキンヒドロン（quinhydorone）は，濃緑色金属光沢をもつ針状結晶として得られる（海苔色と表現する場合もある）. 最近では，pH 電極の校正やシリコン基板の表面処理に用いられる．

正孔（positive hole）
ホールともいう．電子と違って正孔は実体がないので想像しにくい．身近な例にたとえると，正孔は 15 パズルの空きマスのようなものである．コマが右に動くと空きマスは左に動く．実際に動いているのはコマだけであるが．

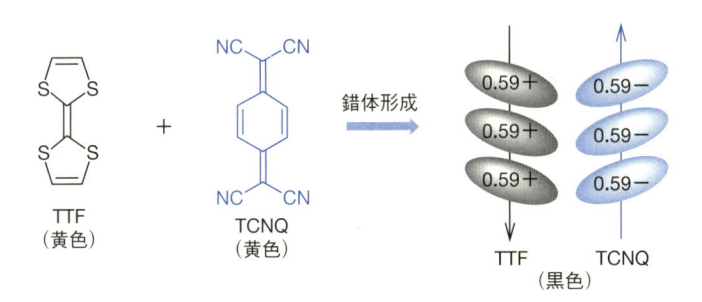

図4・19　**TTF–TCNQ の（1：1）錯体**

　2000 年にノーベル化学賞を受けた白川英樹博士の発見した導電性高分子 "ポリアセチレン" は，そのままでは導電性はほとんどないが，ヨウ素を混ぜてやると，ポリアセチレンからヨウ素に電子が移動し，ポリアセチレン上に正電荷（正孔）が生じて導電性が生じる（図4・20）. このように，電荷移動相互作用は有機ラジカルイオンを用いる分子性導電体，有機強磁性体および機能性超分子の構築に重要な役割を演じている．有機導電体および有機磁性体については 7 章で，機能性

ポリアセチレン
（polyacetylene）
ポリアセチレンはプラスチックの仲間であるが，主鎖に動きやすい π 電子をもつため，金属光沢（7 章のコラム参照）や導電性がある．
ポリアセチレンそのものは電気的に中性で電気を流さないが，ヨウ素を使って一部の電子を引き抜いたポリアセチレンは，プラスの電荷（正孔）を帯びる（**ドーピング**（doping）という）. このプラスの電荷がポリアセチレンの鎖上を動くため電気がよく流れる．

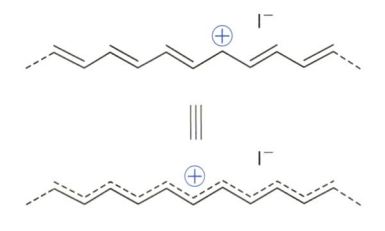

図4・20　**ドープしたポリアセチレン**

超分子については9章でさらに詳しくふれる.

4・3・2　電荷移動吸収帯

無色のヒドロキノンと黄色のベンゾキノンから黒緑色のキンヒドロンが得られたり, 黄色のTTFと黄色のTCNQから黒色の電荷移動錯体が生成するように, 電荷移動錯体は元の成分とは異なる紫外・可視吸収帯をもつ. この現象は, 電子遷移が起こる前後での電子状態において電荷分布が著しく異なることによって, 電子遷移とともに電荷の移動が起こることによる. 電荷の移動が二つの分子の間で起こる場合, **分子間電荷移動吸収帯**（または, 単に**電荷移動吸収帯**）といい, 電荷移動が一つの分子内で起こる場合を**分子内電荷移動吸収帯**という. 電荷移動吸収は許容遷移にもとづくものであるから, その吸収強度はかなり強いものが多い.

電荷移動錯体の光吸収の概念を図4・21に示す. 基底状態で弱くまたは部分的に電荷移動を起こしている電荷移動錯体が光を吸収すると, 電子移動を伴いながら励起状態に遷移する. この遷移を分子軌道図で調べてみると, つぎのようになる. ドナー（D）とアクセプター（A）が基底状態で相互作用すると, ドナーの高いHOMOとアクセプターの低いLUMOから, ドナーより少し低いHOMOとアクセプターより少し高いLUMOができる（この結果, 電荷移動錯体は安定化する）. この新しくできたHOMOとLUMOのエネルギー差は, ドナーとアクセプターそれぞれのHOMOとLUMOのエネルギー差のいずれよりも小さいので, この遷移が最も低エネルギーの光吸収となり, 長波長の吸収帯となる. このCT吸

電荷移動吸収帯（CT band）異なる金属イオン間の電荷移動や分子軌道間の電子遷移にもとづく電荷移動吸収帯が可視領域に存在すると, 色がついて見える. たとえばサファイアは不純物として含まれたFe^{2+}イオンとTi^{4+}イオンの間で電子遷移が起こるので, 電荷移動吸収帯は黄色から赤色の吸収をもち, 透過光は青色を示す.

H会合体とJ会合体

π共役系の発達した色素などの分子は, 分子間の相互作用によって会合体をつくることがある. 会合によって二量体から多数の分子の集合体まで形成しうる. 会合体を形成すると, 溶液中に分散して溶解している状態とは異なった波長域に特有の強く鋭い吸収帯を示すようになる. 鋭い吸収帯が溶液中における吸収より短波長側に現れる場合を**H会合体**, 長波長側に現れる場合を**J会合体**とよぶ. 吸収帯のシフトの方向は, 分子が重なるときの分子の傾き方に依存する.

図1のように, H会合体は分子同士のずれが小さい状態で重なり合って相互作用しており, またJ会合体は大きくずれて重なっている. かつて銀塩写真が主流だったころ, ハロゲン化銀の結晶上に色素がJ会合体を形成することを最大限に活用していた. すなわち, 色素が高密度に吸着することと, 鋭い吸収帯をもつので特定の波長域に感受性をもつことである.

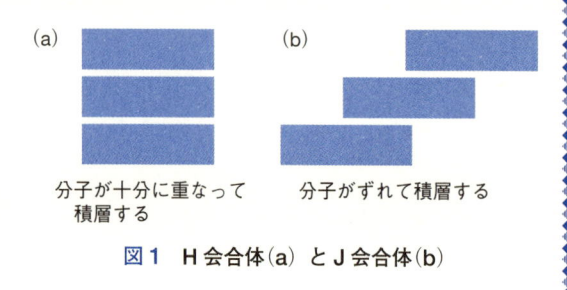

(a) 分子が十分に重なって積層する　　(b) 分子がずれて積層する

図1　H会合体(a)とJ会合体(b)

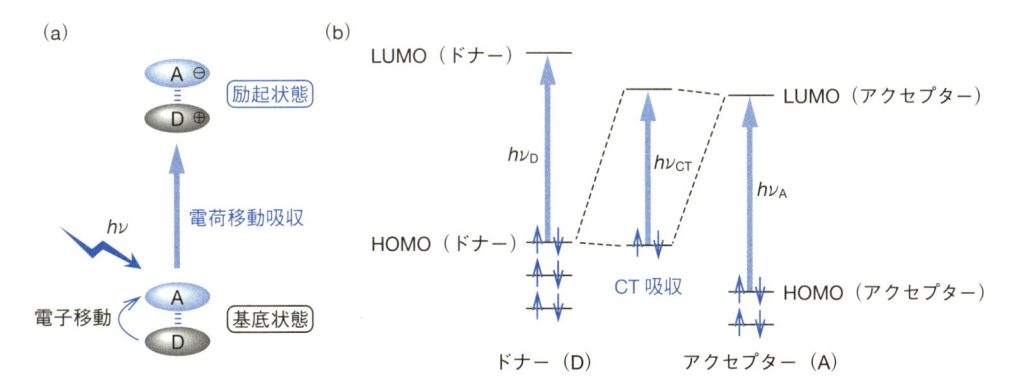

図4・21　電荷移動相互作用と電荷移動吸収　(a) 電荷移動錯体の光吸収，(b) 遷移の分子軌道図

収帯の遷移エネルギーは，図4・21からわかるように，ほぼドナーのHOMOからアクセプターのLUMOへの遷移エネルギーに等しい．

　完全に電荷移動を起こしたイオン性錯体（D^+A^-）の光吸収は，図4・21の機構とは異なる．このイオン性錯体は，基底状態ですでにイオン対をつくっているので，光を吸収してからの遷移は（$D^+A^- \rightarrow D^0A^0$）となる．

　電荷移動と類似した現象に電子移動がある．電荷移動はプラスとマイナスの電荷分離が起こる過程に用いられ，部分電荷が生成する場合が多い．また，電子移動は一つ以上の電子またはホールが移動する場合に主に用いられるが，両者の違いはあまりないといってよい．

練 習 問 題

4・1　図4・3において，アセチレンのHOMOとLUMOはどれか．どちらも縮重している．

4・2　光子1アインシュタインのエネルギーEは波長λ（nm）の関数である．$E = 1.196 \times 10^5/\lambda$（kJ mol^{-1}）であることを確認せよ．

4・3　殺菌灯から出ている254 nmの光，Blu-rayディスクの青紫色半導体レーザーの405 nmの光，スーパーのレジのバーコード読み取り用の赤色半導体レーザーの670 nmの光，これらの光のエネルギー（光子1モルのエネルギー）はどれだけか．

4・4　図4・9より，ベンゾフェノンの$\pi\pi^*$およびnπ^*吸収のεを概算せよ．

4・5　光合成によって，以下のようにグルコース（$C_6H_{12}O_6$）が生成する．

$$x\,CO_2 + y\,H_2O \longrightarrow z\,C_6H_{12}O_6 + w\,O_2$$

x, y, z, wを定めよ．

4・6　本章に掲載されている電子供与体および電子受容体の分子の構造と名称を記せ．

5 　機 能 性 有 機 色 素

5・1　色と色素の基礎

　4・1・1節で述べたように，電磁波のうち，波長が380 nmから780 nm程度のものを"可視光"とよぶ．図5・1に示すように，ヒトの目は，長波長のほうから「赤，橙，黄，緑，青，藍，紫」のいわゆる虹の七色の順に連続的に**色**を感知することができる．赤より長波長側は赤外光，紫より短波長側は紫外光とよばれ，ヒトはいずれもこれらの電磁波を目で感知することはできない．「色」という概念は，電磁波に対する，ヒトの光検知システムの感受域とスペクトルの分解能によって成り立っている．ヒトの視覚システムが電磁波の一部をどのように感じるかということで，「色」という概念が生じたのである．

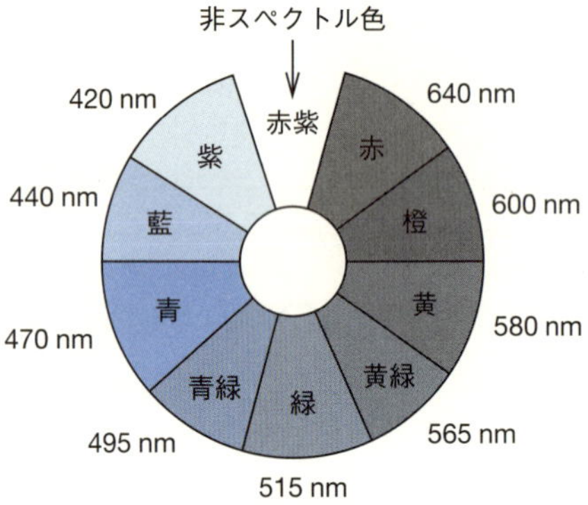

色 (color)

図5・1　カラーサークル

　ヒトは，可視部の波長の光を均等にすべて目に受けると，白色の光として感じる．目に入る光の波長域が広くなればなるほど，白色に近くなる．これを「加法混色」という．太陽光は，紫外部，赤外部の光とともに可視部全域の波長の光を含んでおり，ヒトには白色光として感じられる．実際には，「光の三原色」とよばれる赤・緑・青（RGBと略す）の三つの色の混合ですべての色相が表せる．テレビなどのディスプレイで色を表すのはこの方法である．

RGB (red, green, blue)

　物体に白色光が当たってある波長の光が吸収され（吸収した分子・物質は励起される），残りの光が反射されてヒトの目に入ると，白色光から吸収された光を除いた光の色（補色）が感知され，残った波長の光を重ねあわせた色として認識さ

れる．これを「減法混色」という．絵の具をどんどん混ぜていくと，吸収される
波長域が広がり，反射する光が減ってくる．すべての波長の光を吸収するものは，
反射する光がなく，ヒトには黒として認識される．減法混色の場合，加法混色の
補色に近い，青緑・赤紫・黄（CMYと略す）を「色の三原色」とすることが多
い．

CMY
(cyan, magenta, yellow)

5・2　有機色素の歴史

　古来ヒトは物（もの）にさまざまな色をつけて，装飾としてきた．色を示す物
質は**色素**とよばれる．色素は**顔料**と**染料**に分類される．顔料は無機物質が多く，
水やその他の媒体に溶解しない．したがって，着色させるときは媒体に分散させ
て用いる．有機顔料としては，新幹線の青や緑の色素として使われているフタロ
シアニン（図5・5参照）が有名である．一方，染料は媒体に溶解するので，"染
めつける"ことができる．

色素（dye）

顔料（pigment）

染料（dye, dyestuff）

　染料・顔料などの色素には，特有の色を示すこと，つまり，「可視部に，ある特
有の吸収スペクトルを示す」こと以外に，堅牢であること，すなわち「劣化・変
化しない」という性能が求められる．

　ヒトは，近代になるまで染料・顔料用の色素を自然界から得ていた．地中海産
の貝から採れた紫色の色素は"古代紫"とよばれ（図5・2），ごく微量しか得ら
れないので大変珍重されていた．日本でも，藍染めや大島紬の泥染めのような天
然の色素・染色剤を利用した染色が古くから行われていた．しかし，イギリスの
パーキンが1856年に"モーブ"という紫色の色素を偶然に発見し，さらにこれを
工業的に生産できるようになったことが，天然からは少量しか得られなかった染
料による染色の歴史を一変させることとなった．その後，アカネの主成分"アリ
ザリン"が1869年に，藍の主成分"インジゴ"が1878年に，ともにドイツにお

古代紫（Tyrian purple）
地中海沿岸のTyreという場
所で採れた貝から得られる
物質であり，染色して空気に
さらすと酸化によってインジ
ゴ構造になり紫に近い深
紅に変化する．

パーキン（W. H. Perkin）

モーブ（Mauve）

アリザリン（alizarin）

インジゴ（indigo）

ドイツのグレベ（C. Grebe）
とリーバーマン（C. T.
Lievermann）がアリザリン
の合成に成功した．モーブを
合成したパーキンもアリザ
リンの合成に成功したが，1
日違いで特許をドイツチー
ムにさらわれた．

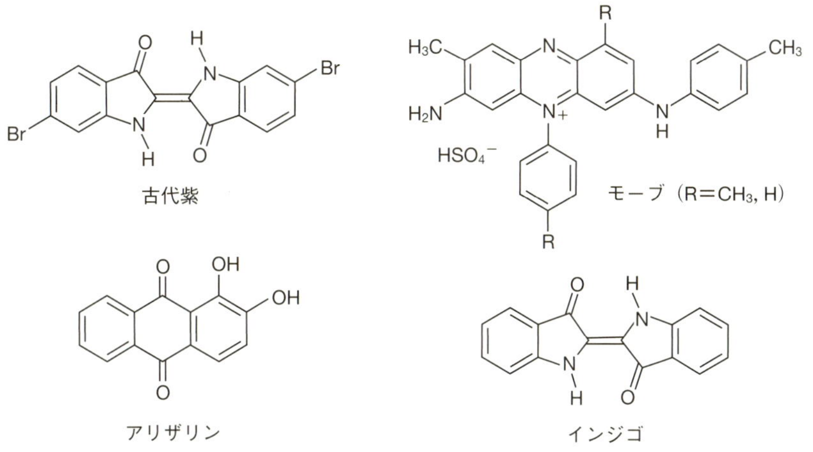

古代紫　　　　　　　　　　　　　　　モーブ（R＝CH₃, H）

アリザリン　　　　　　　　　　　　インジゴ

図5・2　色素の例

いて合成され，工業的製法の開発を経て，その後のドイツの有機化学工業の大発展の礎となった．

その後，染料・顔料としての着色用色素以外に，いわゆる"機能性色素"とよばれる色素が重要になってきた．**機能性色素**は，光・電場・熱・圧力・化学物質などの外部刺激によって何らかの有用な機能を発現するものであり，光導電性色素，情報記録用色素，光記録媒体用色素，情報表示用色素，蛍光性色素，各種クロミック色素，光治療用色素などがその代表例である．

機能性色素（functional dye）

5・3 色素の特徴

色素に色がある，すなわち可視部に吸収をもつためには，どのような条件が必要だろうか．色が濃いこと，すなわちある波長の光を十分に吸収するためには，4・1・5節と4・1・6節で述べたように，モル吸光係数 ε が大きい $\pi\pi^*$ 吸収であることが望ましい．そして，吸収極大が可視部にあるためには，π 軌道と π^* 軌道のエネルギー差が比較的小さいことが必要である．

電子の遷移に要するエネルギーは，電子が自由に動き回れる入れ物が広いほうが，すなわち共役系が広がっているほうが小さくなる．色素では，$\pi\pi^*$ 励起の光吸収が可視部で起こり，吸収された光の補色が反射や透過によって目に入って色として認識される．

図5・3に示すようにエテンの $\pi\pi^*$ 吸収波長は165 nm であり，エテンにカルボニル基が共役したプロペナールは210 nm である．多少共役系が広がっても可視部（380〜780 nm）に吸収をもつわけではない．だが，たとえば β-カロテンは二重結合が11個共役しており，吸収極大波長は450 nm で橙黄色である．

エテン
165 nm

プロペナール
210 nm

β-カロテン（β-carotene）

β-カロテン
450 nm

ニトロベンゼン
(nitrobenzene)

o-ニトロアニリン
（o-nitroaniline）

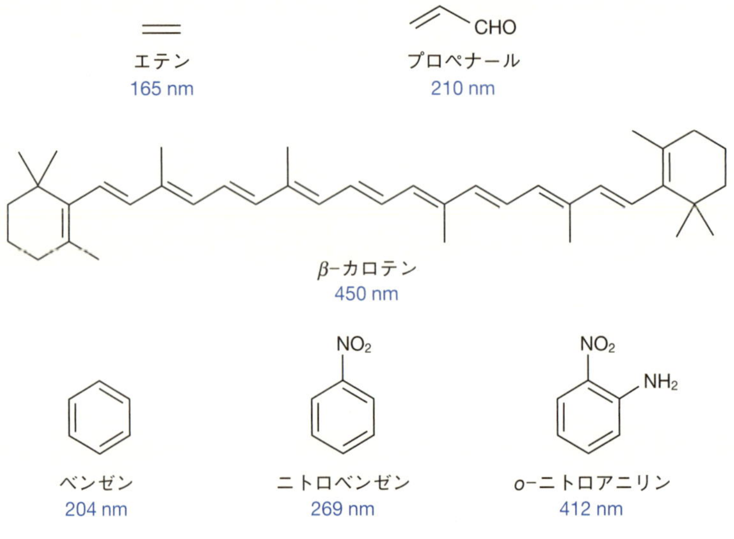

ベンゼン
204 nm

ニトロベンゼン
269 nm

o-ニトロアニリン
412 nm

図5・3　共役系と $\pi\pi^*$ 吸収

電子供与基と電子求引基がπ共役系の上でたがいに共役できる位置に置換していると，基底状態における電荷移動が起こって電子の遷移に要するエネルギーが小さくなり，吸収が長波長側に移動することが多い．たとえば，ベンゼンは204 nm に，ニトロベンゼンは 269 nm に大きな $\pi\pi^*$ 吸収をもつが，o-ニトロアニリンは 412 nm に $\pi\pi^*$ 吸収をもつ．このように，π共役系に接続する電子求引基・電子供与基が吸収極大波長に与える影響は非常に大きい．

しかし，π共役系のどこにどのような性質の置換基を導入したら，吸収極大波長あるいはモル吸光係数がどのように変化するか，という予測は簡単ではない．導入する置換基の性質と，π共役系における置換位置から経験的に予想できるが，できれば専用の分子軌道計算を行うのがよい．しかし，それでも必ずしも正確な予測をしてくれるとは限らないので注意が必要である．

5・4 情報記録・記憶システムに関連する有機色素

情報を扱ううえで，光は非常に重要である．19 世紀から 20 世紀後半までは電気信号を情報のやりとりに使うことが多かったが，20 世紀の末から，情報通信における光の役割は飛躍的に増大した．また，情報の保存・複製・表示の過程で，光を使う非常に多くの方法が開発された．そのなかで，有機色素の果たす役割はきわめて大きい．

5・4・1 電子写真（フォトコピー）に関連する色素

電子写真の原理は，1938 年にカールソンが発明した．特許事務所に勤めていたカールソンは，書類の複写の必要性を強く感じて実験を繰返し，ついに電子写真の原理を確立した．この原理が，レーザープリンター，コピー機，ファクシミリに使われている．

電子写真には，光の当たった部分に導電性が生じる "光導電性物質" というものが用いられる．光導電性物質には，無機物質も有機物質もある．無機物質としてはセレンや酸化亜鉛が代表的なものであり，複写機が世に出た当初は無機光導電体のみが使われていたが，1970 年頃から**有機光導電体（OPC）**およびアモルファスシリコン系材料の研究が進み，現在では軽量でより安価な OPC が主として使われている．

電子写真の原理を，図 5・4 に示す．原理はつぎのようである．① 帯電：まず，OPC の層をもつ感光体の表面を，"コロナ放電" によって一様に負に帯電させる．アースしていることにより，裏側は正に帯電する．② 露光：原稿に光照射して，反射光によって感光体に露光する．光の当たったところは導電性が生じて正負の電荷が中和し，感光体の表面電荷が消滅する．③ 現像：正に帯電したトナーを，感光体の負に帯電したところに付着させる．④ 転写：感光体表面のトナーを普通紙に移しとる．⑤ 定着：加熱してトナーを溶融し，紙に定着させる．⑥ クリーニ

カールソン（C. F. Carlson）

有機光導電体（organic photoconductor, OPC）

アモルファスシリコンは非晶質（結晶でなく，無定形）シリコン（ケイ素：Si）のことであり，OPC と比べて，耐久性にすぐれている．

コロナ放電
（corona discharging）
絶縁体表面から 10 mm ほど離して 0.1 mm 程度の太さのステンレス線などを置き，これに数千ボルトの直流高電圧をかけると，絶縁体表面に向かって放電が起こり，帯電する．この放電を "コロナ放電" といい，この帯電の方法をコロナ帯電（corona charging）という．

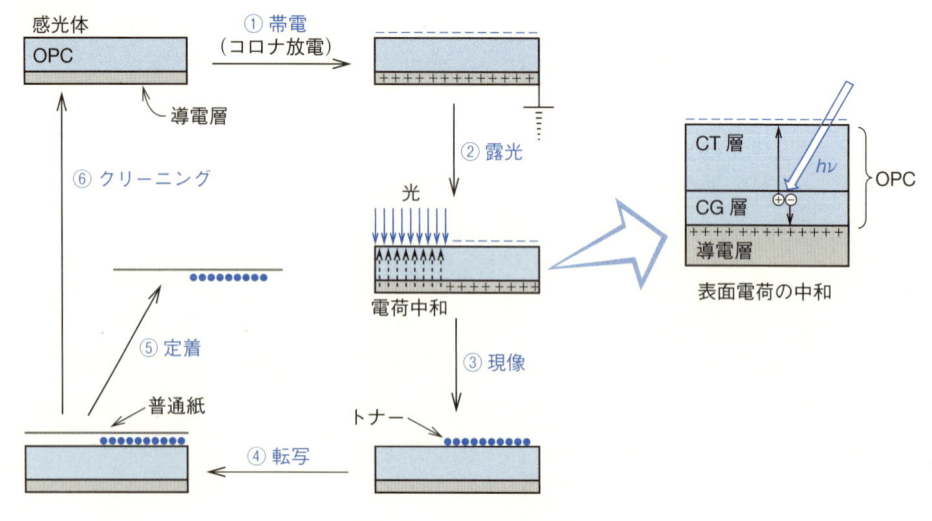

図 5・4　コピー機の原理

ング：感光体を除電し，トナーをぬぐいとる．⑦ ① に戻る．

　OPC 内部では，中性の色素分子の光励起によって電子とホール（ホールは "正孔" ともいう．4・3・1 節参照）のペアが発生し（電荷発生），帯電によって生じている電界によって解離して OPC 中を移動（電荷輸送）する，という二つのことが起こっている．OPC が大きな成功を収めた原因は，光によって電荷分離を起こす**電荷発生層**と，生じた電荷を表面にまで運ぶ**電荷輸送層**との二層構造にして，それぞれ機能を分離・最適化したことにある．図 5・5 に示すように CG 材料としては，複写機では可視部の広い範囲で電荷発生の可能なビスアゾ色素が，レーザープリンターではレーザーの発振波長の近赤外域に吸収をもつフタロシアニン顔料が多く用いられている．CT 材料としては，電子を放出してホールを生じやすいトリフェニルアミン誘導体がよく用いられている．

電荷発生層
（carrier generation（CG）layer）
電荷分離して生じた電子およびホールをキャリヤーという．

電荷輸送層
（carrier transport（CT）layer）

　カラーコピーも同じ原理であるが，複写されるものからの反射光からフィルターで RGB および黒（Bk）のおのおのの成分だけを取出し，現像・転写・定着を 4 回行う．

　コピーやレーザープリンターのトナー用色素では，黒にはほとんどカーボンブラックが使われ，フルカラー印刷には，たとえば図 5・6 の顔料色素などが使われる．

5・4・2　インクジェットプリンター用色素

　近年のインクジェットプリンターの画質の向上はすばらしいものがある．そのための色素に要求される性質は，① 水溶性であること，② 耐熱性・耐光性・耐湿性など耐久性にすぐれていること，③ 色調が鮮明であること，④ ノズル先端で目詰まりしないこと，などである．いくつかの色素の例を図 5・7 に示す．

CG 材料

ビスアゾ色素

ビスアゾ色素（bisazo dye）

フタロシアニン
M：2H, Cu, TiO
　　VO, AlCl, InCl

フタロシアニン
（phthalocyanine）

CT 材料

トリフェニルアミン誘導体

トリフェニルアミン
（triphenylamine）

図 5・5　CG 材料および CT 材料の例

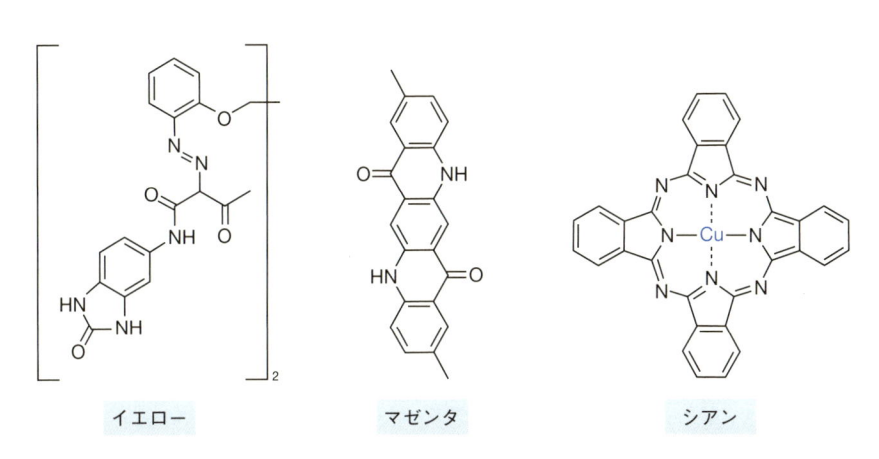

イエロー　　　　マゼンタ　　　　シアン

図 5・6　カラートナー用色素の例

イエロー   マゼンタ   シアン

ブラック

図5・7　インクジェットプリンター用色素の例

CD-RW, DVD-RW, 一部の Blu-ray ディスクは Sb や Te を含む無機材料を用いている. 高強度のレーザーをこの材料に照射して高温にすると溶融し, 照射を止めると急速に冷却され, 溶けた状態のまま固化する（非晶質：アモルファス）. しかし, 低強度のレーザーを照射すると, 溶融した後ゆっくり冷却されるので, 結晶になる. この結晶相とアモルファス相の間の変化を利用して記録し, 書き換えることができる. さらに, アモルファス状態と結晶状態ではレーザー光の反射率が違うので, より低強度のレーザーで記録を読み出すことができる.

5・4・3　光記録媒体用色素

　パソコンなどのための安価で持ち運びできる（可搬型）記録媒体として, 記録の修正・消去ができない（追記型）光ディスクの CD-R や DVD-R, あるいは修正・消去のできる（書き換え型）CD-RW や DVD-RW が使われている. 波長 405 nm の短波長ダイオードレーザーを用いる Blu-ray ディスクが開発され市販されているが, これ以上の高密度化にあたっては, より短波長の紫外レーザー光を透過する物質を使ってディスクやレンズをつくらなくてはならない, というやっかいな問題が生じてくる. そのため, 代替の高密度化の方法としても記録面を多層化する方法が採られている.

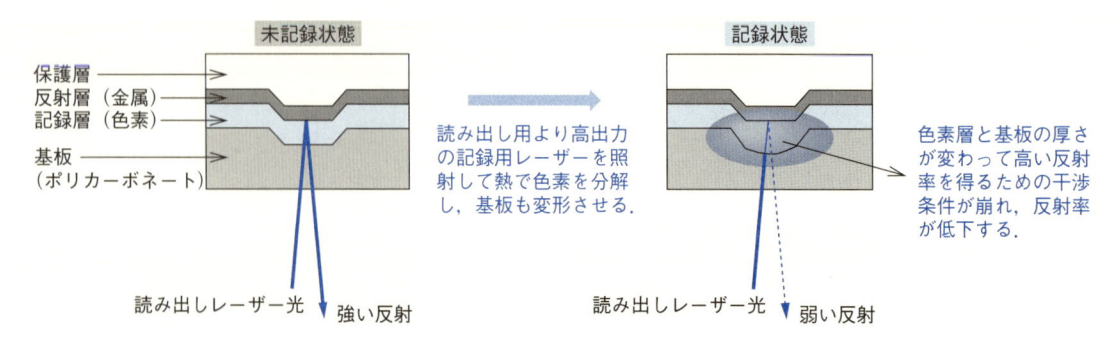

図5・8　CD-R の原理図

　書き換え型は無機化合物の相変化を用いている．追記型は有機色素を用い，レーザーの光を色素が吸収して熱に変え，その熱で色素が分解してピットとよばれる穴があいて，読み出し光の反射率が変わる，という原理で記録している（図5・8）．CD-Rに用いられている，近赤外の可視域に吸収のある色素の例を図5・9に示す．

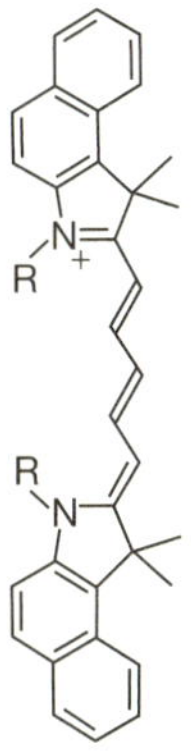

シアニン系 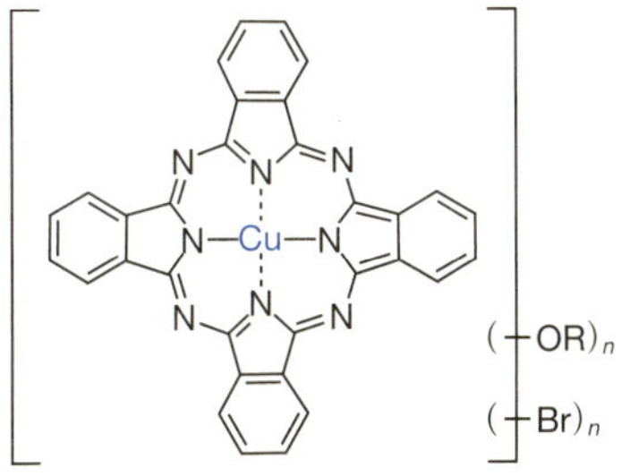　　　　　フタロシアニン系 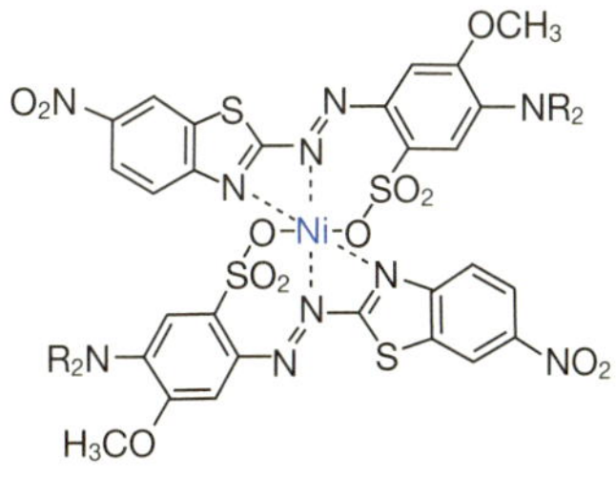　　　　　アゾニッケル錯体系

図5・9　CD-R用色素の例

5・5　情報表示システムに関連する有機色素

　リアルタイムの表示システムに最も使われている有機色素は，液晶ディスプレイに関連するものであろう．パソコン，テレビ，携帯端末など，多くの表示装置が液晶ディスプレイを用いている．液晶による表示原理は6章で詳述するが，光の透過度を，液晶セルに対する電場の制御によって段階的にスイッチし，カラーフィルターを通してその透過光を見ることによって色を認識することができる．RGBのカラーフィルターをそろえ，しかも一つの画素を μm オーダーに小さくすることで，光の加法混色により多くの色を出すことができる．カラーフィルターの製法は，主に顔料分散レジスト法とよばれる，LSIをつくるフォトリソグラフィーという方法を応用している（コラム参照）．カラーフィルターに用いられる顔料の例を図5・10に示す．

　液晶ディスプレイは，画面の裏側から光を照射し（バックライトという），その透過度を液晶に対する電場の影響で制御するため，常に光源をオンにしておく必要がある．それに対し，自ら発光する色素を用いる"有機ELディスプレイ"（有機LED，OLEDともいう）はバックライトを用いる必要がない点で液晶に対して優位性がある．有機ELは，電気エネルギーを有機色素や錯体の発光（蛍光あるいはりん光）に変えてRGBの光をつくり出し，その加法混色で多くの色をつくり出すものである．その原理については8章で述べる．

フォトリソグラフィー

　各種電子デバイスの小型化・高速化のために，集積回路（IC：integrated circuit）を高密度にシリコンウエハの上に組上げる必要がある．これは高密度化に伴って，LSI（large scale integration），VLSI（very large scale integration），ULSI（ultra large scale integration）のようによばれる．これらをつくり出すキーポイントは，金属の微細加工にある．光が当たると反応して水溶性の官能基（カルボン酸など）が生じたり（ポジ型），架橋して有機溶媒に溶けにくくなったり（ネガ型）するポリマーを金属基板にコートし，光反応のあとで不溶性の部分を残して洗い流して金属を露出させる．露出した金属をさらに溶解し（エッチングという），その後，残っているポリマーを洗い流すと金属の配線が現れる．このようにして微細な配線やトランジスターを基板上につくり出す方法が**フォトリソグラフィー**（photolithography）である．そのために用いる感光性ポリマーを**フォトレジスト**（photoresist）という．フォトリソグラフィーの原理を図1に示す．

　ポジ型フォトレジストは，ジアゾナフトキノン**A**のような化合物をノボラック樹脂に混ぜたものである．紫外線照射すると，**A**から窒素の脱離を伴ってカルボン酸**B**が生じる．このカルボン酸がノボラック樹脂のアルカリ水溶液への溶解を促進し，光照射後，アルカリ水溶液で洗浄することによって光の当たったところだけ樹脂が溶ける．

　ネガ型は，環状ポリイソプレン樹脂のような炭化水素系の高分子に，芳香族アジド化合物**C**を混ぜたものである．紫外線照射によって窒素が脱離し，生じる不安定な**D**（ナイトレンという）は炭化水素樹脂から水素を引き抜き，引き抜かれて生じたアルキルラジカル同士が結合して樹脂の分子量が大きくなる．また，ナイトレンは炭素−水素結合の間に挿入反応を起こし，アミンを生じる．ナイトレンはその他いくつかの反応を起こすが，これらの反応の結果，光の当たった部分の樹脂が炭化水素系溶媒に不溶化し，洗浄後基板の上に残る．

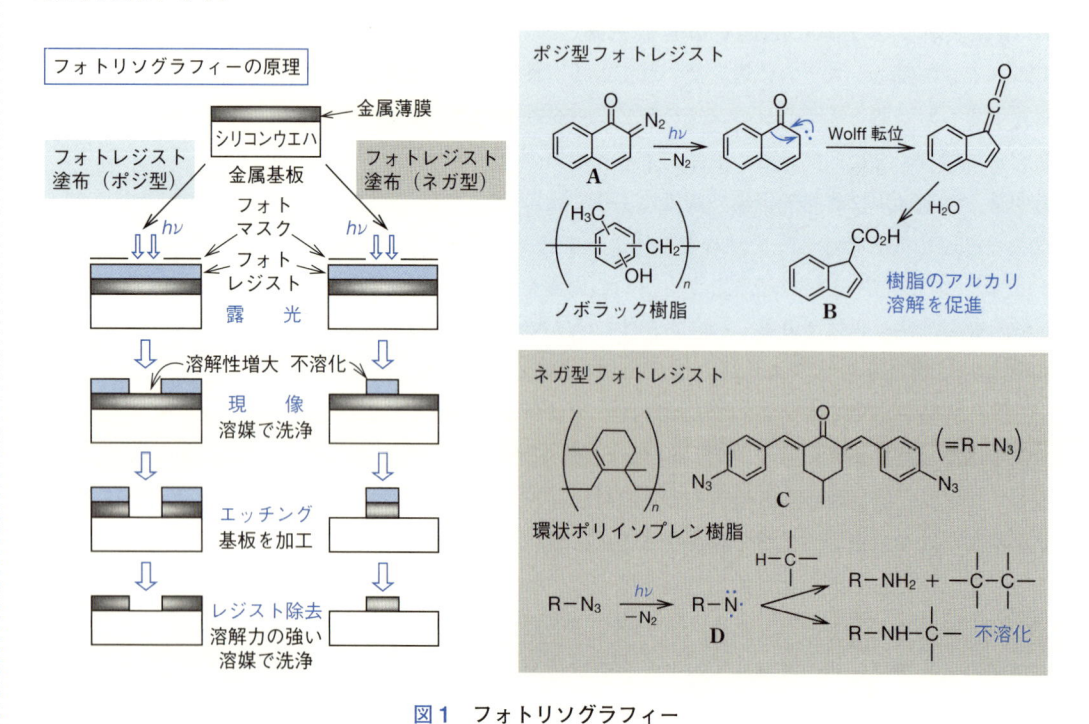

図1　フォトリソグラフィー

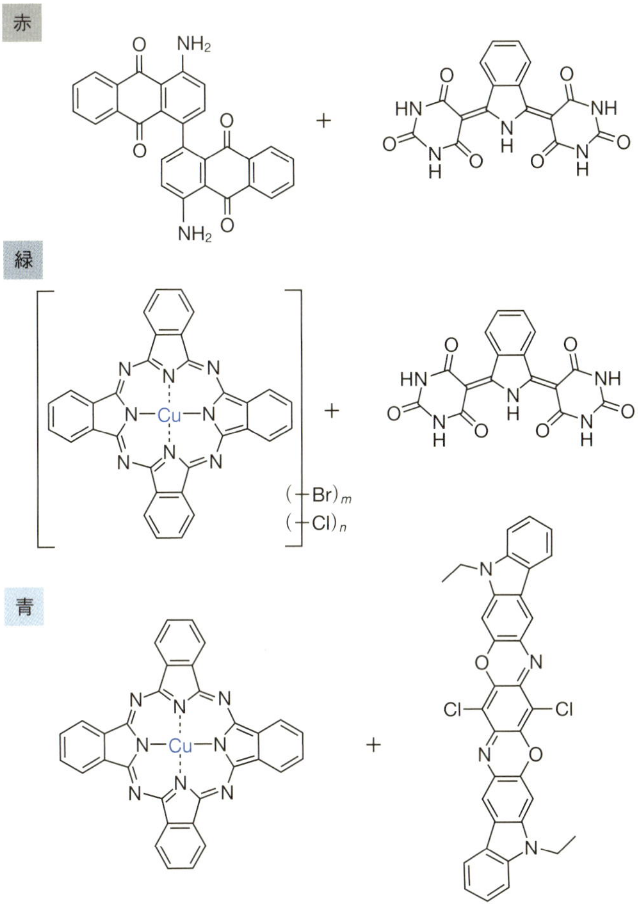

図 5・10　カラーフィルター用顔料の例

5・6　蛍 光 性 色 素

　蛍光は，光化学的，電気的，あるいは化学的に分子に注入されたエネルギーによって生じた励起一重項状態（S_1）から，分子が基底状態（S_0）に戻るときに放出する光のことである．励起状態の生成は光によるのが最も一般的であるが，8・1 節で述べる有機 EL は電気化学的に生じた S_1 からの蛍光を用いている．化学エネルギーによって生じる S_1 からの発光は，**化学発光**とよばれる．血液検出に用いられるルミノール，コンサートなどの際に見かける，暗所で発光するスティック（ケミカルライト）などがある．またホタルや夜光虫などが体内で化学反応（酸化反応）を起こして生じる S_1 からの蛍光も化学発光であるが，特に**生物発光**とよばれる（図 5・11）．

　これまでに知られている蛍光性色素には，フルオレセイン，ローダミンなどトリフェニルメタン型の構造をもったものが多いが，近年開発された BODIPY はまったく異なった構造をもっており，高い蛍光量子収率，狭い発光波長域，蛍光

蛍光性色素
（fluorescent dye）

蛍光については 4・2 節「励起分子の化学」，および図 4・13 参照.

化学発光
（chemiluminescence）

生物発光（bioluminescence）

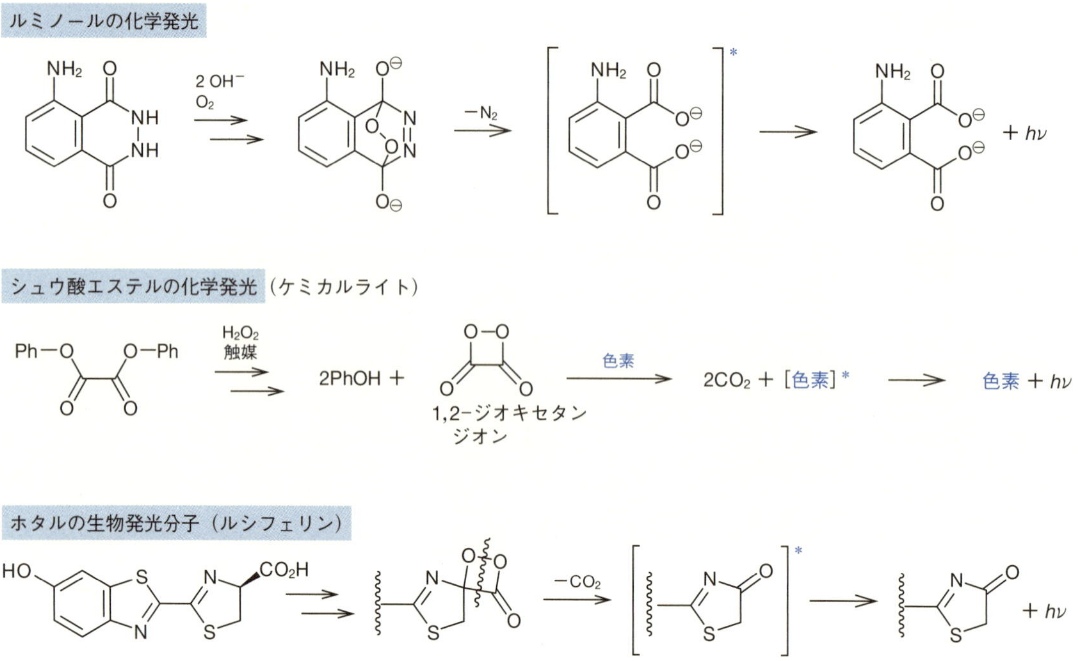

ルミノールの化学発光

シュウ酸エステルの化学発光（ケミカルライト）

1,2-ジオキセタン
ジオン

ホタルの生物発光分子（ルシフェリン）

図5・11　化学発光および生物発光　＊は励起一重項状態を示す.

の波長や量子収率が媒体に依存しないこと，などのすぐれた特徴をもっている（図5・12a）.

　蛍光が出ているかどうか，ということの検出はきわめて高感度に行えるため，蛍光性分子を生体物質に結合し，その蛍光を検出することによって細胞内の生体物質の分布や移動を探る研究が盛んに行われている（バイオイメージング）. 2014年にノーベル化学賞を受賞したベツィグ，ヘル，モーナーは，観測に用いる光の波長の1/2が解像度の限界であるとされてきた光学顕微鏡の解像度を，蛍光を観測することに特化して，蛍光性色素の励起・選択的脱励起（ヘル：STED 顕微鏡），および蛍光性の繰返しオンオフ（ベツィグ，モーナー：PALM 顕微鏡）によって数十 nm のオーダーまで飛躍的に向上させた. 後者の研究には，2008年にノーベル化学賞を受賞した下村脩が発見した緑色蛍光タンパク質（GFP）の変異体として得られた，フォトクロミックな性質（5・7節）をもつ蛍光タンパク質が用いられた. 紫外光照射によって蛍光色が緑色から赤色に変わるので，カエデ（Kaede）（図5・12b）と名付けられている.

　通常の蛍光性分子は，結晶中など凝集した状態では蛍光性が弱くなる. これは“濃度消光”あるいは“自己消光”とよばれ，励起状態分子と基底状態分子の相互作用により，非蛍光性の会合体形成によって蛍光発光が阻害されることによる（4・2・2，4・2・3節参照）. 近年，これとは逆に，希薄溶液中では非蛍光性であるが，凝集した状態（ナノ結晶・結晶・アモルファス状態など）で発光が強くな

ベツィグ（E. Betzig）

ヘル（S. W. Hell）

モーナー（W. E. Moerner）

(a) 典型的な蛍光色素の例

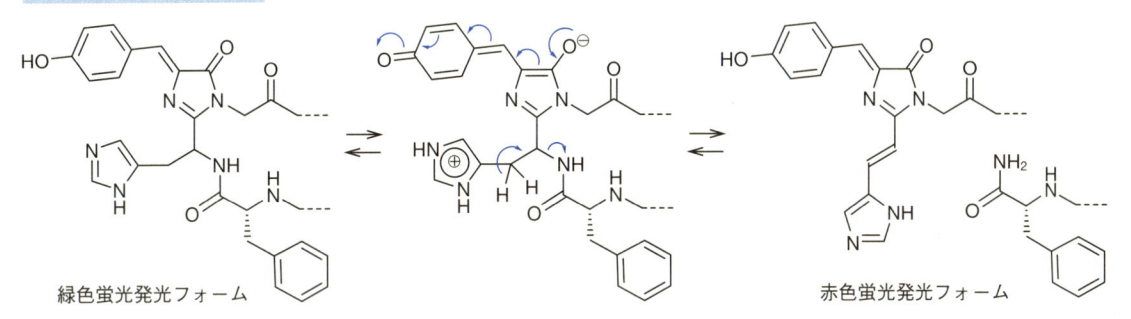

フルオレセイン　　　　　　　　　　　　　　　　ローダミン B　　　　　　BODIPY

(b) 蛍光タンパク質カエデ（蛍光発光のコア部分）

緑色蛍光発光フォーム　　　　　　　　　　　　　　　　　　　赤色蛍光発光フォーム

(c) 凝集誘起発光性蛍光色素の例

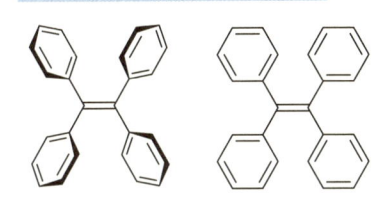

溶液中（非蛍光性）　　凝集状態（蛍光性）　　　　　溶液中（非蛍光性）　　　　　凝集状態（蛍光性）

1,1,2,2-テトラフェニルエテン　　　　　　　　　　シアノスチルベン誘導体

(d) 熱活性化遅延蛍光を示す蛍光色素の例

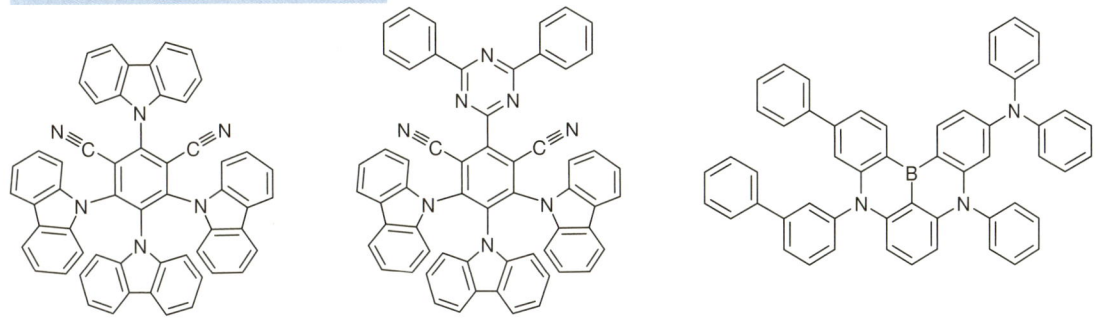

これらの分子は平面的に描かれているが，立体的に混み合っているので，
回転可能な単結合でつながっている芳香環を含む置換基は大きくねじれている

図 5・12　さまざまな蛍光性色素の例

凝集誘起発光
(aggregation induced
emission (enhancement),
AIE あるいは AIEE)

る蛍光性色素が続々と発見された．この現象は**凝集誘起発光**とよばれる．テトラフェニルエテンやシアノスチルベンなどが代表的な例である（図5・12c）．これらは希薄溶液中では単分子で存在しており，分子がフレキシブルで励起状態から分子振動などによって失活するため非発光性であるが，凝集すると分子間の立体相互作用のために圧迫され，分子振動などが抑制されて発光性になるといわれている．

　4・2節で述べたように，一重項と三重項のエネルギー差が小さいと，三重項から一重項への熱による逆項間交差が起こり，通常の蛍光より寿命の長い蛍光の発光が観測されることがある．これを"遅延蛍光"あるいは"熱活性化遅延蛍光"とよぶ．このような色素を有機ELの発光素子に用いると，注入した電荷を効率的に光に変えることができる（8・1節およびp.131のコラム参照）．このような遅延蛍光を示す色素について，電子供与性の部位（HOMOが局在する）と電子求引性の部位（LUMOが局在する）の幾何学的配置が直交していると一重項エネルギーと三重項エネルギーの差が小さくなることが知られており，三重項に項間交差しても一重項に熱的に戻りやすく，高効率の蛍光発光が期待される（図5・12d）．

5・7　フォトクロミズム

クロミズム（chromism）

　クロミズムとは「外から加えられた刺激によって，物質の色が"可逆的に変化"する現象」のことである．光，熱，媒体の変化，電子の授受，外力，酸塩基，イオン，溶媒蒸気，などが外部刺激の代表例であり，それらによるクロミズムはそれぞれフォトクロミズム，サーモクロミズム，ソルバトクロミズム，エレクトロクロミズム，メカノクロミズム（外力の種類によって，トリボクロミズム（摩擦）とピエゾクロミズム（圧力）に分類される），アシドクロミズム（ハロクロミズム），イオノクロミズム，ベイポクロミズム，とよばれる（p.91のコラム参照）．そして，そのようなクロミズム現象を示す物質を，たとえば外部刺激が光なら「フォトクロミック化合物」，「フォトクロミック色素」のように刺激の名称を冠してよぶ．イオノクロミック色素は「イオンセンサー」とよばれることが多い．

フォトクロミズム
(photochromism)

　フォトクロミズムとは，「ある単一の化学種が，二つの安定な状態の間を，紫外可視吸収スペクトル（すなわち"色"）の大きな変化を伴って可逆的に往復し，少なくとも片方の変換が光照射によって起こる現象」のことである．染料・顔料などの通常の色素には「劣化しないこと，堅牢であること」が求められるのに対し，フォトクロミック化合物には「光によって変化すること」が求められる．しかし同時に，「変化を繰返しても劣化しないこと」という，動的な堅牢性が求められる．

　図5・13にフォトクロミズムの概念図を示す．フォトクロミック化合物Aは波長 λ_A に吸収極大をもつ．A（通常はAの溶液やAを含む高分子フィルムであるが，Aの結晶のこともある）に λ_A 付近の波長の光を照射すると，Aは光エネル

がんに対する光治療

がんに対する標準的な治療法として、外科手術、抗がん剤などによる化学療法、放射線治療があるが、そのほか代替療法の一つとして、色素を"光増感剤"として用いた光治療がある.

光増感剤（photosensitizer）とは、光吸収によって得たエネルギーを他の分子に移動させ、その分子を基底状態から光吸収を経ずに励起状態にさせる物質である（4・2・3節参照）. がんに対する光治療では、がん細胞に集積しやすい色素を静脈注射などにより腫瘍組織に選択的に取込ませ、その部位に光ファイバーを用いてレーザー光を照射する. 励起された色素は周囲にある酸素分子から一重項状態をつくり出し、この活性酸素種とがん細胞を反応させて死滅させる.

図1に示すように、酸素分子は基底状態が三重項である. 色素が光を吸収すると、励起一重項状態から項間交差して励起三重項状態ができ、色素から酸素分子にエネルギー移動が起こり、励起一重項状態の酸素分子が生成する. この酸素分子は高エネルギーで、空の π^* 軌道があるため求電子的な性質をもち反応性が高い.

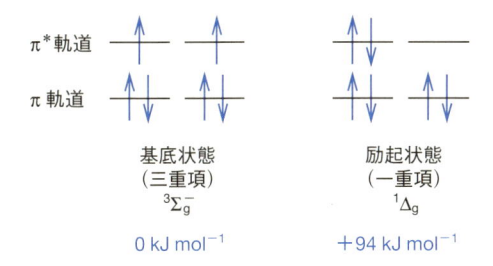

基底状態
（三重項）
$^3\Sigma_g^-$

励起状態
（一重項）
$^1\Delta_g$

$0\ \mathrm{kJ\ mol^{-1}}$　　$+94\ \mathrm{kJ\ mol^{-1}}$

図1　酸素分子の電子状態　酸素の励起一重項状態には、$^1\Delta_g$ と $^1\Sigma_g^+$ の2種類があり、通常一重項酸素として反応するのは、図に示した $^1\Delta_g$ である.

色素に必要な性質として、① 毒性がなく、② がん細胞に選択的に集積する、③ 深部のがんに対する治療が可能である、④ 効率良く一重項酸素をつくり出す、⑤ がんの部位が確認できるように蛍光を発する、ことなどであり、より適切な物質の研究開発が行われている.

この治療法に用いる色素としては、ポルフィリン関連化合物が利用されており（図2）、早期の肺がん、食道がん、胃がんなどに対して臨床応用されている.

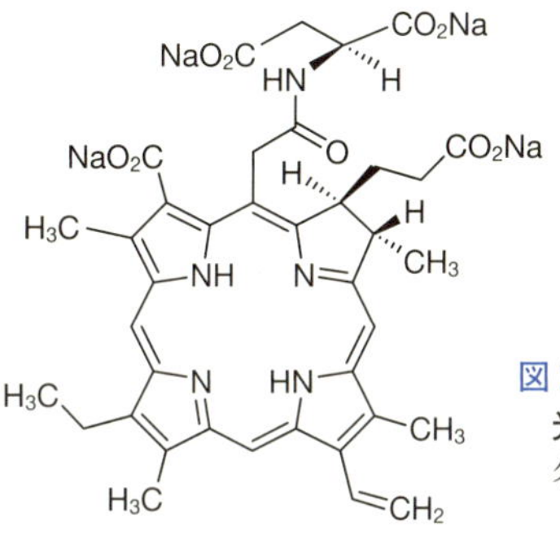

図2　光治療に用いる光増感剤の例（販売名レザフィリン）

近年、免疫反応を利用した光治療が開発され、がん治療の新たな戦略として大きな期待が寄せられている. この方法は、"抗原"であるがん細胞に特異的に結合する"抗体"を人工的につくり出し、その抗体に色素を結合させて、腫瘍組織に選択的に集積させるというものである. しかも、この色素は生体を透過しやすい近赤外領域（700 nm～850 nm）の光を吸収するので、皮膚の上からの光照射でも深部に生じたがんの治療を可能にする. この方法では、抗体-色素複合体をがん細胞表面に結合させて近赤外光を照射すると、細胞膜に損傷を与えて細胞死が引き起こされ、時間とともに腫瘍の縮小が観察されている. ただし、その作用機序については活性酸素種による方法とは異なると報告されている.

以上のように、光増感剤（色素）は光治療の一翼を担う重要な物質であり、本書では具体的にふれないが、さまざまな有機物質が医療分野でも活用されている.

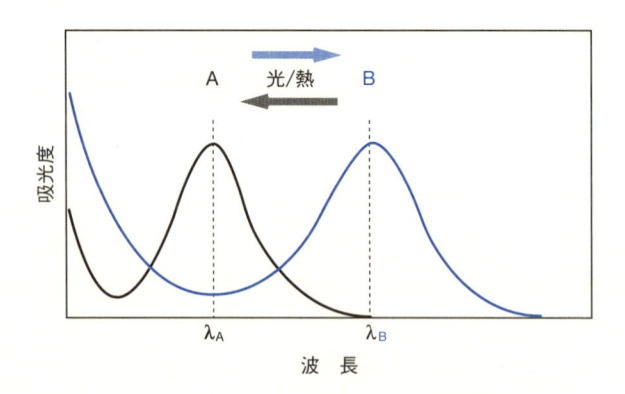

図5・13　フォトクロミズムの概念

ギーによって構造変化を起こし，Bに変わる．Bは波長λ_Bに吸収極大をもっており，この吸収極大の変化が可視域で起こるなら，この現象は色の変化として観測される．Bはλ_B付近の波長の光，または熱によってAに戻る．

　フォトクロミック化合物は，「光のみによって構造変化するか，熱によっても構造変化するか」という形で，2種類に大別することが多い．

P-タイプフォトクロミズム
（photochemical-type
photochromism）

　二つの状態の間の変換が光のみによって起こるものは，**P-タイプ**のフォトクロミック化合物とよばれ，光記録材料や光スイッチとしての可能性が古くから指摘されている．二つの状態がともに熱的に安定で，光によって生じた状態は暗所ではいつまでも保たれるが，別の波長の光によって元に戻るため，記録して，保存し，消去することができる．また，光を当てて機能を働かせ（スイッチオン），別の波長の光で元に戻して機能を働かなくさせる（スイッチオフ）という，光による機能のスイッチに用いることができる．光によるスイッチは，他の物理的な刺激（電気，化学物質，熱，圧力）などと違って外部から完全に非接触で刺激を与えることができるので，非常に魅力的である．

　図5・14に示すようにP-タイプのフォトクロミック化合物には，研究の歴史が長く，最初にP-タイプとして有名になったフルギド類，近年急速に研究が進展しているジアリールエテン類，そして，あまり知られていないが，フェニル基の転位反応に基づくフェノキシナフタセンキノン類がある．フルギド類は19世紀の終わり頃に合成され，20世紀の終わり頃に集中的に研究された．ジアリールエテンは20世紀後半に合成され，現在も活発に研究されている．ジアリールエテンは特に着色・消色の繰返しに対する耐久性が高いので，記録材料や機能性光スイッチとして期待されている．最近では，単一分子の蛍光のオンオフの観測や，単結晶状態でのフォトクロミズムによる結晶表面の構造変化，蛍光性のオンオフの機能をもたせたジアリールエテンの，5・6節で述べたPALM顕微鏡への適用などが報告されている．

　スチルベン類は，異性化前後の吸収スペクトルの変化が小さく，効果的にE体

フルギド

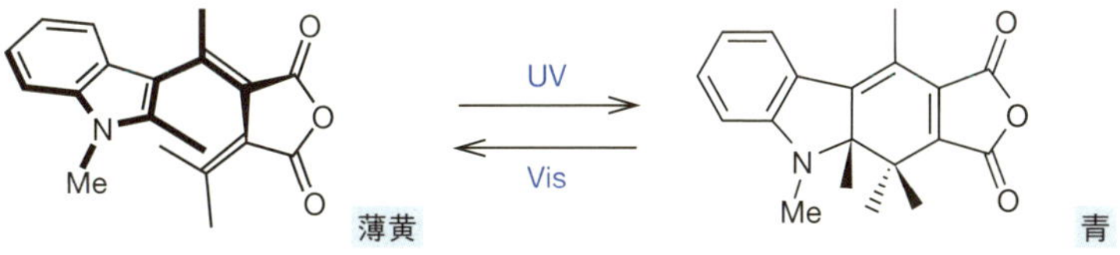

フルギド（fulgide）

薄黄　　青

ジアリールエテン

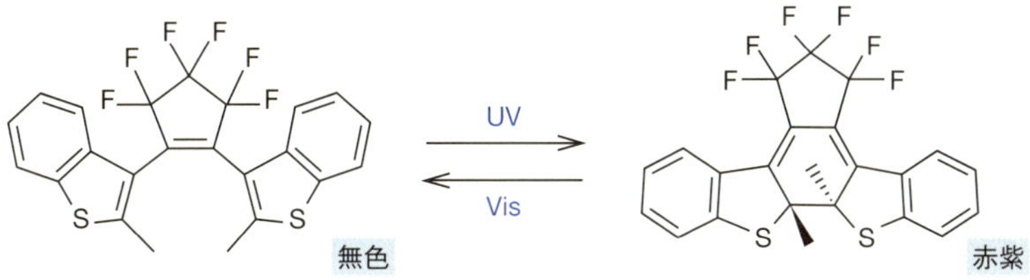

ジアリールエテン（diarylethene）

無色　　赤紫

フェノキシナフタセンキノン

フェノキシナフタセンキノン（phenoxynaphthacene-quinone）

黄　　橙

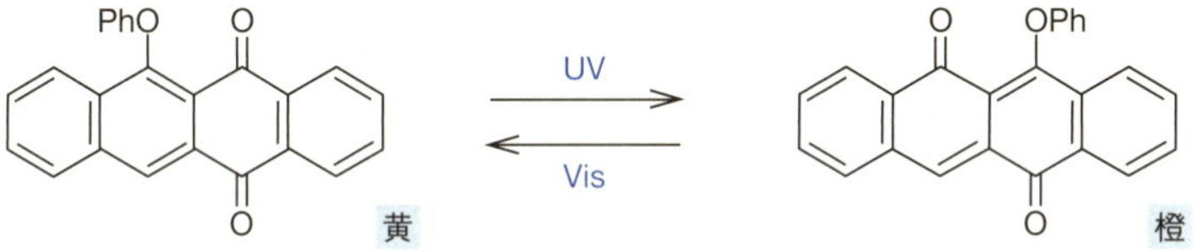

図5・14　P-タイプのフォトクロミック化合物

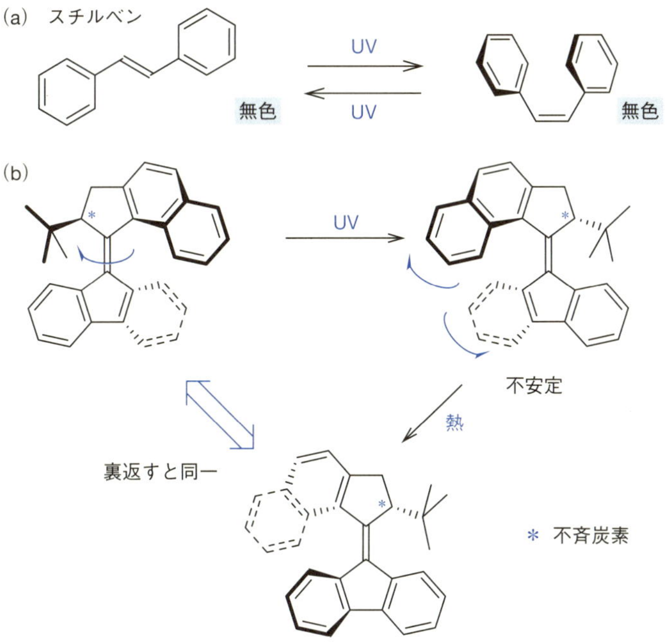

（a）　スチルベン

スチルベン（stilben）

無色　　無色

（b）

不安定

裏返すと同一

熱

＊　不斉炭素

図5・15　スチルベンのシス-トランス（E/Z）光異性化（a）と
フェリンガの一方向回転分子モーター（b）

とZ体のスイッチがしにくい. しかし, 2016年のノーベル化学賞受賞者のフェリンガはスチルベン分子に不斉を組込む斬新な修飾を行って, 光を当て続けると二重結合によって隔てられた二つの部分が*E/Z*異性化の繰返しによってある決まった方向にのみ回転するような系を組立てた (図5·15). これは一方向に回転する極小の光駆動分子モーターであり, 分子マシンの重要な駆動部にあたる.

分子マシンについては9章で, 分子モーターについては9·3·1節で述べる.

光照射で生じる化合物と光照射前の化合物の間の, 基底状態における相互変化の活性化エネルギーがそれほど高くなく, 室温程度で容易に異性化するものは, **T-タイプ**のフォトクロミック化合物とよばれる. 古くから知られるものには, アゾベンゼン, スピロピラン, スピロオキサジン, ナフトピランなどがある (図5·16). これらは紫外光照射で着色し, 熱で無色になるものが多いので, 耐久性が高いスピロオキサジンやナフトピランの誘導体で, 室温程度の熱でも消色が速いものは, プラスチックレンズのサングラス用の自動調光色素として用いられている.

T-タイプフォトクロミズム
(thermal-type photochromism)

スチルベンの中央の CH=CH 二重結合を N=N 二重結合で置き換えたアゾベンゼンは色素として古くから用いられている. そのフォトクロミズムは, 熱安定な黄色のトランス形と光によって生じる熱不安定な橙色のシス形の間の変換であり, シス形のほうが nπ* 吸収のモル吸光係数が大きいために着色が濃い. 棒状の

アゾベンゼン (azobenzene)

スピロピラン (spiropyran)

スピロオキサジン
(spirooxazine)

ナフトピラン
(naphthopyran)

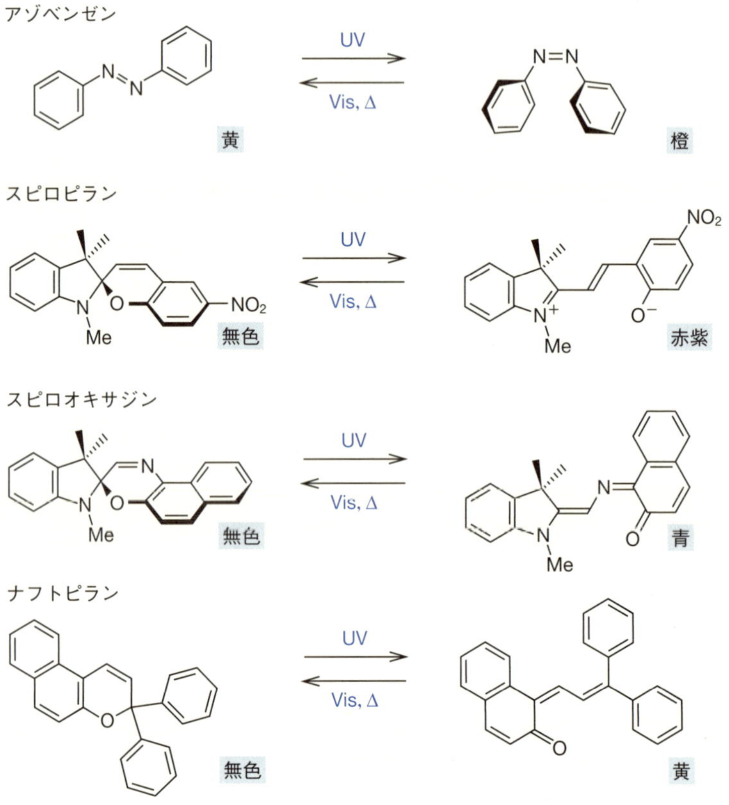

図5·16　T-タイプのフォトクロミック化合物

スピロピランは多様なクロミック色素

　図 5・16 に示したスピロピランは，代表的な T-タイプのフォトクロミック化合物として知られているが，歴史的にはまずサーモクロミック化合物として知られていた．無色のスピロ体（SP）と赤いメロシアニン体（MC）の間に熱平衡があり，SP のほうが安定なので通常はほぼ無色である．熱平衡のときの二つの成分の比率はボルツマン分布の式

$$K_{eq} = [C_{MC}]/[C_{SP}] = e^{-\Delta G^0/RT}$$

に従う（K_{eq} は SP と MC の熱平衡の平衡定数，$[C_{MC}]$ と $[C_{SP}]$ はそれぞれ MC と SP の濃度，ΔG^0 は MC と SP の自由エネルギーの差で正の値，R は気体定数，T は系の温度）ので，系の温度を下げると K_{eq} は 0 に近づき，系の温度を上げると 1 に近づく．したがって，温度が上がると MC の濃度が増大し，着色が目に見えるので，1921 年の時点でサーモクロミック化合物として認識されていた．そして 1952 年になってはじめて，スピロピランが紫外光で強く着色するフォトクロミック色素であることが報告された．

　また，MC は双性イオン性（分子全体としては中性だが分子内で電荷分離がある）なので，高極性溶媒中に溶解させると溶媒和を受けて MC のほうが SP より安定になり，着色が濃くなる．さらに，通常の色素は溶媒の極性が高くなると吸収帯が長波長シフト（レッドシフト：赤色のほうに偏移する）するが，MC 体は双性イオン性であるために逆に短波長シフト（ブルーシフト）するという，一般の色素とは異なるソルバトクロミズムを示す．

　また，スピロピランの左側の環と右側の環からそれぞれポリマー鎖を延ばし，そのポリマーでつくったフィルムを引っ張るとその力がスピロピラン分子に及び，C−O 結合が切断されて開環反応が起こり MC 体となって真っ赤に着色する，というメカノクロミックな現象が報告されている．このように，スピロピランはフォトクロミック，サーモクロミック，ソルバトクロミック，さらにメカノクロミックな色素なのである．

　トランス体が紫外光照射によって屈曲したシス体に変わるので，6 章で述べる液晶の物性を制御するための材料として研究されてきた．最近では，配向した状態のアゾベンゼン液晶モノマーの重合によって側鎖型高分子液晶フィルムをつくり（言葉の意味は 6 章参照），紫外光を照射すると，表面のみでアゾベンゼンのトランス体からシス体への構造変化が生じて配向方向に収縮が起こり，フィルムが大きく屈曲することが報告されている．

練 習 問 題

5・1　クロロフィル *a*（4 章コラム「光合成」の図 1 参照）は 660 nm 付近と 430 nm 付近に大きな吸収がある．このことから，植物の葉の色を説明せよ．

5・2　テレビやパソコンのディスプレイ上で，黄色は RGB のどのような組合わせで出しているか．自分の考えがあっているかどうか，テレビの早朝のテストパターンに近寄って確認せよ．

5・3　図 5・16 のスピロピランは，右側の着色体がイオン構造をしていることがわかっている．一方，スピロオキサジンは中性構造である．スピロピランの電子をどのように動かしたら，スピロオキサジン型の中性構造になるだろうか．

6 液　　　晶

液晶（liquid crystal）

　　"液晶"は，身のまわりの至るところに存在する．たとえば携帯端末，時計，電卓，テレビやパソコンのディスプレイ，電子辞書などに使われている．液晶にはどのような物質が使われて，これらはどのような原理で働いているのだろうか．

6・1　液晶とは

6・1・1　液晶の定義

　　"液晶"とは，化合物の状態の名称であって，化合物の種類ではない．「化合物Aは液晶である」という言い方をよくするが，実は正確な表現ではない．それは「ベンゼンは液体である」というのが正確ではないのと同様である．「ベンゼンは（1気圧では）5.5 ℃ から 80.1 ℃ の範囲で液体である」というべきである．同じように，「化合物Aは，x ℃ から y ℃ の範囲で液晶（状態）である」というべきである．液晶状態になるのは，結晶と液体の中間のある特定の温度域である．本書のなかで"液晶"と記述したとき，「液晶状態になっている分子あるいは分子集合体」の意味で使っていることをお断りしておく．また，ここでは温度のことを書いたが，ある濃度範囲で液晶状態になるというものもある．

液晶状態
（liquid crystalline state）

　　では，**液晶状態**とはどのようなものだろうか．それは，液体のように流動性をもち，分子の相対的位置に関する秩序が，ある程度，または完全に失われていながら，分子の並ぶ向き（配向方向という）に相当の秩序が存在する状態である．

結晶（crystal）

液体（liquid）

図6・1に示すように，通常の物質は**結晶**（秩序の高い凝縮状態）が融点で融解して**液体**（秩序のない凝縮状態）になるが，ある種の物質は，低温では結晶，高温では液体であるけれど，その間で"液晶状態"になる．結晶状態から温度を上げ

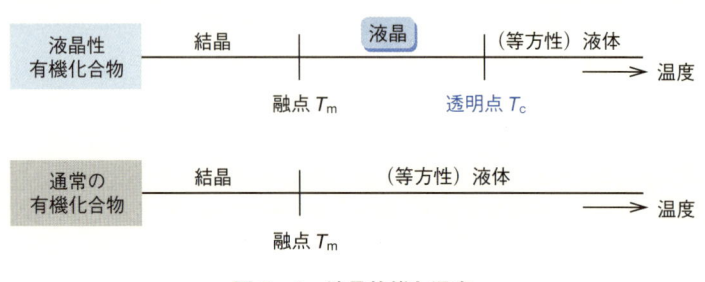

図6・1　液晶状態と温度

ていくと，**融点** T_m で融解して，光を乱反射するために濁って見える液晶状態となり，**透明点** T_c で液体となる．結晶と液晶は，その物理的性質や刺激応答が方向によって異なるという，**異方性**を示す．異方性の例は，結晶における"へき開"や，結晶・液晶の"複屈折"である．液体や気体の状態は異方性を示さず，特に液体状態のことを液晶と強く対比させるために**等方性液体**ということがある．

6・1・2 液晶性分子の構造的特徴

　液晶状態になる分子の構造的特徴は，円盤状のもの（後述）を除けば，基本的には棒状の分子である（図6・2）．さらに細かく見ると，① 固いコアの部分（ベンゼン環やシクロヘキサン環），② しなやかな側鎖，③ 必要条件ではないが，多くの場合に，極性の官能基，という構成になっている．ところで，マッチ棒をマッチ箱に入れるとき，どうしたら一番たくさん入れられるだろうか．手当たり次第に詰めるより，方向をそろえて入れるほうが無駄なくたくさん詰められる．液晶も同じで，分子同士が方向をそろえて並んでいるほうがコンパクトで，安定である．液晶分子は，芳香環同士の π–π スタッキング，側鎖同士のファン デル ワールス力，極性基があれば双極子–双極子相互作用などの分子間力（2・6 節参照）によって集合状態を安定化し，その安定化相互作用を最大にしようとするために一方向にそろって並ぶ．

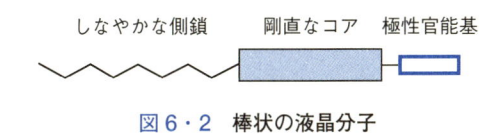

しなやかな側鎖　　　剛直なコア　極性官能基

図6・2　棒状の液晶分子

6・1・3 液晶の配向

　液晶状態の分子のもう一つの特徴は，配向させることが容易なことである．液晶分子間の相互作用より，液晶を入れている容器（液晶セル）の内部の表面と液晶分子との相互作用のほうが強力である．セルの内壁を物理的あるいは化学的に処理することによって，セル表面近傍の液晶性分子を表面に平行に，かつある一定の方向に並ばせたり（**平行配向処理**），表面に垂直に並ばせたり（**垂直配向処理**）できる（図6・3）．セル表面近傍の液晶分子が配向すると，これに従って他の分子も配向する．

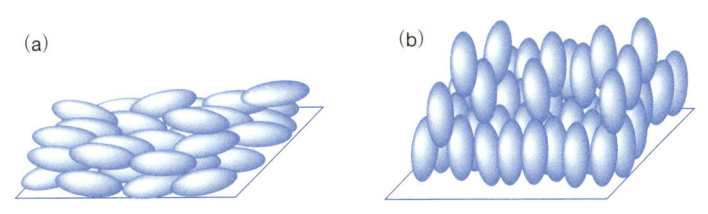

(a)　　　　　　　　　(b)

図6・3　液晶の配向　(a) 平行配向，(b) 垂直配向

融点（melting point）

透明点（clearing point）

異方性（anisotropy）
結晶性の鉱物などがある一定方向に割れることを"へき開（劈開）"という．割れて平滑な面が生じる．鉱物によって割れる方向が決まっており，このことが「異方性」である．
光の電場振動の向きと物質の原子・分子単位での配列の向きの組合わせによって，物質が2種類の屈折率をもつ現象が"複屈折"である．方解石の下にある文字が二重に見える現象が，よく知られている．

等方性液体（isotropic liquid）

平行配向
（homogeneous orientation）

垂直配向
（homeotropic orientation）

6・2　液晶の発見から表示素子として応用されるまでの歴史

ライニッツアー
(F. Reinitzer)

　1888 年，オーストリアの植物学者のライニッツアーは，植物から単離したコレステロールを安息香酸のエステル（安息香酸コレステリル）とし（図6・4），融点を測定するために加熱していた．この時代の物質の精製法と純度の確認法は，元素分析と分子量測定以外に，結晶性化合物は再結晶と融点測定，液体物質は蒸留と沸点測定であった．安息香酸のエステルは146.6 ℃で白濁液状に変わり，180.6 ℃で透明な液体に変わった．また，より高温から冷却していくと，固化する直前に美しい虹色の輝きを示すことを見つけた．彼は，十分に精製してあるので，これらの挙動は不純物のせいではなく，何か物理的に性質の異なる状態になっているためであると判断し，その詳しい研究をドイツの物理学者のレーマンに依頼した．

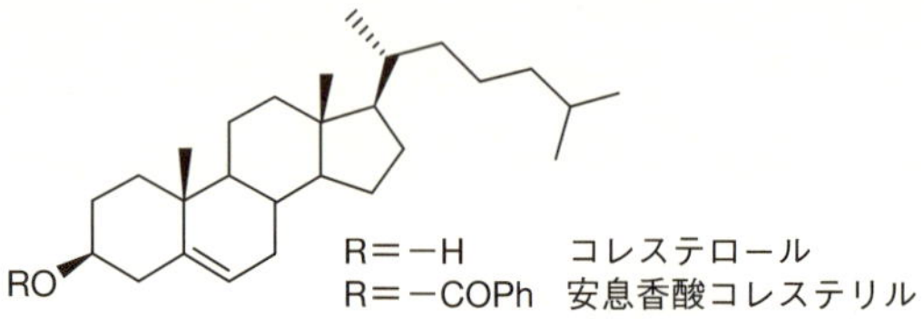

レーマン（O. Lehmann）

RO　　　R＝−H　　　コレステロール
　　　　R＝−COPh　安息香酸コレステリル

図6・4　コレステロールおよびその安息香酸エステル

　レーマンは翌年，この物質が複屈折効果を示すことを見つけ，結晶と液体の混合物ではなく，流動性がありながら光学的な異方性を示す純粋な物質，すなわち「流動性のある結晶（flüssige Kristalle）」であると結論した．これをそのまま英語に訳せば fluid crystal であろうが，この言葉が**液晶**（liquid crystal）という呼び名の始まりとされている．

フリーデル（G. Friedel）

　1922 年，フランスのフリーデルは，液晶状態は以下の3種類（詳細は後述）に分類できることを発表した．

ネマチック（nematic）

　① **ネマチック**：ギリシャ語で "糸状のもの" が語源．顕微鏡で糸状の模様が見える．

コレステリック
(cholesteric)

　② **コレステリック**：コレステロールの誘導体など，不斉な性質をもったものに見られる．ネマチック層がらせん状に積層している．

スメクチック（smectic）

　③ **スメクチック**：ギリシャ語で "セッケンのようなもの" が語源．濃いセッケン水は液晶となる．

キラル（カイラル）（chiral）
chiral を英語の発音のままカイラルネマチック液晶と読むこともある．

　この分類は現在も使われているが，コレステリック液晶はネマチック液晶の一種であり，現在ではコレステリック液晶を**キラル**（または**カイラル**）**ネマチック液晶**とよぶことも多い．**キラル**（**カイラル**）とは "不斉な" という意味である．

ハイルマイヤー
(G. H. Heilmeier)

動的散乱
(dynamic scattering)

　その後 40 年ほど，液晶はあまり注目されなかったが，1966 年に米国 RCA 研究所のハイルマイヤーが，液晶の**動的散乱**という現象を見つけて以来，液晶が実用上の観点から注目され始めた．図6・5に示すように，液晶セルをはさんだ電極に大きな電圧（＞5 V）をかけると，電界による液晶分子の配向変化による対流と，

不純物のイオンによって引き起こされる液晶分子の乱流運動によって強い光散乱が観測され，セルが白く濁って見える．この動的散乱が，液晶を表示に用いるきっかけとなった現象である．実際に，1973年にシャープ社からこの表示方法を用いた電卓が発売された．しかし，液晶物質やセルの劣化が早いことと印加電圧が大きいことから，じきに後述するTNセルにとって代わられた．TNセルは1971年に米国のファーガソンと，スイスのシャットとヘルフリッヒによって独立に考案された．6・4節で詳しく述べるように，現在のディスプレイは，このTNセルの原理を用いている．

ファーガソン
(J. L. Fergason)

シャット（M. Schadt）

ヘルフリッヒ（W. Helfrich）

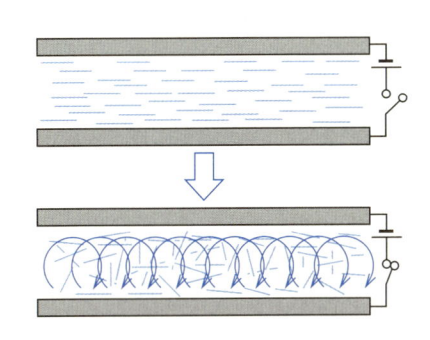

図6・5　動的散乱の概念図

6・3　液晶の種類と性質

6・3・1　液晶状態の現れ方による分類

a. サーモトロピック液晶（温度転移型）　結晶状態と等方性液体の間のある温度範囲で現れる液晶である．結晶から温度を上昇させていくときと，等方性液体から下降させていくときとでは，現れる液晶相が異なることがある．

サーモトロピック
(thermotropic)

b. リオトロピック液晶（濃度転移型）　**ライオトロピック液晶**ともいう．生体膜や界面活性剤（図6・6）などに見られ，溶媒の存在下，ある濃度範囲で出現する液晶である．希薄であれば分散したり水面（気水界面）に吸着したりしているが，濃厚になると分子間の相互作用が働いて配向秩序を示すようになり，図6・7に示す**ミセル**，**ベシクル**，あるいはさらに高次の集合体を形成する．これらの状態は，両親媒性分子が方向性をもって配列している，液晶状態である．

リオトロピック（lyotropic）

ラウリン酸ナトリウム（セッケン）$C_{11}H_{23}CO_2Na$

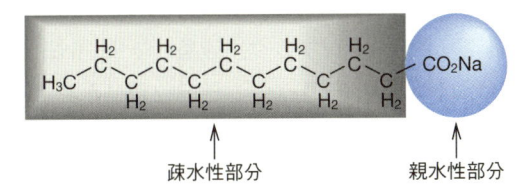

図6・6　界面活性剤の例

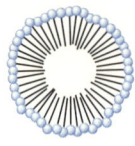  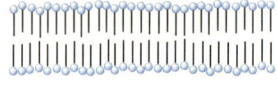 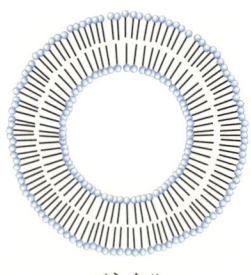

ミセル   二分子膜   ベシクル

親水基
疎水基

図6・7 ミセル,二分子膜,ベシクルの断面

6・3・2 配向の仕方による分類

a. ネマチック液晶(略号 N)   液晶のなかで最も等方性液体に近いものである.分子の配向方向にのみ秩序があって,分子の位置および頭尾に秩序がない(図6・8).すなわち,群れ集まって泳ぐ魚のように,それぞれの分子の長軸(配向軸)は同じ方向を向いている(配向している)が,分子の位置は無秩序である.各分子は長軸方向に自由に動けるので,粘性が小さく,流れやすい.

表示素子をつくる際,ネマチック液晶をベースとし,これに他の分子を混ぜて用いることが多い.また,セル内部の表面の配向処理によって液晶分子の向き(配向ベクトル)を容易に一定方向にそろえることができ,液晶ディスプレイ製作の基本技術となっている.

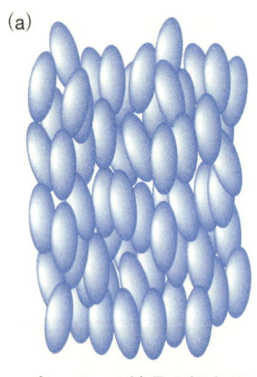 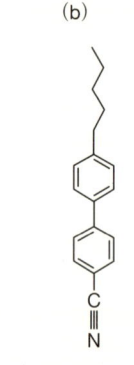

(a)   (b)

図6・8 ネマチック液晶 (a) 概念図,
(b) 代表的なもの

ネマチック液晶の概念図

4−シアノ−4′−ペンチル
ビフェニル

b. コレステリック(キラルネマチック)液晶(略号 Ch あるいは N*)   コレステリック液晶は,不斉要素をもったネマチック液晶が示す液晶相である.ネマチック液晶は,分子同士が集合するときに分子の長軸がある方向を向いて集まるが,コレステリック液晶には不斉要素があるため,すべての分子が同じ向きを向いた集合状態が必ずしも熱力学的に安定な状態ではない.セル内壁表面の平行

配向処理によってネマチック液晶状態で並んだコレステリック液晶の平面につぎの液晶平面が重なるとき，完全に同じ配向ベクトルで重なるより，少し角度をもって重なるほうが安定になる（図6・9）．つまり，ある仮想的な面内では配向ベクトルが一定方向だが，隣の仮想的な面はこの面とはねじれている．したがって，そのまたつぎに重なる層は，さらに同じだけねじれることになる．

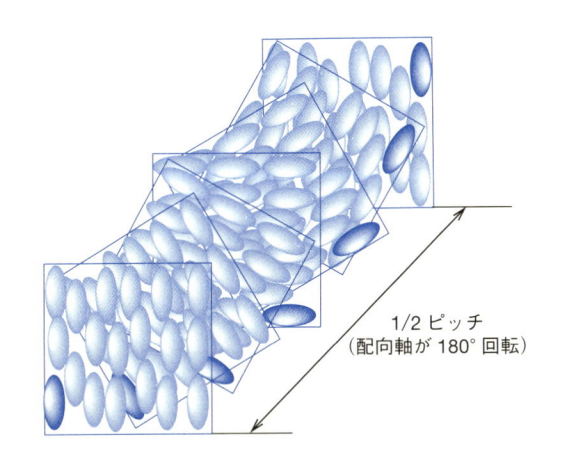

1/2 ピッチ
（配向軸が180°回転）

図6・9　コレステリック液晶

　各層の配向ベクトルがらせん状に徐々にねじれていって，360°回転するまでに要する液晶相の厚みを**ピッチ**（P）という．面内における分子の頭尾はランダムであり，物理的性質はP/2を周期として変化する（図6・9）．また，ネマチック液晶は，コレステリック液晶のピッチが無限大になったものとみなせる．

　ネマチック液晶にキラルな化合物を少量混ぜても，全体がコレステリック液晶となることがある．この添加物を**キラル**（または**カイラル**）**ドーパント**という．ドーパントの混合比が小さいときは，ドーパントの混合比とピッチの長さは反比例する．すなわち，ドーパントの混合比を増やすとねじれがきつくなり，ピッチが短くなる．

　コレステリック液晶の，らせん状の積層がねじれる方向をヘリシティ（9・3・1節参照）といい，右巻きあるいは左巻きとして表せる．右ネジと同じらせんで配向ベクトルが変化する巻き方を P（プラス），左ネジのものを M（マイナス）という．

　らせんのピッチと液晶の屈折率の積に波長が等しい光は，その半分がコレステリック液晶相を透過できるが半分は反射される*．この現象は，ある特定の波長の光が反射されることから，"選択反射"という．この現象によって，コレステリック液晶が色づいて見えることがある．ピッチの大きさは，温度によって変わる．温度の上昇・下降とピッチの増大・減少の関係は液晶によって異なるが，ピッチが短くなれば，反射される光の波長は短くなる．この性質を利用して，コレステリック液晶を用いた温度計や温度センサーが実用化されている．

ピッチ（pitch）

キラル（カイラル）ドーパント
（chiral dopant）

*　電場の振動面が時間とともに回転している光を**円偏光**（circularly polarized light）という．自然光は直線偏光（p.103参照）の集まりであり，直線偏光は左右の円偏光に分解できる．本文中の条件に合う波長の円偏光のうち，電場の回転方向がコレステリック液晶のヘリシティと同じ円偏光は反射され，逆のものは透過する．

液晶は複屈折を示し，等方性液体のときの屈折率と，そうでない屈折率の2種類がある．コレステリック液晶の"選択反射"に関連する屈折率は，2種類の屈折率の平均である．

c. スメクチック液晶（略号 S あるいは Sm）　分子の配列に結晶の秩序が色濃く残っている液晶状態である．分子間の相互作用が強いために，分子が横方向にそろった層状構造をとる．層内の分子の頭尾にも秩序がある．この液晶の流動性は低い．

　層内での分子軸の傾き方，分子の頭尾の向き，層内における分子の重心の位置の秩序性などによって，スメクチック液晶はさまざまに分類される（図6・10）．発見された順にAからKまで知られている．代表的なものには，層の重なりに対する法線方向に対して分子軸が傾いてないスメクチックA（S_A）相，すべての分子が一定の角度で傾いているスメクチックC（S_C）相がある．これら二つのみが層内での分子の重心位置がランダムである．

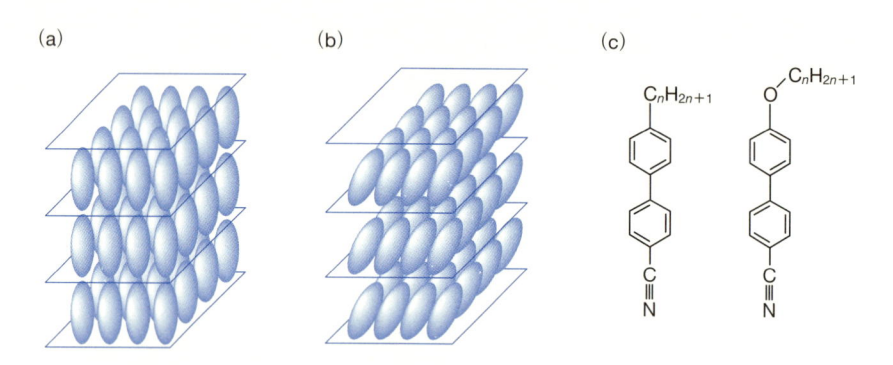

図6・10　**スメクチック液晶**　(a) スメクチックA（S_A）相，(b) スメクチックC（S_C）相，(c) スメクチック液晶相を示す化合物（$n \geq 8$）

　ネマチック液晶のアルキル基を長くすると，アルキル鎖の間のファン デル ワールス力（2・6・3節参照）が強くなって横方向にそろって並びやすくなり，層構造のスメクチック相をとる傾向が強くなる．図6・10 (c) の4−シアノ−4′−アルキルビフェニルのうち，アルキル基がペンチル基（$n=5$）のものはネマチックだが，オクチル基（$n=8$）のものはスメクチックである．

　光学活性基をもつスメクチックC相は強誘電性液晶とよばれる．これについては，以下で改めて述べる．

6・3・3　強誘電性液晶

強誘電性（ferroelectric）

マイヤー（R. B. Meyer）

ケラー（P. Keller）

DOBAMBC：p−デシルオキシベンジリデン−$p′$−アミノケイ皮酸（S）−2−メチルブチル

　ある物質が自発的な分極（電気双極子）をもち，その分極の向きが外部電場によって反転可能であるとき，その物質を**強誘電性物質**という．液晶分子における強誘電性の発現が1975年にマイヤーによって予測され，1976年にケラーらによって合成された，不斉要素をもつS_C相（キラルスメクチックC相：S_C^*相）を示す液晶（図6・11，DOBAMBCという）が自発分極をもち，強誘電性を示すことが確認された．DOBAMBCではカルボニル基が自発分極のもとであり，不斉要

素をもつことが必須である。これ以降，S$_C$*相を示す数多くの液晶が報告されている.

自発分極

不斉炭素

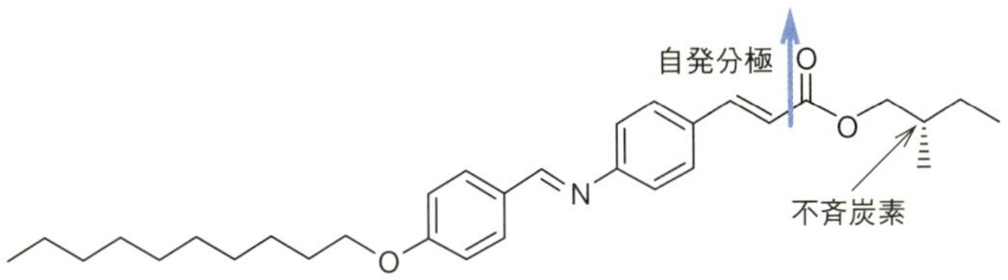

図6・11 　最初の強誘電性液晶（DOBAMBC）

電場をかけたとき，後出の図6・18のTNセルでは，分子は90°向きを変える必要があるが，強誘電性液晶の場合は，図6・13のコーンのへりをぐるりと回るように分子が動けばよい（すりこぎ運動）ので，スイッチングが高速に行える.

　ネマチック液晶に不斉要素をもたせると，らせん状に積み重なるコレステリック液晶が生じたように，S$_C$相に不斉要素をもたせるとらせん構造をとるS$_C$*相を生じる（図6・12）。しかし，スメクチック液晶は層構造をとるため，コレステリック液晶のらせんとは異なるらせん構造をもつ。コレステリック液晶は，ネマチック液晶相とみなせる平面が積み重なるとき，分子配向軸がらせん状にねじれていったが，S$_C$*相は，層の中では層に対する法線方向から一様に傾いている分子長軸の方向が，層を重ねるごとにらせん状に変化していくのである。分子軸の傾きが360°回転するまでの厚みをピッチという。この状態では，すべての分子がもっている自発分極は相殺されていて，強誘電性は示さない.

　S$_C$*相を示す液晶性物質を，ピッチより短い厚みのセルに入れ，セル表面に対して分子が平行にかつ一定方向を向くようにセル内面を処理しておくと，表面による規制が強いためにもはやらせん構造をとることができず，S$_C$相のようになる。この状態を**表面安定化強誘電性液晶**という（図6・13）。この状態では分子は一様な方向を向いているため，セル内に自発分極が生じている。ここに電場をかけることによって，自発分極の向きを反転させることができるので，強誘電性を示すことになる。電場による自発分極の向きの反転は分子のすりこぎ運動によるので非常に速く，液晶ディスプレイに用いると有利であるとされている.

表面安定化強誘電性液晶
（surface stabilized ferroelectric liquid crystal）

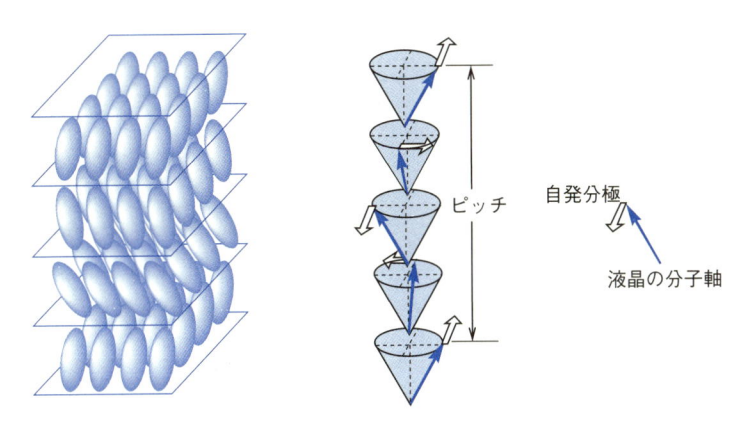

ピッチ

自発分極

液晶の分子軸

図6・12 　強誘電性液晶（キラルスメクチック液晶相）

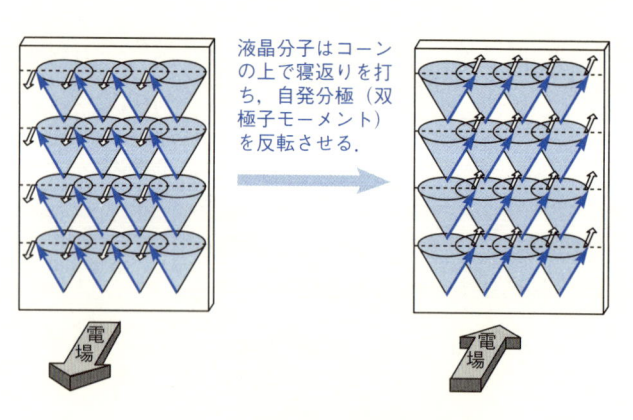

液晶分子はコーンの上で寝返りを打ち，自発分極（双極子モーメント）を反転させる．

図6・13　表面安定化強誘電性液晶

高分子液晶
（liquid crystal polymer）

6・3・4　高分子液晶

　液晶はディスプレイに使われることが多いので，流動性が必要と考えられている．しかし，高分子化し，液晶相発現の原因である横方向の分子間相互作用をうまく使うと，一般の高分子より強靱な高分子となる．また，液晶をフィルムなどの固体として用いる必要があるときは，高分子の主鎖または側鎖に液晶分子を組込んで用いることができる（図6・14）．

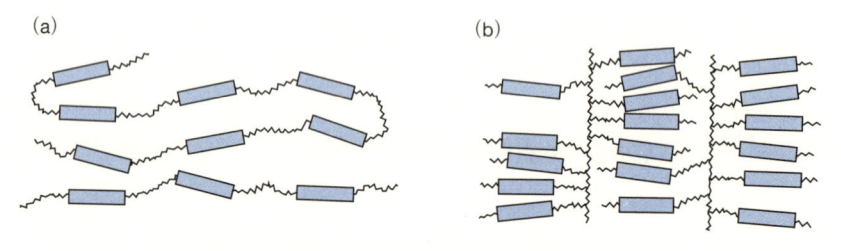

(a)　　　　　　　　　　　　　　(b)

図6・14　高分子液晶の種類　（a）主鎖型高分子液晶，（b）側鎖型高分子液晶

　a. 主鎖型高分子液晶　　コアに相当する構造を，極性基やしなやかな側鎖で連結したものが主鎖型高分子液晶といわれる．コア部分同士，側鎖部分同士の分子間相互作用のために，高分子鎖が一方向にそろう．溶融状態・溶液状態で配向していて，射出成形すると，成形過程でさらに押し出し方向に配向する．固化するときに液晶構造が保たれ，収縮がほとんど起こらない．

　主鎖型高分子液晶の代表例として，**ケブラー**というポリアミドがあげられる（図6・15）．ケブラーは，1972年にデュポンで発明された，テレフタル酸ジクロリドと p–フェニレンジアミンの重縮合で生成する繊維の商品名である．溶解できる溶媒が少ないが，硫酸にある程度以上溶けるとネマチック液晶相が出現する，リオトロピック液晶である．紡糸したものの引っ張り強度はスチールの 1.5 倍であり，防弾チョッキやタイヤの部材，航空機などの軽量複合材などの繊維と

溶液状態や溶融状態のポリマーを細いノズルから押し出して繊維状にしたり，金型に注入して望みの形をつくり出すことを“射出成形”という．

ケブラー（Kevlar®）

デュポン（Du Pont）

重縮合は縮合重合などともいう．高分子の合成については 3・7・1節を参照．

して使われている．アミド結合部分の水素結合が鎖と鎖の間で生じ，それが高強
度の原因となっている．

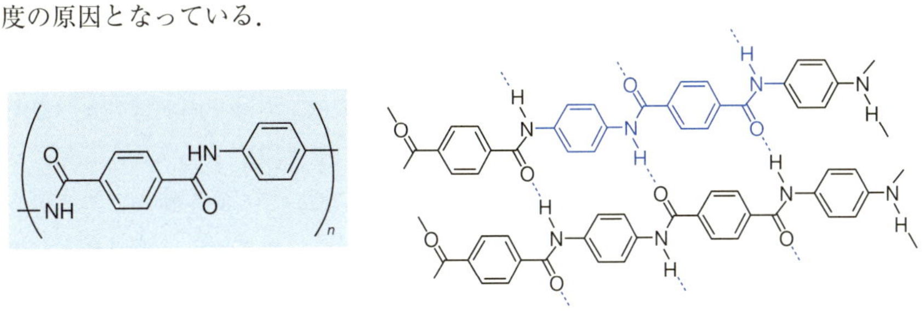

図6・15　ケブラーの構造　---は水素結合

　また，ポリエチレンテレフタラート（PET）の構造を改良して得られたポリエ
ステルにはサーモトロピック液晶となるものがあり，数百℃の溶融状態でネマ
チック液晶相を示す．射出成形して加工でき，電子レンジで使える耐熱プラス
チック容器などに応用されている．その特徴は，自己補強効果がある，高剛性で
減衰特性が良い，耐熱性が良い，線膨張率や成形収縮率が小さい，溶融粘度が低
い，耐薬品性がすぐれている，などである．そのため電気電子部品（耐熱性と寸
法安定性），テニスラケットやスピーカー（薄くて十分な強度があり，減衰特性に
すぐれる），包装材（酸素，水に対するバリヤー性がすぐれている）などにも使わ
れている．主なPET系高分子液晶を図6・16に示す．

b. 側鎖型高分子液晶　　低分子液晶のもっている機能と，ポリマーのもっ
ている機能（易成形性・難流動性）を同時にもたせた液晶である．サーモトロピッ
クなものもリオトロピックなものも知られている．

　液晶に，電場・熱・光などの外部刺激を与えて何らかのスイッチとすることが
考えられる．このとき，液晶の流動性のために，液晶分子に外部刺激を施した位
置の情報が時間とともに失われるのを防ぐため，液晶分子を高分子側鎖としてぶ
ら下げることが試みられている．アゾベンゼンなどのフォトクロミック色素（5・
7節参照）を側鎖にぶら下げた高分子液晶は，光によるフォトクロミック部位の
構造変化が高分子自体の構造や物性の変化に結びつくことが知られている．

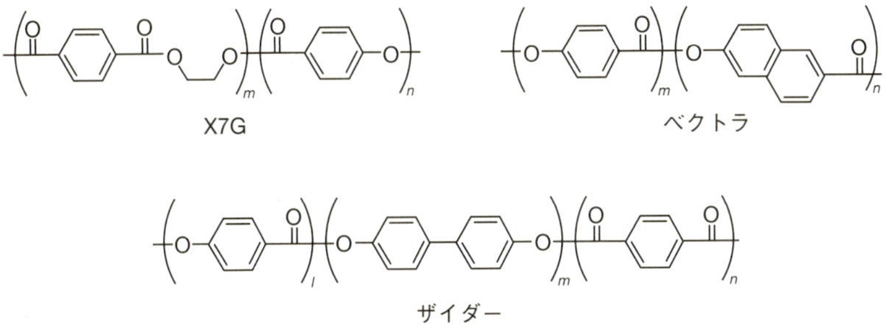

ポリエチレンテレフタラート
（poly（ethylene terephthalate））

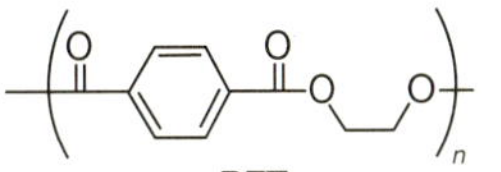

PET

高分子液晶は，振動が熱と
なって逃げやすい．そのた
め，スピーカーに用いると振
動がすぐに収まり，残響が小
さいので録音を忠実に再現
できる．また，高強度である
ために，ロープに用いられた
り，タイヤの補強材として用
いられている．

X7G

ベクトラ

ザイダー

図6・16　PET系高分子液晶

6・3・5 ディスコチック液晶

ディスコチック (discotic)

これまで紹介してきた液晶分子は，すべて"棒状"であったが，例外的に"円盤状"の液晶分子の一群がある．円盤（disc）的な（-otic）という意味から，**ディスコチック液晶**とよばれる（図6・17）．構造の特徴は，やはり固いコアとしなやかな側鎖からなることである．コアとしては，ベンゼン環，トリフェニレン，ポルフィリン，金属錯体などが知られており，これに長いアルキル鎖が，エステル結合，エーテル結合などを介して多数結合し，放射状に出ている．液晶相としては，コインをばらまいたようにランダムに，しかし各分子平面は平行に配置されるディスコチックネマチック相（略号 N_D），円盤が柱状に重なるカラムナー相（略号 Col）などがある．

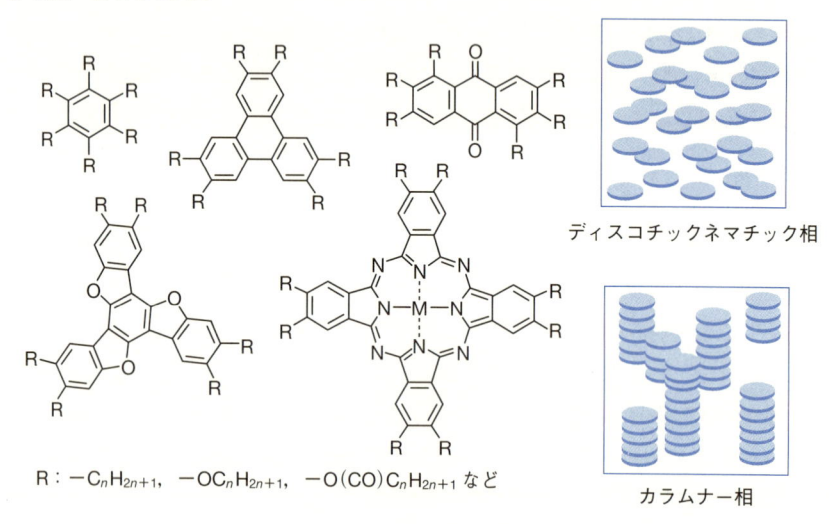

R：$-C_nH_{2n+1}$，$-OC_nH_{2n+1}$，$-O(CO)C_nH_{2n+1}$ など

ディスコチックネマチック相

カラムナー相

図6・17 ディスコチック液晶

6・4 液 晶 の 応 用

液晶は，主にディスプレイに用いられており，そのほかに，ディスプレイの視野角拡大のための光学補償フィルム，主鎖型高分子液晶では高強度繊維や耐熱樹脂などが主な用途である．主鎖型高分子液晶の用途についてはすでに記載したので，ここでは液晶ディスプレイについて述べる．

液晶ディスプレイ
(liquid crystal display, LCD)

TN セル
(twisted nematic cell)

透明電極
(transparent electrode)

ITO (indium tin oxide)
導電性ガラスの一種．透明でありながら導電性をもつので，光を透過することが必要な液晶パネルに最適の材料である．

6・4・1 液晶ディスプレイ

時計，電卓，テレビなどの表示の基本的な素子は，**TN セル**といわれるものである．このセルに使われている技術の主なキーワードは，① ネマチック液晶，② 透明電極，③ 平行配向処理，④ 偏光フィルム（偏光子と検光子）である．

電場をかけるための**透明電極**は，無色透明で光を透過させるが，導電性をもつ **ITO** とよばれる無機物質の薄膜をガラス基板上に蒸着してつくられる．これをポリイミドなどのポリマー薄膜でコートし，その表面をナイロンや綿布などで一方

向にこする（ラビング処理）と，表面では液晶分子はラビング処理した方向に配向ベクトルをそろえて，基板表面と平行に並ぶ（平行配向）．このような基板2枚を，5〜10 μm 位の距離でラビング処理の方向を 90° ねじって向かいあわせ，その間にネマチック液晶を注入すると，液晶分子はセル表面では配向処理の方向にそろうが，中間では徐々にねじれて配向する（図6・18a）．

　2枚の基板の外側に，それぞれがやはり偏光面が直交するように偏光フィルムを貼りつける．すると，片方の基板面に貼りつけた偏光フィルム（**偏光子**）を通過した直線偏光は，液晶分子のねじれに沿って偏光面を徐々に回転していき，反対側の基板内部表面に達したときは，入射したときとは 90° 回転した方向の偏光面をもっている．そのままセルを出た光は，第二の偏光フィルム（**検光子**）に出会うが，検光子も偏光子と垂直に配置されているので，そのまま透過していく．つまり，セルの裏から入射した光は表から観測され，明るく見える（図6・18a）．

　さて，2枚の透明電極の間に電場をかけるとどうなるであろうか．液晶分子は絶縁体であるので電流は流れないが，電極の間に電場勾配ができる．たとえば図6・8の 4-シアノ-4′-ペンチルビフェニルのように，液晶分子が分子長軸方向に双極子モーメントをもっていると，この電場勾配に沿って分子の双極子モーメントがそろう．すなわち，基板表面近傍を除いて，ほとんどすべての分子が基板に対して垂直に配向する．この状態で，先ほどと同様に偏光子を通過した直線偏光が入ってきても，偏光面の回転は起こらず，入射したときと同じ偏光面を保ってセルを透過し，検光子に到達する．この偏光は検光子を通過することができないので，セルの裏から入射した光は表側から観測されず，黒く見える（図6・18b）．

　すなわち，電場のオンオフによって，透過する光の明暗を制御することができるのである．この方法を基本として，コレステリック液晶を用いて，90°のねじ

偏光子（polarizer）
電場振動面（偏光面）がそろった光を**直線偏光**(linearly polarized light)といい，直線偏光は左右の円偏光に分解できる．

検光子（analyzer）
偏光フィルムはヨウ素やある種の色素をドープして延伸した PVA（ポリビニルアルコール）が使用され，延伸方向に垂直な偏光面をもった光だけを選択的に通す．このような物質を用いると，光を偏光方向によって区別できる．
入口で，ある電場振動面の光だけを通すのが"偏光子"，出口で光の透過・遮断を行うのが"検光子"である．

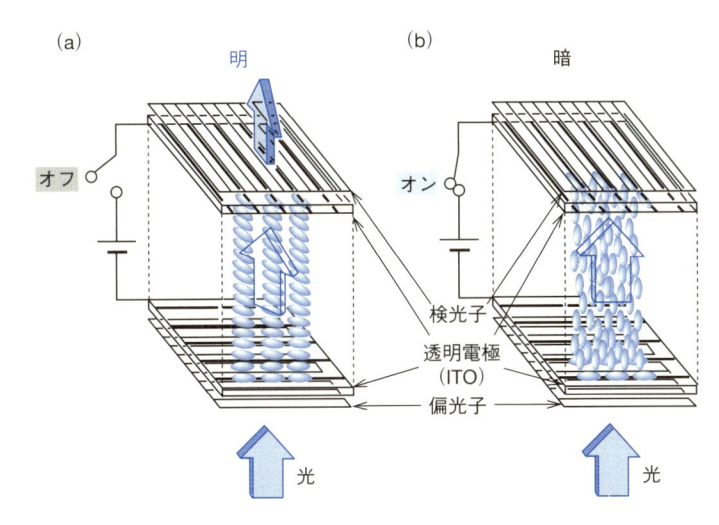

図6・18　**TNセルの原理**

STN
（super-twisted nematic）

TFT については，8・4 節を
参照.

IPS：in-plane switching
VA：vertical alignment

れでなく 270° ねじること（**STN**）や，電極を小さなトランジスターにして電位を保持できるようにする（**TFT**）など，さまざまな工夫が凝らされて現在の液晶ディスプレイができあがっている．新しい液晶の駆動方法としては，電界を横向きに発生させる横電界型（**IPS**），電場なしで液晶が垂直に配向する垂直配向型（**VA**）などがあり，用途や画面の大きさなどに応じて使われることがある.

　さらに，液晶ディスプレイは斜めからは見にくいが，これを見やすくする工夫もされている（コラム参照）．また，5・5 節に記した，液晶ディスプレイ用のカラーフィルターも，高精細なディスプレイ実現のために重要な役割を担っている.

視野角拡大フィルム

　図 6・18（b）をよく見ると，電場をかけたとき，セルの内部では液晶分子は電場の方向に並ぶが，セルの基板表面付近ではラビング処理による配向の規制が強く，電場方向に配列せずにラビング処理の方向に並ぶ．二つの状態の移り変わりの部分では，基板表面からセル内部に向かって，液晶分子が基板と平行な状態から垂直な状態へと徐々に変化してゆく．一方，セル内部に侵入した直線偏光は，偏光面を回転させずに透過し，セルの反対側近傍に到達したときに，この液晶分子の緩やかな配向変化に従って一部がセルの斜め方向に出て行く．したがって，本来「黒」として認識されるべき「電場オン」の状態で光が一部漏れて黒くなくなってしまう.

　光が漏れる量と方向は光の波長によって異なる.

したがって，同様の理由により，色がついた状態（光が透過する状態）でディスプレイを斜め方向から見ると，正面から見たときとは色のつき方が異なって見えてしまう.

　このことは，セルを通過して斜め方向に向かった光を再度垂直方向に向かわせ，その後検光子を通過させることで解消できた．光の方向を調整するために使われたのがディスコチック液晶である.

　ディスコチック液晶を一様に斜め配向させたフィルム，あるいは傾き方の変化を精密に制御して配向させたフィルムをつくり，それを偏光子の直後と検光子の直前に貼ることで，黒はより黒く，また斜めから見ても色調の変化がないディスプレイが実現できた.

練 習 問 題

6・1 コレステリック液晶とネマチック液晶の関係を述べよ.

6・2 スメクチック液晶相を示す分子とネマチック液晶相を示す分子の構造的違いは何か.

6・3 図 6・18 の TN セルでは，電場をかけていないときは光が透過して，電場をかけたときに光が通らず暗くなるが（ノーマリーホワイト），逆に，電場をかけていないときは暗く，電場をかけると光が透過する（ノーマリーブラック）ようなセルをつくるにはどうしたらよいか？

7

有機導電体と有機磁性体

一般に，有機化合物は電気を流したり，磁性を示したりしない．工業的に大量につくられたプラスチックやゴムなどは，良好な絶縁材料であり，まったく電気を流さないし，またプラスチックが磁石になることもない．しかし，分子錯体や高分子のなかで金属に匹敵する高い電気伝導性を示すものが発見され，さらに有機物質や有機金属化合物を用いて磁石がつくられている．本章では，このような**有機導電体**および**有機磁性体**の原理と応用について説明する．

有機導電体
(organic conductor)

有機磁性体
(organic ferromagnet)

7·1 有機導電体

図7·1は，物質の電気伝導率を示したものである．**電気伝導率（伝導度**あるいは**導電率**ともいう）は電気の流れやすさを示す値であり，その値が大きいほど物質は電気を流しやすい．

電気伝導に寄与する電子やホール，イオンを"キャリヤー"といい，電気伝導率（σ）は，**キャリヤー密度**（n）とキャリヤーの電荷（e）と**移動度**（μ）の積で決まる（(7·1) 式）．

$$\sigma = ne\mu \tag{7·1}$$

物質は固体状態で電気をどの程度流すかによって，**絶縁体**，**半導体**および**導体**（金属）に分類できる．通常，有機化合物は絶縁体であるが，有機導電体は半導体

電気伝導率（伝導度，導電率）
(conductivity)
単位は $\Omega^{-1}\,cm^{-1} = S$（ジーメンス）cm^{-1} で表す．

キャリヤー密度（carrier density）　単位は cm^{-3}．
キャリヤーが電子やホールの場合，電荷は $1\,C$（クーロン）$= 1\,As$ となる．

移動度（mobility）
単位は $cm^2\,V^{-1}\,s^{-1}$．

絶縁体（insulator）

半導体（semiconductor）
伝導度が室温で $10^{-9} \sim 10^2\,S\,cm^{-1}$ 程度で，低温にすると伝導度が低下する物質．

導体（conductor）

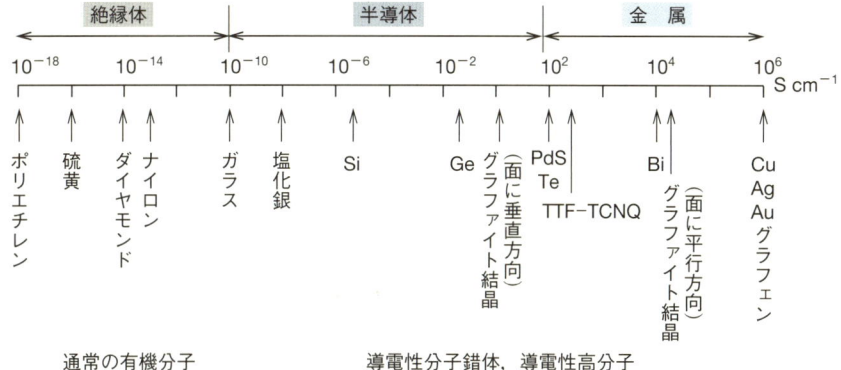

図7·1 物質の電気伝導率

から金属に相当する伝導度を示す．さらに，金属的な導電性を示す化合物の一部は低温で超伝導性を示すものがある．

炭素の同素体（3・6 節参照）で電気伝導体として最も古くから使用されてきたものは，グラファイト（黒鉛）である．グラファイトはベンゼン環を基本単位とする網目構造が平面をつくり，この平面がいくつも重なりあって結晶をつくっている．グラファイトを構成する単層のシートであるグラフェン（3・6・3 節参照）の π 電子は平面構造の中を高速に動くことができ（室温での移動度の最高値は $2 \times 10^5\,\mathrm{cm^2\,V^{-1}\,s^{-1}}$），平面に沿って金属と同程度の伝導度（$10^6\,\mathrm{S\,cm^{-1}}$）を示す能力をもつ．また，重なりあった層の間でも半導体程度の電気を流すことができる．

グラファイトが結晶平面に沿って高い電気伝導性を示すことは，模式的に図7・2(a) のように表すことができる．また，結晶平面の重なった方向は π 電子が重なりあって相互作用するが，電子がそれほど自由に動けないので，半導体となる（図7・2b）．

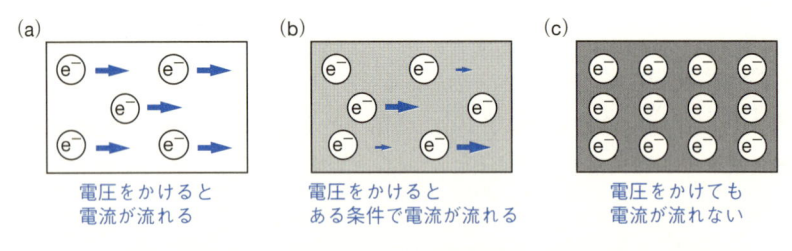

図7・2　導体(a)，半導体(b) および絶縁体(c) 中での電子の動き

通常の有機化合物の結晶は，そのままの状態では電気を流すことはできない（図7・2c）．中性状態の分子を構成する各原子は最外殻の軌道が電子で満たされており（閉殻構造とよばれる），電子が分子間を動くには大きなエネルギーを必要とする．結晶中で分子が近づくと分子軌道が相互作用して分裂し，比較的狭いエネルギー準位中に無数の分子軌道が収まりバンドを形成する．HOMO のバンドは電子で満たされた"価電子帯"を，電子のない LUMO のバンドは"伝導帯"を形成する．電子伝導を起こすためには，このような価電子帯から伝導帯に電子を励起して，伝導電子（キャリヤー）を生成させなければならない．

エネルギーの単位：
$1\,\mathrm{eV} = 1.60 \times 10^{-19}\,\mathrm{J}$
$\phantom{1\,\mathrm{eV}} = 96.5\,\mathrm{kJ\,mol^{-1}}$

バンドギャップ（band gap）

絶縁体では，電子を伝導帯に励起するための活性化エネルギーは数 eV 以上の大きな値であり（バンドギャップが大きいという），キャリヤーを生成させることができない．しかし，半導体の場合には活性化エネルギーが数 eV 以下であるから，熱エネルギーによる励起によって伝導帯にキャリヤーを生成させることができるので，室温付近で電気伝導性を示すようになる（図7・3）．また金属では価電子帯と伝導帯がつながっており，エネルギー差（バンドギャップ）がないため，電子は二つの状態を自由に動くことができる．

室温の伝導度が $1 \sim 50\,\mathrm{S\,cm^{-1}}$ 程度の有機導電体は，その値だけから，その状

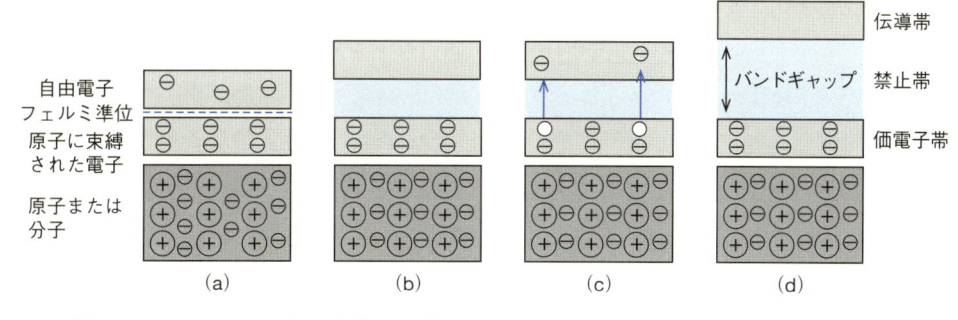

図7・3 エネルギーバンドと電気伝導性の関係 (a) 金属，(b) 半導体，(c) 半導体の熱励起，(d) 絶縁体

態が半導体であるか金属状態であるかを判断することができない．より詳細な情報を得るには，伝導度の低温での変化を調べる必要がある（図7・4）．金属状態では電子は自由に動くことができ，低温にすると結晶格子中の熱運動による移動度の低下が抑えられ，(7・1) 式からわかるように温度を下げると伝導度が増加する．これに対して半導体では，温度を下げると伝導帯に熱的に励起された電子の数（すなわちキャリヤー密度）が減る（図7・3c）ので，低温では伝導度が低下する．金属状態の化合物をさらに低温に冷却すると，抵抗値がゼロになり，急激に伝導度が増加して無限大になる場合がある（図7・4）．これは，この温度で"超伝導状態"が形成されたことを示し，この温度を**臨界温度 T_c** という．有機超伝導体については，7・5節で述べる．

図7・3中の**フェルミ準位**（Fermi level）とは，電子が入る確率が0.5である準位をさす．これ以上のエネルギー準位には電子はほとんど入っていない．

臨界温度
（critical temperature）

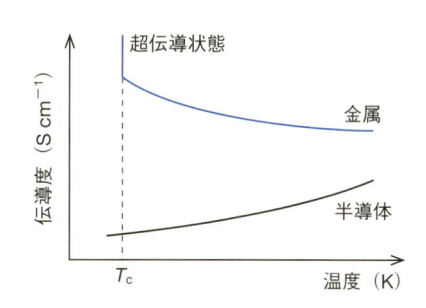

図7・4 伝導度の温度変化

　有機導電体は，低分子化合物からつくられる導電性分子錯体と高分子化合物からつくられる導電性高分子の2種類に分類される．以下では主として導電性分子錯体について解説し，導電性高分子については簡単な紹介にとどめる．

7・2 導電性分子錯体

　導電性分子錯体は，縮合多環芳香族化合物や有機ドナー・アクセプターが分子間相互作用によって結晶をつくり，電気伝導性を示すものである．導電性分子錯体の最初の例は，1954年に発見されたペリレン臭素錯体であり，このような錯体としては非常に高い伝導度（1.3 S cm^{-1}）を示すことがわかった．それ以後，有

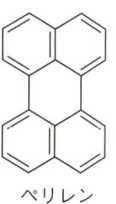

ペリレン

機導電体は非常に活発に研究されるようになり，今日に至っている．

　安定で高い伝導度を示す化合物は，強いドナーと強いアクセプターを組合わせた分子錯体から得られることが 1970 年代に発見され，非常に多くの金属的な導電性を示すドナー・アクセプター錯体がつくられた．代表的なアクセプターを図 7・5 に示す．

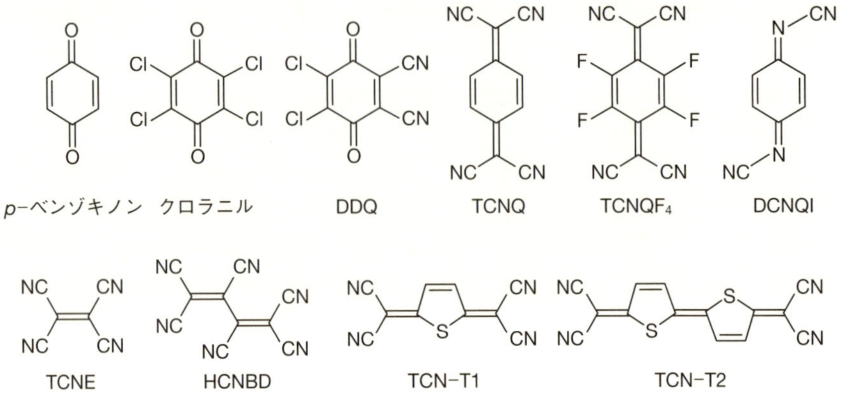

図 7・5　代表的な電子受容体（アクセプター）

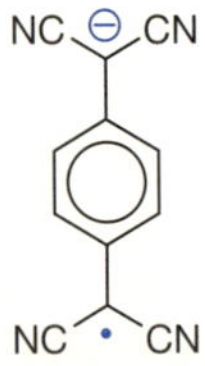

TCNQ アニオン
ラジカル

　有機アクセプターは π 電子受容体であり，低い LUMO をもつために容易に 1 電子を受け入れてアニオンラジカルを生成する．特に，1962 年にデュポン社が開発したテトラシアノキノジメタン（TCNQ）はすぐれたアクセプターであり，高い伝導度を示す分子錯体を生成しやすい．これは，TCNQ が 2 段階の可能な酸化還元挙動を示し，中間に生成するアニオンラジカル状態が中央の六員環の芳香族化によって安定化されるために，安定な分子錯体が生成することに起因する．アクセプターの電子受容能の大きさは，その還元電位から容易に見積もることができる．表 7・1 に示したように，p-ベンゾキノンは弱いアクセプターであるのに対して，TCNQF$_4$ は非常に強いアクセプターである．

C$_{60}$ については 3・6・1 節参照．

　C$_{60}$ は，その還元電位から p-ベンゾキノン程度の弱いアクセプターであるといえるが，その大きな π 系を反映して特異なアクセプター性を示す．このような C$_{60}$ の性質は，アルカリ金属をドープした場合に顕著に現れ，そのラジカル塩は高い

第一還元電位は π アクセプター性を調べるのに重要であり，電位が高いほど強い π アクセプターである．

表 7・1　代表的な π アクセプターの第一還元電位[*1]

アクセプター	電位 (V)	アクセプター	電位 (V)
p-ベンゾキノン	−0.46	DCNQI	+0.39
クロラニル	+0.05	TCNE	+0.28
DDQ	+0.56	HCNBD	+0.72
TCNQ	+0.22	TCN-T1	+0.07
TCNQF$_4$	+0.60	C$_{60}$	−0.42[*2]

*1　アセトニトリル中の SCE に対する電位
*2　ベンゾニトリル中で測定

T_c をもつ超伝導体である（7・5 節参照）.

　一方, 図 7・6 に代表的なドナー分子を示した. このなかでテトラチアフルバレン（TTF）とその誘導体は, 酸化することによって安定なカチオンラジカルとジカチオンを生成する化合物であり, 容易に分子性金属錯体を形成する.

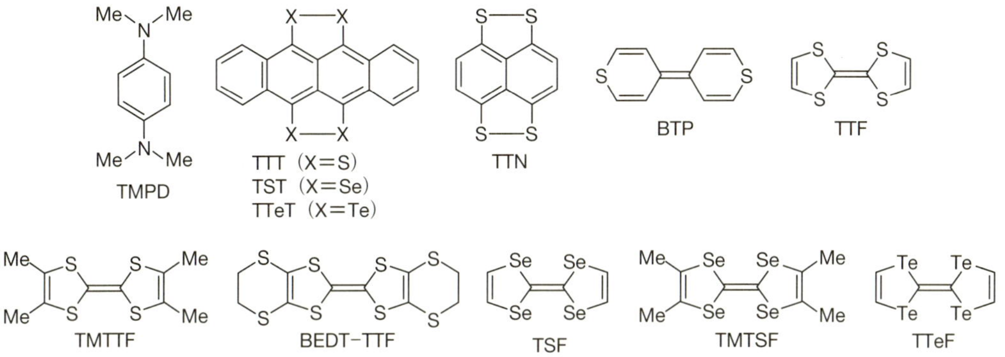

図 7・6　代表的な電子供与体（ドナー）

　ドナー分子の電子供与能の大きさは, その酸化電位を測定することによって見積もることができる. 表 7・2 に示したように, ペリレンは比較的酸化されにくいので弱いドナーであるが, BEDT–TTF は良好なドナー性を示し, さらに無置換の TTF はより大きなドナー性を示す. ただし, 分子性金属錯体を形成するドナーとしては, 強いドナー性を示すものがすべて良いとはいえず, TTF よりもドナー性の低い BEDT–TTF のほうが結晶中においては大きな分子間相互作用を示すので, より大きな伝導度を示す分子錯体を生成しやすい.

表 7・2　代表的な π ドナーの第一酸化電位*

ドナー	電位 (V)	ドナー	電位 (V)
ペリレン	+1.00	TTF	+0.34
TMPD	+0.13	TMTTF	+0.25
TTT	+0.19	BEDT–TTF	+0.52
TTN	+0.55	TSF	+0.48
BTP	+0.20	TMTSF	+0.42

＊　アセトニトリル中の SCE に対する電位

第一酸化電位は π ドナーとしての強さを示す目安となり, 強い π ドナーほど電位は低くなる.

7・3　TTF–TCNQ 分子錯体の高伝導性

　1970 年代に TTF が合成され, その強いドナー性が報告されると, TTF を用いる電荷移動錯体の研究が急速に進展した. 1973 年には TTF–TCNQ の分子錯体が室温で $100\,\mathrm{S\,cm^{-1}}$ という高い伝導度を示すことを見いだされたが, この化合物が金属原子をまったく含まない金属的な導電性を示す分子錯体の最初の例である. この錯体は結晶の軸方向によって伝導度が異なり, 結晶が最も成長している b 軸

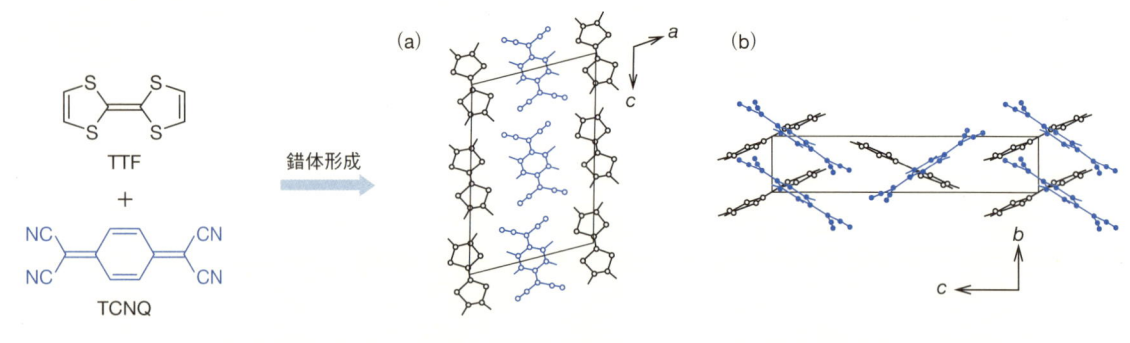

図7・7 TTF–TCNQ（1：1）錯体　（a）b軸方向から（上から），（b）a軸方向から（横から）

一次元金属
（one-dimensional metal）

分離積層カラム
（segregated-stacking column）

混合原子価（mixed valence）
一つの化合物の中に中性の TTF と TTF カチオンラジカルのような異なる酸化状態の分子種が混在している状態をいう．

交互積層カラム
（mixed-stacking column）

方向（分子のスタック方向）によく電気を通すので，**一次元金属**という（図7・7）．

　TTF–TCNQ 錯体の高い電気伝導性は，その特異な結晶構造による．図7・7に示したように，TTF–TCNQ 錯体はドナー（D）とアクセプター（A）が別々に積み重なった**分離積層カラム**を形成する．TTF–TCNQ 錯体のもう一つの特徴は，この錯体中の TTF から TCNQ への電荷の移動が0.59という部分電荷移動（図7・9b 参照）にとどまっているということである．これは，TTF–TCNQ 錯体がキャリヤー移動に有利な**混合原子価**状態にあることを示しており，その結果カラム方向に大きな伝導度をもつことになる．これに対して，通常のドナーとアクセプターとから成る電荷移動錯体は，それらが交互に積み重なった**交互積層カラム**をつくるので，電荷の移動がドナーとアクセプターの間のみで起こり，カラム全体には伝導性は発現せずに絶縁体となる（図7・8）．

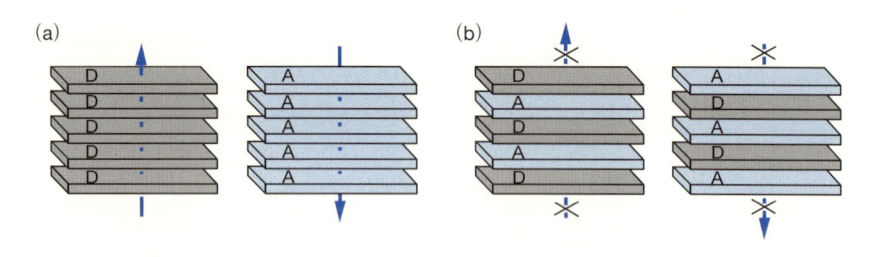

図7・8 電荷移動錯体の2種類の積層構造　（a）分離積層カラム，（b）交互積層カラム

DDQ：ジクロロジシアノ-p-ベンゾキノン

モット絶縁体
（Mott insulator）
バンドの半分が充填された構造であるが，大きな電子間反発のために絶縁化したもの．

　TTF は TCNQ より強いアクセプターである DDQ（図7・5参照）と1：1錯体を形成する．この錯体におけるドナー・アクセプター間の電荷の移動量を調べてみると，TTF から DDQ に完全に一電子が移動しており，TTF カチオンラジカルと DDQ アニオンラジカルの集合体となるために，分離積層カラム構造をとった場合でもキャリヤーの移動が起これば，移動した分子上でクーロン反発が生じエネルギー障壁をつくるので絶縁体へと変化する（図7・9a）．このような電子間のクーロン相互作用に起因する絶縁体は**モット絶縁体**（またはモット–ハバード絶

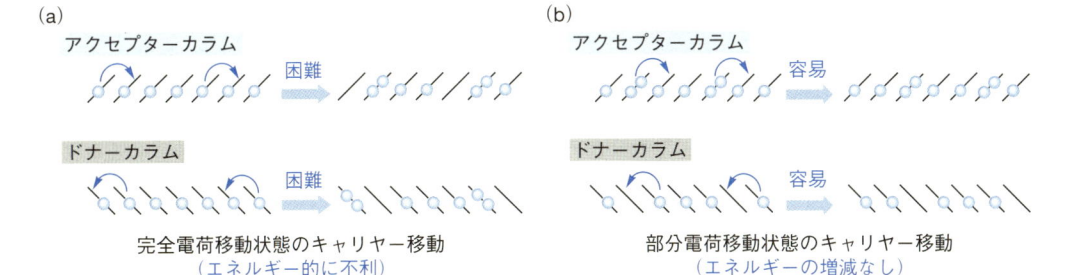

(a) アクセプターカラム 困難 ドナーカラム 困難
完全電荷移動状態のキャリヤー移動
（エネルギー的に不利）

(b) アクセプターカラム 容易 ドナーカラム 容易
部分電荷移動状態のキャリヤー移動
（エネルギーの増減なし）

図7・9 アクセプターカラムおよびドナーカラムでのキャリヤー移動 (a) TTF–DDQ（1:1）錯体, (b) TTF–TCNQ（1:1）錯体

縁体）とよばれる（次ページのコラム参照）.

TTF–TCNQ錯体の伝導度は，温度を下げていくと12倍程度増加するが，59 K付近で急激に金属から絶縁体へと変化する．この導電性の変化は，結晶中での分子の並び方が変化することによって起こる（相転移）．これを**パイエルス転移**という．金属状態におけるTTFとTCNQ分子は，それぞれ等間隔のカラム構造をつくっているが，金属–絶縁体転移後はそれぞれの2分子同士が対をつくった状態がカラム内に現れ，伝導カラム構造を絶縁体構造へと変化させる.

TTF–TCNQは錯体の伝導性の研究から低温でのパイエルス転移を抑えれば超伝導が発現するのではないかと期待されてきた．そのためには，伝導カラムを形成しているTTF分子に横方向の相互作用を与えて，結晶がパイエルス転移による変形を起こさないようにすればよい．よって，TTFのカラム間の相互作用を増やす方法として，①TTF分子中の硫黄をセレンやテルルで置き換えて分子間相互作用を大きくする，②TTFにメチル基などの置換基をつけてカラム間の相互作用を高めるという，二つの方法が検討された．まず①の方法にもとづいて，図7・10に示すようにTTFをTSFやTTeFに変えていくと，そのTCNQとの電荷移動錯体の伝導度は4倍程度大きくなり，パイエルス転移もかなり低温まで起こらなくなった．さらに②の分子設計にもとづいて，TTFやTSFにメチル基などの置換基を導入した系においても分子間相互作用が増加することによって大きな伝導度を示すことがわかった.

パイエルス転移
(Peierls transition)

S, Se, Te などのヘテロ原子のもつ孤立電子対同士が空間を隔てて相互作用することを非結合ヘテロ原子相互作用という．固体構造の制御と固体物性の発現に重要な役割を果たす.

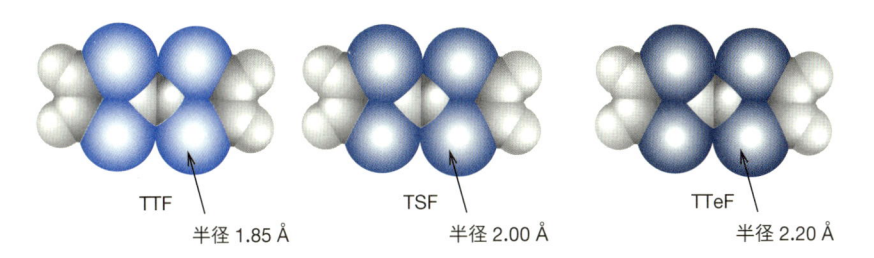

TTF
半径 1.85 Å

TSF
半径 2.00 Å

TTeF
半径 2.20 Å

1 Å = 0.1 nm = 10^{-10} m

図7・10 硫黄，セレン，テルルの原子半径を考慮した TTF, TSF, TTeF の大きさ

オンサイトクーロン反発

　一次元導電体では，移動する電子は隣のサイト（原子または分子）の電子からクーロン反発（U）を受ける．ある1個の電子と隣接サイトの間の共鳴積分を t とすると，1個の電子は幅 $4t$ のバンドに入る．2個目の電子が同じサイトに移動してくると，この電子は U だけ高い別のバンドに入ることになる．このとき $U \gg 4t$ であると，U によるバンドの分裂を考慮する必要がないので，金属的導電体となる．しかしながら，$U \ll 4t$ の場合には，電子は隣のサイトに移ることができず絶縁体となる（モット絶縁体）．結晶中の電子間クーロン反発（U）は，分極性分子構造，隣接伝導電子の導入，および高い次元性によって減少するので，高い導電性物質を得るには U の小さい分子を設計する必要がある．

7・4　いろいろな分子性導体

　図7・5および図7・6に示したアクセプター分子やドナー分子は，それぞれを対カチオンまたは対アニオンの存在下で一電子還元または一電子酸化すると，カラム構造をもった導電性結晶を生じる．これまでに非常に多くの分子性導体が得られているが，その代表例を図7・11に示した．ジシアノキノジイミンのジメチル体（2,5-DMDCNQI）は，ヨウ化銅との反応によって銅のアニオンラジカル塩（Cu(2,5-DMDCNQI)$_2$）を生成する．このラジカル塩は四つの CN 基に銅が配位することによって架橋構造をつくり，安定な多次元錯体を形成しているので，室温で最高 $2000\ \mathrm{S\ cm^{-1}}$ という高い伝導度を示す．また，低温では伝導度はさらに増大し，極低温まで金属的な挙動を示す．

　TTF，TSF およびその誘導体のカチオンラジカル塩はこれまでに多数合成され，導電性をはじめとする多彩な物性が調べられている．MDT-TSF は Bu$_4$NAuI$_2$ の共存下で電解酸化すると，(MDF-TSF)(AuI$_2$)$_{0.436}$ という塩を生成する．通常のラジカル塩では，ドナーと陰イオンの比が2：1という整数比となるが，この場合

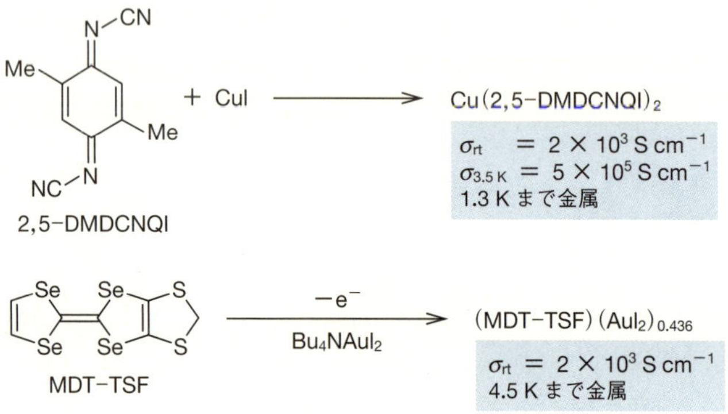

$$\sigma_{rt} = 2 \times 10^3\ \mathrm{S\ cm^{-1}}$$
$$\sigma_{3.5\,K} = 5 \times 10^5\ \mathrm{S\ cm^{-1}}$$
1.3 K まで金属

$$\sigma_{rt} = 2 \times 10^3\ \mathrm{S\ cm^{-1}}$$
4.5 K まで金属

図 7・11　代表的な高導電性分子性導体

には整数比とならない．しかしながら，室温での伝導度は $2000\ \mathrm{S\ cm^{-1}}$ という高い値を示し，さらに極低温まで金属的な挙動を示した．有機導電体の分野では，そのラジカル塩の構造の多様さから非常に多くの物質がつくられているが，室温付近で Au, Ag, Cu 程度の高い伝導度を示すラジカル塩は見いだされていない．

7・5 有機超伝導体の誕生

　超伝導機構を説明した **BCS 理論**によると，伝導電子と格子振動との相互作用で**クーパー対**とよばれる 2 個の電子の対が生じ，すべての電子が位相のそろった最も安定な状態に収まる結果，位相のそろった物質波として抵抗なく動ける状態が**超伝導**である．超伝導体ができるには，クーパー対が生成しなくてはならないが，高温では熱振動のためにクーパー対が壊れて，超伝導状態を保てなくなる．

　図 7・12 に有機超伝導体の例を示した．最初の有機超伝導体は $(\mathrm{TMTSF})_2 \cdot \mathrm{PF}_6$ であり，$6.9\ \mathrm{kbar}$ という加圧下，$0.9\ \mathrm{K}$ という極低温で超伝導状態を示した．続いて 1981 年には $(\mathrm{TMTSF})_2 \cdot \mathrm{ClO}_4$ が常圧下，$1.4\ \mathrm{K}$ で超伝導体となり，それから続々と TTF 誘導体を用いる有機超伝導体が報告されている．常圧下で最も高い臨界温度 T_c を示すラジカル塩は $(\mathrm{BEDT\text{-}TTF})_2 \cdot \mathrm{Cu[N(CN)_2]Br}$ であり，$11.6\ \mathrm{K}$ で超伝導体となる．

BCS 理論：1957年にBarden, Cooper, Schriefferによって提唱された超伝導の理論．BCS は，3 人の頭文字である．

クーパー対（Cooper pair）

超伝導（superconductivity）

$$\left(\begin{array}{c}\mathrm{Me}\ \ \mathrm{Se}\ \ \mathrm{Se}\ \ \mathrm{Me}\\ \mathrm{Me}\ \ \mathrm{Se}\ \ \mathrm{Se}\ \ \mathrm{Me}\end{array}\right)^+_2 \mathrm{PF}_6^-$$

(TMTSF)$_2$・PF$_6$

$$\left(\begin{array}{c}\mathrm{Me}\ \ \mathrm{Se}\ \ \mathrm{Se}\ \ \mathrm{Me}\\ \mathrm{Me}\ \ \mathrm{Se}\ \ \mathrm{Se}\ \ \mathrm{Me}\end{array}\right)^+_2 \mathrm{ClO}_4^-$$

(TMTSF)$_2$・ClO$_4$

$$\left(\begin{array}{c}\mathrm{S}\ \ \mathrm{S}\ \ \mathrm{S}\ \ \mathrm{S}\\ \mathrm{S}\ \ \mathrm{S}\ \ \mathrm{S}\ \ \mathrm{S}\end{array}\right)^+_2 \mathrm{Cu[N(CN)_2]Br}^-$$

(BEDT-TTF)$_2$・Cu[N(CN)$_2$]Br

図 7・12　有機超伝導体の例

　有機超伝導体として，フラーレン（3・6・1 節参照）を用いた一連の化合物が知られている．C_{60} は電子親和力が p-ベンゾキノン程度の弱いアクセプター分子であるが，大きな π 電子系をもつために非常に安定なアニオンラジカル状態をつくる．このため，C_{60} にアルカリ金属を作用させて金属塩をつくると，高い伝導度を示すアニオンラジカル塩となる．たとえば，1991 年に報告された $\mathrm{K}_3\mathrm{C}_{60}$ は T_c

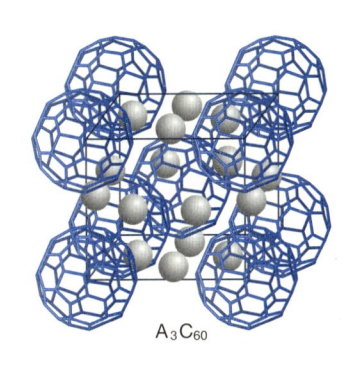

A$_3$C$_{60}$

図 7・13　アルカリ金属 A をドープした C$_{60}$ 超伝導体の構造

$\mathrm{A}_3\mathrm{C}_{60}$ はアルカリ金属をドープする前の C_{60} の結晶構造と同じ面心立方（fcc）構造をとる．

が 18 K を示す超伝導体であり（図 7・13 参照），続いて報告された Cs_2RbC_{60} は 33 K という最も高い臨界温度を示す有機超伝導体である．

7・6　導電性高分子

π 共役高分子
（π conjugated polymer）

　π 共役が分子全体に広がった高分子を **π 共役高分子**とよぶ．π 共役高分子の基本骨格としては，ポリアセチレン，ポリフェニレンビニレン，ポリフルオレン，ポリチオフェン，ポリピロール，ポリアニリンなどがある（図 7・14）．これらの

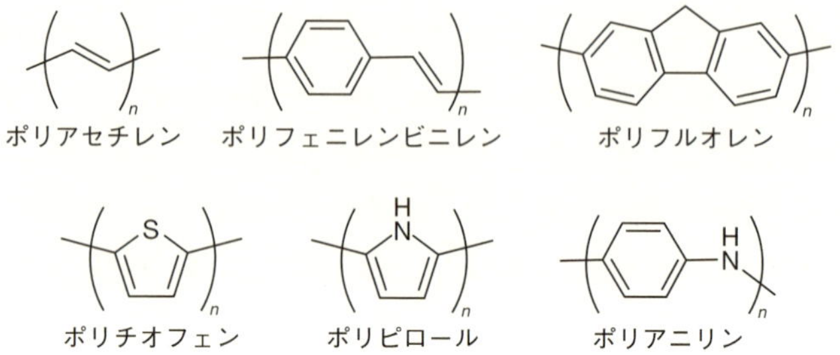

ポリアセチレン　　　ポリフェニレンビニレン　　　ポリフルオレン

ポリチオフェン　　　ポリピロール　　　ポリアニリン

図 7・14　代表的な π 共役高分子の骨格

いろいろな超伝導体

　水銀は高い導電性を示す液体であるが，234 K（−39℃）で固体となり，4.15 K 以下の温度で超伝導体となる．1911 年にオンネス（K. Onnes）によって発見された水銀の超伝導現象が，最初の超伝導体の例である．それ以後，図 1 に示すように非常に多くの超伝導体が見いだされている．特に，1986 年にベドノルツ（J. G. Bednorz）とミュラー（K. A. Müller）によって発見された銅酸化物超伝導体（Y−Ba−Cu−O など）は，非常に高い T_c を示し，現在，常圧で 130 K，高圧では 160 K（−113℃）以下で超伝導現象を示す物質までつくられている．また近年 $SmFeAsO_{1−x}F_x$ のような鉄を含んだ組成の酸化物が 55 K（−218 ℃）で超伝導を示すことが示され，新たな高温超伝導の系列として注目されている．さらに 2015 年には硫化水素 H_2S が 150 万気圧という超高圧下ではあるが，203 K（−70 ℃）で超伝導になると発表されている．

　有機超伝導体では，液体窒素の沸点（77 K）以上の T_c を示す物質が見つかっていないので，その実際の利用を考える段階には至っていないが，超伝導体の構造と物性は特異なものがあり，現在でも活発な研究が展開されている．

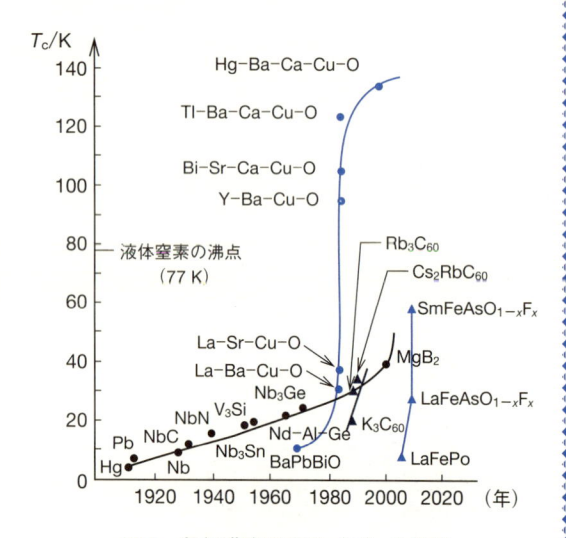

図 1　超伝導臨界温度（T_c）の推移

高分子は中性状態では絶縁体または半導体であるが，酸化剤や還元剤を添加（ドーピング）することによって $10^5\,\mathrm{S\,cm^{-1}}$ 程度までの伝導度をもつ**導電性高分子**に変えることができる．ポリピロールやポリアニリンでは pH の変化でも窒素上でプロトンの付加・脱離が起こり，ドーピング状態の電子構造を変化させることができる．

導電性高分子
(conducting polymer)

ポリアセチレンを例にとって π 共役高分子の電子状態を見てみよう（図7・15）．エチレン（エテン）のヒュッケル分子軌道は，二つの $2\mathrm{p}_z$ 軌道の組合わせによって π 結合性軌道（HOMO）と π^* 反結合性軌道（LUMO）を生じ，それぞれのエネルギーは $\alpha+\beta$，$\alpha-\beta$ である（α と β はクーロン積分と共鳴積分）．このエチレンを 2 分子連結してブタジエンとすると，π 結合性軌道 ϕ_1 と ϕ_2，および π^* 反結合性軌道 ϕ_3 と ϕ_4 を生じる．このようにエチレン単位を連結させてポリアセチレンをつくると，π 結合性軌道と π^* 反結合性軌道は $\alpha+2\beta$ から $\alpha-2\beta$ の間に収まることになり，エネルギー間隔 4β の間に無数のエネルギー準位が入ることになる．このようにして π 結合性軌道から価電子帯が，π^* 反結合性軌道から伝導帯が形成され，バンド構造ができあがる．ヒュッケル近似では，ポリアセチレンは各炭素原子が等間隔に並んだ結合交替のない構造として扱われるが，実際のポリアセチレンでは，共役は分子全体に及ばないので（有効共役長で制限される），結合交替をもつ分子となり，フェルミエネルギーのところに $0.5\,\mathrm{eV}$ 程度のバンドギャップをもつ半導体となる．

炭素–炭素の単結合と二重結合が交互に繰返すことを"結合交替"という．

ポリチオフェンのような π 共役高分子を酸化すると，高分子鎖中にカチオンラジカルが生じ（p–ドープ），図 7・9(b) のドナーカラムでの伝導と同様に，カチオンラジカルの生成で生じたホールがキャリヤーとなって高分子鎖内や鎖間を伝わり，導電性を発現するようになる．ポリチオフェンの中で，チオフェンの3, 4 位にエチレンジオキシ基を置換させたポリエチレンジオキシチオフェン

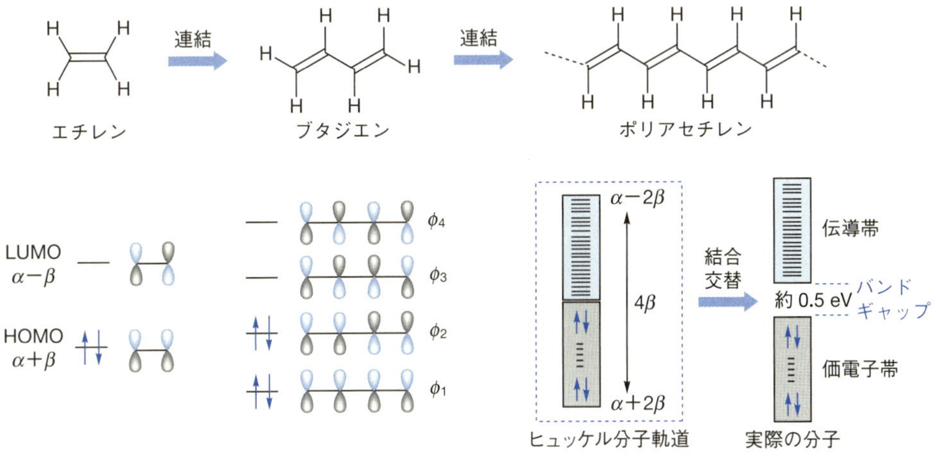

図7・15 エチレン，ブタジエン，ポリアセチレンの電子構造

（PEDOT，図7・16）は，最も成功した導電性高分子の一つである．一般にカチオンラジカルは反応性が高い化学種であり，導電性高分子の耐久性を下げる要因となるが，PEDOTでは発生したカチオンラジカルが電子供与性のアルコキシ基により安定化されている．

PSS については後述する．

PEDOT　　　　PSS　　　図7・16　PEDOT と PSS の構造

実用化されている PEDOT の用途の一つとして，パソコンで使われる CPU などのバックアップ電流を供給するコンデンサー（蓄電器）への応用がある．集積回路

導電性高分子の発見と開発

ポリアセチレンは，アセチレンガスを $Ti(OBu)_4$–$AlEt_3$ 触媒を用いて重合することにより合成できることが知られていた．この生成物は真っ黒の不溶性粉末で精密な物性測定などまったくできないものであった．1967年に白川英樹博士は，間違えて触媒を文献値の1000倍用いて実験を行い，この反応から銀色の光沢をもったフィルム状ポリアセチレンが生成することを見いだした（図1）．このポリアセチレン自体は，半導体であるが，白川博士はヒーガー，マクダイアミッド両氏とともにポリアセチレンにドーピングを行うと，金属をしのぐほどの導電性を示すことを発見した．この研究を基礎として，導電性高分子の研究と実用化が急速に進み，彼らは2000年のノーベル化学賞を「導電性高分子の発見と開発」の功績により授賞した．

ヒーガー（A. J. Heeger）

マクダイアミッド
（A. G. MacDiarmid）

図1　合成されたポリアセチレンフィルム　写真は赤木和夫博士のご好意による．

（IC）においては，動作とともに常に電流が変動するが，このコンデンサーは IC の安定的な動作を保つための補助電源のような役割を担っている．導電性高分子コンデンサーとよばれるこの素子は，大きな静電容量をもつ電解コンデンサーの電解液の代わりに導電性高分子を用いている．コンデンサーの静電容量は，電極の表面積に比例し，電極間の距離に反比例する．電解コンデンサーでは静電容量を大きくするために，電極表面に微細な凹凸をつくって表面積をかせぎ，その表面に非常に薄い酸化被膜の誘電体層を形成させている（図7・17）．この凸凹に浸透して反対側の電極との間を埋める導電性物質として PEDOT が利用されている．

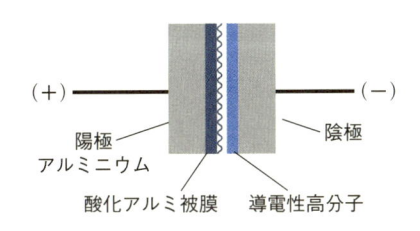

（＋）―　陽極　　　　　　　　　　　　陰極　―（－）
　　　　アルミニウム
　　　　　　　酸化アルミ被膜　導電性高分子

図7・17　導電性高分子コンデンサーの模式図

また，p-ドープされた PEDOT とポリスチレンスルホン酸（PSS, 図7・16）のスルホ基の一部が脱プロトン化されたアニオンからなる高分子どうしの塩の水分散液が市販されている．この水分散液をスピンコートなどで塗布すると，導電性と光透過性をあわせもつ薄膜が形成できる．この PEDOT-PSS は，有機 EL のホール注入層（8・2・3節参照）として ITO とホール輸送層との間のホール移動の媒介に利用されている．また，現在，透明電極として広く利用されている ITO は，インジウムというレアメタルを利用しており，PEDOT-PSS そのものがレアメタルを使わない透明電極の代替材料としても期待されている．

導電性高分子と類似の sp^2 炭素の繰返し構造をもつカーボンナノチューブ（3・6・2節参照）でも同様に，電解コンデンサーや透明電極など，導電性高分子と類似の用途での開発も行われている．一方，導電性高分子にはない性質として，カーボンナノチューブは，銅と比べ約 1000 倍という高い電流密度耐性をもつ．このような性質から，銅線では焼き切れてしまうような細い配線材料が要求される次世代型 LSI の部品としての利用が期待されている．

7・7　単一成分有機導電体

これまでに解説したすべての有機導電体は 2 種以上の成分で構成され，電荷移動現象を用いて導電性を発現させている．このことは，応用分野で用いる場合に加工性に欠けることを意味し，これらの物質を電子材料として用いる際に大きな障壁となる．すなわち，金属のように単体として導電性を示す有機化合物をつくることができれば，電子素子としては理想的である．

一般的なアルミ電解コンデンサーでは，酸化アルミニウムの薄膜に浸透して陰極との間を埋める導電性物質として，有機基をもつアンモニウム塩をエチレングリコールなどの有機溶媒に溶かした電解液が用いられている．このような電解液の電気伝導は，イオンの移動により起こるので，導電率の向上には限界がある．

導電性高分子コンデンサーに使われている PEDOT やポリピロールは，ホールをキャリヤーとしているので，イオン伝導に比べ導電率が 4〜5 桁程度高い．そのため，高速に応答でき CPU の高周波数化に寄与している．

Au(bdt)₂

π共役高分子についてもこのような研究が行われており、高い HOMO レベルと低い LUMO レベルをもつ低バンドギャップ高分子がつくりだされているが、その実現は容易ではない。

単一成分有機導電体については、古くから興味がもたれており、いろいろな分子がつくられたが、半導体程度の伝導度を示すものが主であった。1996 年に Au(bdt)₂ が $10^{-1}\,S\,cm^{-1}$ 程度の伝導度を示すことが報告され、さらに 2001 年には Ni(tmdt)₂ が $400\,S\,cm^{-1}$ と高い伝導度を示すことがわかり、単一成分の分子性導体として最初の例となった（図 7・18）。この分子は、溶液状態では非常に高い HOMO レベルと非常に低い LUMO レベル（小さなバンドギャップ）をもっているが、単結晶中ではバンドギャップがなくなり、金属的な導電性を示す。また、純有機化合物では水素結合部位をもつ TTF 類縁体 H₂Cat-EDT-ST において、室温での伝導度が $19\,S\,cm^{-1}$ にまで達している。この結晶に約 1 万気圧まで圧力をかけると金属状態となる。

Ni(tmdt)₂   H₂Cat-EDT-ST

図 7・18   単一成分分子性導電体の例

7・8 有 機 磁 性 体

有機分子が不対電子をもつとラジカルとなるので、有機分子の結晶を用いて有機強磁性体をつくることは非常に難しいと考えられてきた。しかし安定なラジカルを用いて磁石のように振舞う有機物質がつぎつぎと発見され、有機磁石（有機強磁性体や有機フェリ磁性体）の実現が具体化してきた。つぎに、安定なラジカルから得られる結晶の磁性を分類してその性質を見てみよう。

通常の有機分子は基底状態において閉殻構造をもつので、磁石とならない。しかし、不対電子を有するフリーラジカルでは、不対電子のスピンがその磁気モーメントの主な原因となる。この磁気モーメントは外部磁場の方向にそろうので、室温、大気圧下で安定なラジカルを組合わせると、有機結晶の磁性を制御することが可能となる。安定なラジカルとしては、TEMPO ラジカルや PNN ラジカルが知られている（図 7・19）。物質のもつ磁性は、反磁性、常磁性、強磁性、反強磁性、フェリ磁性の 5 種類に分類することができる。このなかで反磁性と常磁性は、電子スピンが整列していない状態を示し（図 7・20）、強磁性、反強磁性および

磁気モーメントは磁気量の強さと向きを表すベクトルのこと。

TEMPO：2,2,2,6-テトラメチルピペリジニルオキシ

PNN：フェニルニトロニルニトロキシド

TEMPO ラジカル   PNN ラジカル

図 7・19   安定なラジカルの例

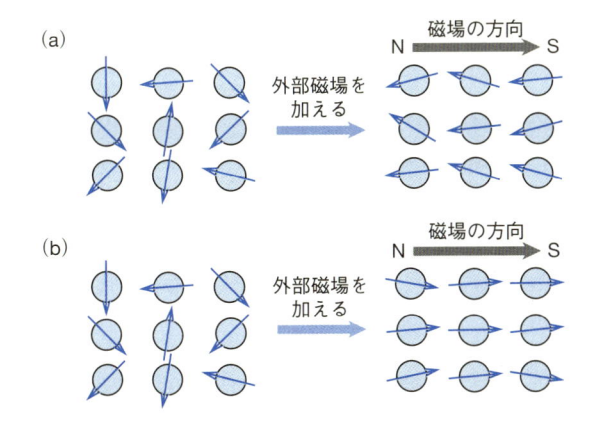

図7・20 **分子性結晶の磁場中での挙動** (a) 反磁性分子, (b) 常磁性分子

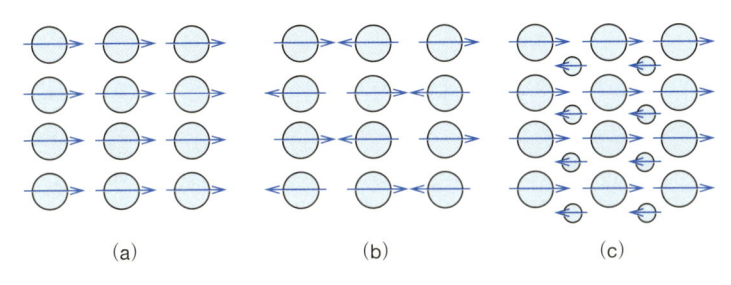

(a) (b) (c)

図7・21 **電子スピンの整列状態** (a) 強磁性, (b) 反強磁性, (c) フェリ磁性

フェリ磁性は電子スピンが整列した状態を示す (図7・21).

① **反磁性**: 閉殻構造をもったすべての結合が共有結合である分子は反磁性を示す. このような有機分子は, 磁場のない状態ではその電子軌道の磁気モーメントはバラバラの方向を向いているが, 外部磁場を加えるとその磁場に対して磁気モーメントを打ち消すように配向する. ベンゼンなどの環電流による磁気モーメントも磁場に対して逆向きになる.

反磁性 (diamagnetism)
一般の有機化合物は反磁性である.

② **常磁性**: 安定なラジカルの電子スピンのもつ磁気モーメントは, 磁場をかけないとバラバラの方向を向いているが, 外部磁場を作用させるとその磁気モーメントは磁場と同じ方向を向く. また, 磁場を取去ると, 元のバラバラの状態に戻る. このような結晶性分子の磁性を常磁性という. 安定な有機ラジカルの結晶や磁化されていない鉄は, その代表例である.

常磁性 (paramagnetism)

③ **強磁性**: 有機分子のスピン間で相互作用を示し, それらが同じ方向を向いた分子配列を示す場合, このような分子の結晶はそれ自身が磁気モーメントをもつので磁場をつくることができる. このような性質を示す分子を強磁性体とよぶ.

強磁性 (ferromagnetism)

④ **反強磁性**: 有機分子のスピン間の相互作用が, それらが交互に向いて打ち消しあうように働く場合, この現象を反強磁性相互作用とよぶ.

反強磁性
(antiferromagnetism)

⑤ **フェリ磁性**: 分子のスピン間に働く相互作用が同じ方向を向いているスピ

フェリ磁性
(ferrimagnetism)

ンと逆向きのスピンが同数でないか，あるいはそれぞれのスピンの大きさが違う場合，全体として一方向を向いたスピンの強度が強くなり，強磁性を示す．このような磁性をフェリ磁性とよぶ．

　一般に分子のもつ磁性は温度によって変化する．たとえば，強磁性体，反強磁性体，フェリ磁性体の温度を上げていくと，分子の熱振動が激しくなり，分子間相互作用が保てなくなるので，ある温度（臨界温度）で磁気転移が起こり，それぞれの分子はスピンが無秩序に並んだ常磁性体へと変化する．強磁性体から常磁性体への転移温度は**キュリー温度**とよばれる．

キュリー温度
（Curie temperature）
一方，反強磁性体から常磁性体への転移温度をネール（Néel）温度という．

7・9　分子内の磁気相互作用

　ある分子のもつすべての電子が対をつくれば，磁気モーメントは相殺されるので，分子は磁性をもたない．この状態が一重項 (S) であり，通常の有機分子は基底状態では一重項である．もし，分子が不対電子を一つもてば二重項 (D) となり，磁気モーメントが生じる．通常のラジカルはこの状態である．さらに，1分子中に不対電子が2個あり，そのスピンが平行に並んでいるとき，分子には2倍の磁気モーメントが発生する．この状態を三重項 (T) という．同様に，1分子中に平行なスピンが3個ある場合には，磁気モーメントは3倍になる．この状態を四重項 (Q) とよぶ．図7・22に分子の多重度と磁気モーメントの関係を示した．

スピン多重度を $(2S+1)$ で表すと，
一重項（singlet state）$S=0$
二重項（doublet state）$S=1/2$
三重項（triplet state）$S=1$
四重項（quartet state）$S=3/2$
五重項（quintet state）$S=2$
六重項（sestet state）$S=5/2$

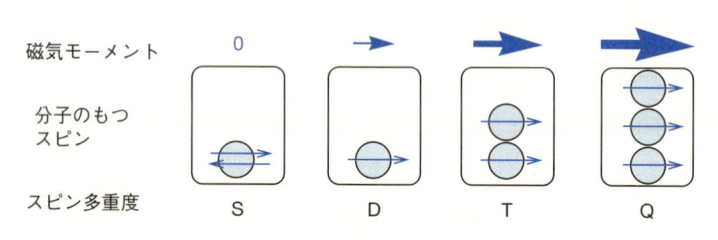

磁気モーメント

分子のもつスピン

スピン多重度　　S　　D　　T　　Q

図7・22　分子のスピン多重度と磁気モーメント

　物質は無数の分子の集合体である．そこで，ある磁気モーメントをもった分子が集まって物質をつくる場合を考えよう．気体や液体状態ではスピンが整列しないので，常磁性体ができることが予想される．酸素はこのような集合体である．また，このような分子の結晶状態には二つの場合が考えられる．一つはすべてのスピンが打ち消しあう反強磁性結晶ができる場合であり，もう一つはすべての磁気モーメントが同じ方向を向いた強磁性結晶の形成である．通常，二つのスピンは打ち消しあうほうがエネルギー的に安定であるから，反強磁性結晶を形成するほうがよりエネルギー的に有利である．

7・10　磁化率と磁気相互作用

　磁性は，磁化率の温度変化と大きく関係している．また，磁化率からラジカル

のスピン間に働く磁気相互作用の大きさを知ることができる．常磁性体の**磁化率** χ は，一般に温度に反比例し，キュリーの法則に従うことが知られている（(7・2)式）．スピン間に磁気相互作用が働くと，その磁化率は**キュリー–ワイスの法則**から導かれる (7・3)式に従う．ここで，C はキュリー定数，θ はワイス定数（温度）である．

磁化率
(magnetic susceptibility)

キュリー–ワイス
(Curie–Weiss)

$$\chi = \frac{C}{T} \qquad (7・2)$$

$$\chi = \frac{C}{T-\theta} \qquad (7・3)$$

二つの磁気モーメント（スピン）間に働く磁気相互作用は，ワイス定数 θ と比例関係にある．磁化率の逆数を温度に対してプロットすると図7・23のような直線となり，強磁性（$\theta > 0$），反強磁性（$\theta < 0$），相互作用のない常磁性（$\theta = 0$）と

キュリー–ワイスの式に従う物質では，ある温度以下で磁化率の大きい場合（強磁性）と小さい場合（反強磁性）に転移する．

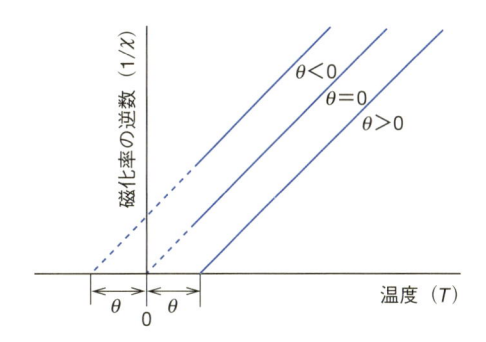

図7・23 キュリー–ワイスの法則にもとづく磁化率の温度依存性

ヒステリシス

強磁性体では，磁化の外部磁場依存性は**ヒステリシス**（**履歴曲線**）を示す．これは，強磁性体が弱い磁場に対してはスピンの向きを変えないが，強い磁場中では外部磁場の方向にスピンの向きを変えることによる．鉄は 1040 K まで強磁性を示すが，一般に有機強磁性体の磁性は 46 K 以下の低温でのみ観測されており，有機強磁性体では図1に示したよりもヒステリシスの幅 d が小さくなる．

ヒステリシス（hysteresis）

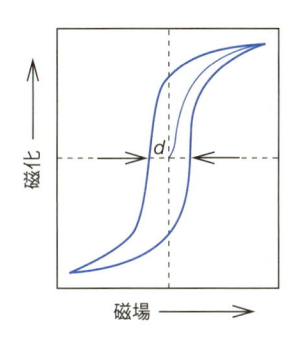

図1 ヒステリシス

いった磁気相互作用の種類に依存している.

　二つの磁気モーメント間に強磁性相互作用（$\theta > 0$）が働いても，三次元的な磁気秩序ができないことには全体としては強磁性体とならない．三次元的な磁気秩序のある強磁性体は，自発磁化されており，外部磁場をかけなくてもスピンがそろった状態にある.

7・11　有機磁性体の分子設計

　有機物質が磁性を示すためには，二つの条件を満たす必要がある．その一つは分子内に複数の不対電子をもつことであり，もう一つは複数の不対電子のスピンが平行に並ぶことである．以下では，このような条件を満たす分子を設計して磁性を発現させる方法について見てみよう.

7・11・1　複数の不対電子をもつ有機分子

　図7・24に示したように，複数の不対電子をもつ**ポリラジカル**は，有機磁性体を構築するには非常に都合の良い系である．交互炭化水素の一つであるベンゾキノジメタンのオルト，メタ，パラ異性体を例にとって見てみよう．オルトおよびパラ異性体ではそれぞれの電子スピンは対をつくって各軌道に収まり，閉殻のキノジメタン型の共鳴構造が優位になる．これに対して，メタ異性体では開殻のジラジカル構造しかとらないので，三重項（高スピン）状態となる．さらに，図7・24のトリラジカルは $S = 3 \times (1/2) = 3/2$ であるから四重項状態となる.

ポリラジカル（polyradical）

パラキノジメタンでは，高度な理論計算からジラジカルへの共鳴構造の寄与が10％程度あると推定されている．実際，パラキノジメタンは，-30℃でもラジカル間で重合し，ポリパラキシリレンを与える．フェニル基を4個置換させて安定化させたティエレ（Thiele）の炭化水素や，さらにそれをベンゼン環でπ拡張させたチチバビンの炭化水素（Chichibabin）は1900年代初頭に合成されたものだが，近年，これらと類縁の閉殻と開殻の中間の状態をとる化学種（一重項ジラジカルあるいは一重項ビラジカロイド）の研究が活発に行われている.

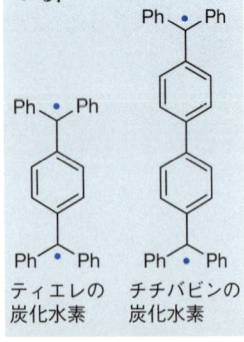

ティエレの
炭化水素

チチバビンの
炭化水素

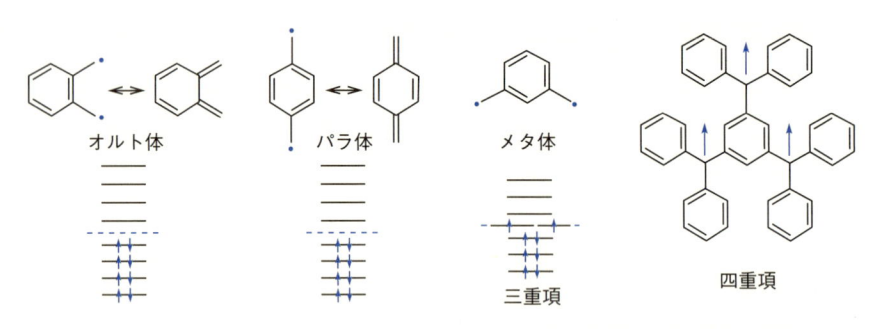

図7・24　ベンゾキノジメタンのオルト，メタ，パラ異性体と関連した四重項トリラジカル

　カルベンは2個の不対電子をもち，スピンが反平行の一重項カルベンと平行の三重項カルベンが存在することが知られている．ジフェニルカルベンは基底状態で三重項がより安定であるから，図7・25のようにカルベンを並べるとスピン多重度が九重項の分子を構築することができる.

　有機強磁性体を設計する指針として，米国のマッコーネルは二つのモデルを提唱した．その一つはスピン分極の概念であり，もう一つは電荷移動相互作用を用

カルベン（carbene）

マッコーネル
（H. M. McConnell）

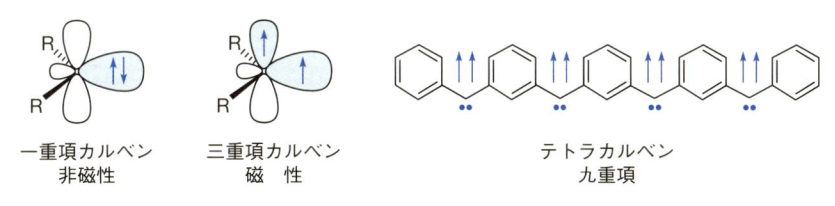

図 7・25 カルベンの磁気的性質および九重項テトラカルベン

いるモデルである.**スピン分極**とは反磁性的な相互作用を意味し,ある分子が正のスピン密度をもつ場合,隣接する原子や分子には負のスピン密度が誘起されることである.この反磁性的なスピン分極を利用すると,強磁性相互作用をつくることが可能となる.図 7・26 には一次元相互作用を示したが,このような強磁性相互作用を二次元および三次元的に広げることによって,いくつかの有機強磁性体がすでにつくりだされている.

スピン分極
(spin polarization)

不対電子をもつ原子または分子において,ある領域での上向きのスピンの分布量から下向きのスピンの分布量を引いた値の絶対値を**スピン密度**(spin density)という.

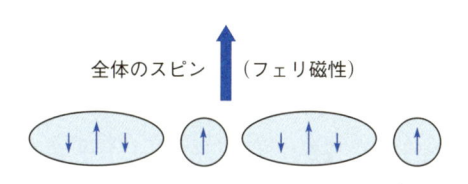

図 7・26 反磁性的なスピン分極の模式図

7・11・2 電荷移動相互作用を用いる有機磁性体の構築

ドナー D とアクセプター A から電荷移動錯体をつくる場合,通常,$D^{\cdot+}A^{\cdot-}$ には電荷移動を起こすまえの一重項状態が反映されるから,$D^{\cdot+}A^{\cdot-}$ の 2 個のスピンは一重項となる(図 7・27a).しかし,電荷移動前の D または A のいずれか一方が三重項であれば,$D^{\cdot+}A^{\cdot-}$ も三重項になることが期待される.このようなアイデアは当初,マッコーネルによって提唱され(図 7・27b, c),ブレスロー(Breslow)によって活発に研究された(図 7・27d).非常に興味深い概念であるが,このよ

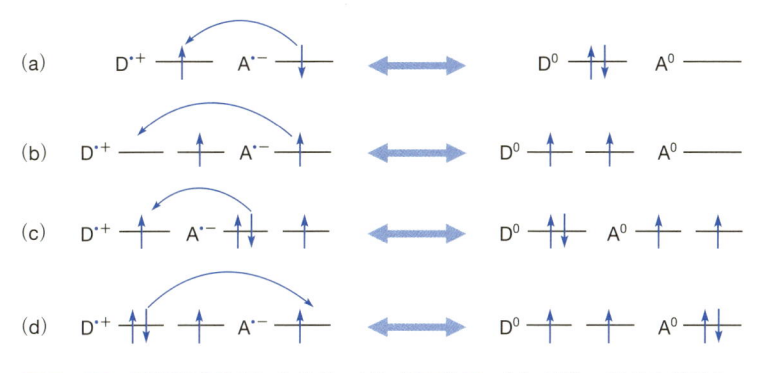

図 7・27 **電荷移動錯体におけるスピン相互作用** (a) 通常の電荷移動錯体,
(b),(c) マッコーネル強磁性錯体モデル,(d) ブレスロー強磁性錯体モデル

縮重（degeneracy）
縮退ともいい，同じエネルギー準位にある複数の分子軌道が存在する場合に，軌道が縮重しているという。分子の対称性による縮重と偶然の縮重とがある。

原子配置が高い対称性をもつ分子では，たとえば，ベンゼンの HOMO や LUMO のように電子状態が縮重することがある。このような電子状態から低い対称性の配置をとってエネルギー的に安定となることをヤーン–テラー（Jahn–Tellar）効果という。

うな系を実現するには HOMO または LUMO が**縮重**していることが必要条件である。現実には分子軌道が“ヤーン–テラー効果”による変形を受けて縮重が消滅してしまい，このモデルに当てはまる物質は見つかっていない。しかし，次節に示すように，類似の発想をもとにして，強磁性を示す電荷移動錯体が合成されている。

7・12　現在知られている有機強磁性体

　有機強磁性体の最初の例は，1987 年に報告されたデカメチルフェロセン $Fe(C_5Me_5)_2$ とテトラシアノエチレン（TCNE）の電荷移動錯体である（図 7・28a）。この錯体は 4.8 K 以下で強磁性を示すが，有機金属錯体であるから鉄原子を含んでいる。純粋に有機物質のみからなる強磁性体としては，1991 年に報告された p–ニトロフェニルニトロニルニトロキシドの結晶が最初の例であり，0.65 K という極低温で磁性体となる（図 7・28b）。また，同じ年に C_{60} とテトラキスジメチルアミノエチレン（TDAE）の電荷移動錯体が 16.1 K で強磁性体となることが報告されたが，結晶構造などはわかっていない（図 7・28c）。有機金属錯体としては，1996 年に 46 K という高い T_c を示す化合物が発表されている（図 7・28d）。このような有機強磁性体の基礎研究を通して，有機ラジカルのスピンや錯体の中心金属にあるスピンも含め，分子内や分子間で電子を相互作用させて固相状態で整列させる手法に関する知見が深まっている。しかしながら，室温で磁石となる鉄，コバルト，ニッケルなどの無機物質にとって代わるような有機磁石が，今後生み出されるとは考えにくい。現在は，有機分子の最大の特徴である構造多様性を活かし，光による磁性の変換や，伝導性と磁性を共存させたような分子が探索されている。

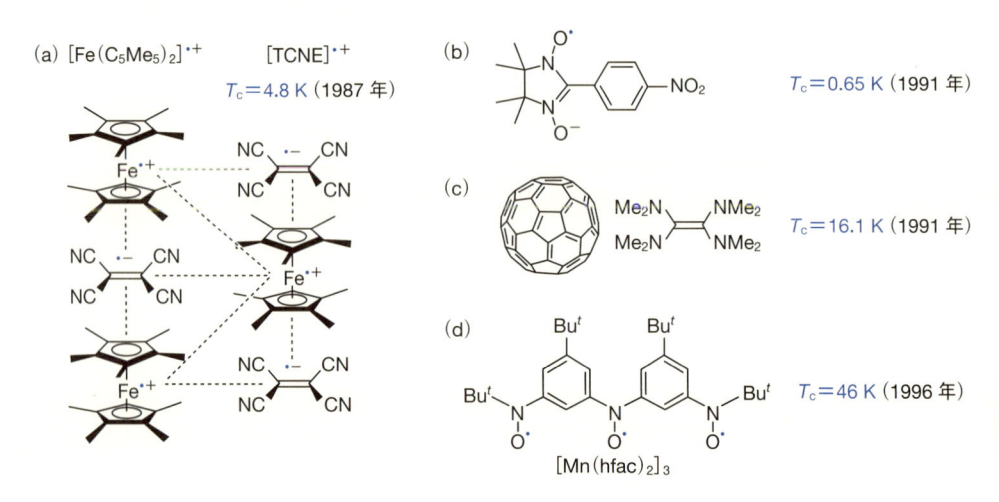

図 7・28　いろいろな有機強磁性体

強磁性を示す有機導電体

　超伝導体が磁場を排除する現象を**マイスナー効果**（Meissner effect）という．この際，超伝導体中には磁場を打ち消すように電流が流れて，その内部に磁場が侵入できない（超伝導は完全反磁性である）．この事実からわかるように，導電性と磁性の間には，密接な関係がある．このような相関関係も原因の一つとなって，強磁性を示す有機導電体をつくることは非常に難しかったが，2000 年に強磁性と金属的な導電性をあわせもった有機−無機ハイブリッド結晶をつくることに成功した．この分子は［BEDT-TTF］$_3$［MnCr(C_2O_4)$_3$］という組成をもつ電荷移動錯体であり，BEDT-TTF が伝導カラムをつくり，オキサラト錯体部分が磁性の発現に関与している（図1）．物性科学の進歩とともに磁性を示す超伝導体も知られるようになってきている．

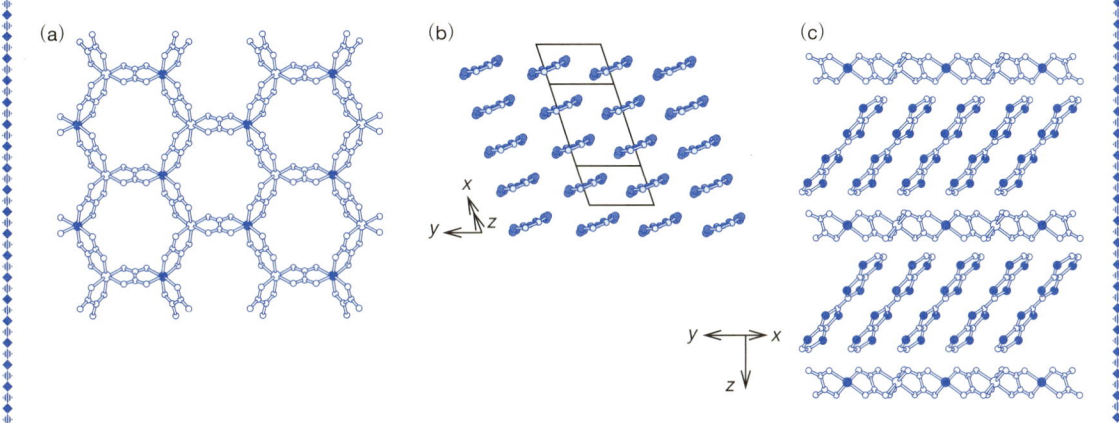

図1　［**BEDT-TTF**］$_3$［**MnCr(C_2O_4)$_3$**］の結晶構造　(a)［MnCr(C_2O_4)$_3$］相，(b) BEDT-TTF 相，(c) ドナーとアクセプターがつくる層状構造．E. Coronado, *et al.*, *Nature*, **2000**, 408, 447 より転載

練 習 問 題

7・1　グラファイトは金属的な導電性を示すが，ダイヤモンドは絶縁体である（図7・1参照）．この理由を説明せよ．

7・2　半導体のバンドギャップは 1 eV 程度である．1 eV に相当するエネルギーを $J\,mol^{-1}$，K（熱エネルギーの単位で），cm^{-1} で表せ．

7・3　高い伝導度を示す有機導電体は一般に長波長部の光を吸収して黒く見える．この現象を練習問題7・2と関係づけて説明せよ．

7・4　まったく磁性を示さない物質は存在するだろうか．これについて考察せよ．

7・5　ドナーまたはアクセプターの縮重した HOMO または LUMO が，電荷移動錯体をつくるとヤーン−テラー効果による変形によって縮重が消滅する理由を説明せよ．

有機エレクトロニクス

機能性有機色素や有機導電体に関する知見の急速な進歩とともに，既存の素子構造と異なった有機薄膜を用いるディスプレイ，トランジスター，太陽電池の研究が活発に行われている．有機エレクトロルミネセンス（有機 EL）素子を用いる新しい低エネルギー消費型ディスプレイの開発や，軽量で柔軟性があり印刷により製造が可能な有機薄膜太陽電池の開発などである．これらの薄膜素子は，有機エレクトロニクスの根幹をなし，大きな注目を集めている．本章ではおもにこれらの素子の動作原理と素子に利用される有機材料について見ていく．また，その他の有機エレクトロニクスの展開についてもふれる．

8・1　有機エレクトロルミネセンス（有機 EL）

8・1・1　有機 EL 素子の原理

有機エレクトロルミネセンス（有機 EL）とは，「有機物質への電荷注入によって生じる発光」のことである．これを有機発光ダイオード（OLED）とよぶこともある．まず，その原理について見てみよう（図 8・1）．発光性の有機物質（低分子あるいは高分子）からなる有機薄膜を電極ではさみ，電圧を加えると，陽極では電子が奪われてホール（正孔）が発生し，陰極からは電子が注入される．ホー

有機エレクトロルミネセンス（有機 EL）（organic electroluminescence）

有機発光ダイオード（organic light-emitting diode）

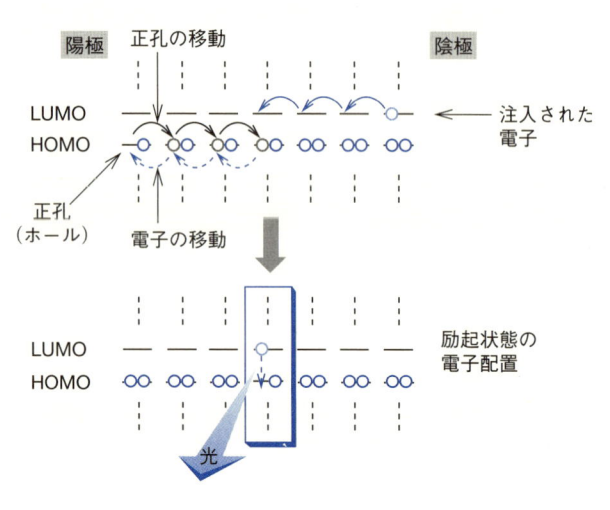

図 8・1　有機 EL の原理

ルは陰極側に，電子は陽極側に向かって薄膜中の分子の上をつぎつぎに移動し，出会ったところにある発光性分子の上で消滅する．このとき，この分子の上では，電子が LUMO に入り，ホールが HOMO の電子を奪うから，ちょうど励起状態の電子配置になる．この分子は，励起一重項が生成した場合は "蛍光"，励起三重項状態が生成した場合は "りん光" を放出して基底状態に戻ることができる（4・2・1節参照）．有機 EL では一重項励起子と三重項励起子の発生比率は統計的に 1 : 3 である．この発光を，透明電極である ITO から効率良く取出せば，電気エネルギーを光に変えることができ，自ら発光するディスプレイに応用することができる．液晶ディスプレイとの違いは，液晶は背後からの光照射が常に必要であるが，有機 EL ディスプレイは必要なときだけ発光させれば良いという点にある．

　実用化に対する問題点の一つは，素子の寿命である．1987 年の開発当初は数分しか寿命がなかったが，21 世紀に入って，数万時間程度の寿命の素子がつぎつぎに開発されてきた．カーオーディオや携帯電話の単色ディスプレイに始まり，現在ではモバイル機器やテレビなどのフルカラーディスプレイでの高機能化が進められている．

　古くからアントラセン単結晶などでは電子/ホールの注入で発光が観測されていたが，1987 年にイーストマンコダック社のタンらによって初めて報告された "超薄膜積層型 EL 素子" によって，このような方法による発光材料としての有用性が認められた．この素子に最低限必要なのは，金属（アルミニウム，アルミニウム-リチウム合金，マグネシウム-銀合金など）の陰極と，液晶セルでも使われている ITO という透明電極（陽極），それに，有機物質であるホール輸送層と電子輸送/発光層である．これらの基本的な層のほかに，電極と電子/ホール輸送層の間に後述の緩衝作用をもつバッファー層（ホールおよび電子注入層，8・2・3節参照）を設けて電荷のやりとりをスムースにしたり，電子輸送層と発光層を分離したりして効率化を図っている．基本的な EL 素子の概略図を図 8・2 に示す．

イーストマンコダック（Eastman Kodak）

タン（C. W. Tang）

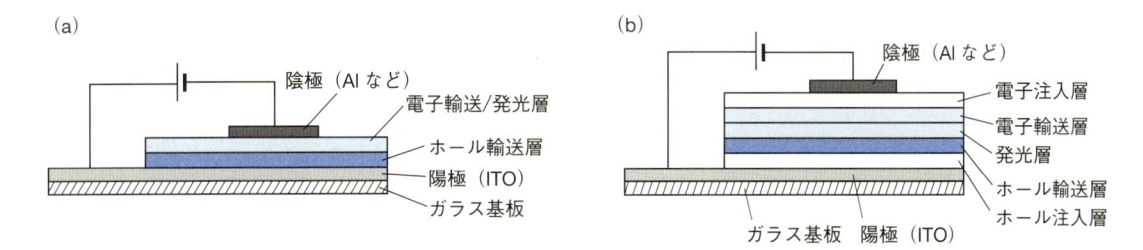

図 8・2　**基本的な EL 素子の概略図**　（a）基本的な EL 素子，（b）多層化した EL 素子

　基板は 1 mm 程度のガラスを用いるが，フレキシブルなディスプレイをつくる場合には PET などの高分子フィルムを用いることもできる．電子を注入する陰極には，金属あるいは合金が使われる．厚さに制限はないが，通常は 500 nm 以下

である．ホール（正孔）を注入する陽極は，ITO がよく使われる．陽極の面から発光を取出すので，光の透過率を大きくする必要があり，陽極の厚さは薄い方が良く，100 から 300 nm 程度であることが多い．発光層およびホール輸送層は**真空蒸着**で製膜し，いずれも数十 nm の厚さである．また，効率化のために設けた電子/ホール注入層や，発光層から分離した電子輸送層などもみな数十 nm の厚さであり，真空蒸着で形成される．

一方，高分子材料を用いる有機 EL 材料がある．高分子薄膜を用いる場合は"スピンコート"などの方法で薄膜を基板上につくる．この方法は，低分子有機 EL 素子の場合に薄膜の積み重ねに真空蒸着法を用いなければならないのと比べて簡便であるが，積層構造のものをつくるのが難しいという欠点がある．高分子の場合は，4・3 節および 7・6 節に記載されてあるような π 共役高分子の薄膜を用いる．化学的にドープするかわりに陽極側で電子を奪ってホールを生成させ，陰極側から電子を注入して，両者が出会ったところで励起状態ができて発光するという原理である．

8・2 有機 EL 素子用低分子材料

上記のように，低分子材料に最低限必要な有機材料は，ホール輸送層と電子輸送/発光層である．無機物質である電極と有機層との接合は相性が悪いので，間に接合を良くするための緩衝作用をもつホール注入層・電子注入層を設けたり，電子輸送層と発光層の役割を分離したりする工夫がなされている．

8・2・1 電子輸送/発光層

有機 EL 素子のなかで最も重要なのが発光材料である（図 8・3）．発光材料は電子輸送材料も兼ねている場合がある．タンらの初めての素子で使われ，そしてこれまで最も広く用いられてきたのが，Alq_3 と略称される錯体型の緑色発光材料である．Alq_3 は耐久性が高く，この構造の改良や発光性ドーパントの添加によって，発光波長の調整や高効率発光，電子輸送材料としての性能向上などが行われている．ドーパントが発光する場合は，Alq_3 はホスト材料とよばれ電子輸送を担う．

"蛍光量子収率"の大きいドーパントを加えると，Alq_3 に生じた励起状態からのエネルギー移動によってドーパントの励起状態が生じ，そこからの高効率の発光が観測される．この方法によって，緑色（たとえばキナクリドン），赤色（たとえば DCM2），黄色（たとえばルブレン）の高効率の発光が可能である．Alq_3 の励起エネルギーより高い励起を必要とする青色発光の場合は Alq_3 より HOMO-LUMO ギャップの大きい DPVBi のような分子を発光材料やホスト材料に用いる．青色のドーパントとしては，アミンとスチレンを組合わせた化合物などが利用されている．

ドーパントの濃度を調節してエネルギー移動の起こりやすさを調節し，RGB が

真空蒸着（vacuum deposition）は減圧下，物質を昇華あるいは蒸発させ，その蒸気を基板などの上に凝縮させて薄膜をつくる方法である．

有機物質を溶液にして基板の上に垂らし，基板を高速で回転させて溶液を基板全面に広げて薄膜をつくる方法を**スピンコート**（spin coating）という．溶媒は速やかに蒸発し，ナノメートルレベルのきわめて平滑な薄膜ができる．

量子収率（4・2・4 節）とは，励起状態（有機 EL の場合は，正孔と電子が出会ってできる）の分子のうちのどれだけが，ある現象を起こすかという比率をいう．したがって，**蛍光量子収率**（fluorescence quantum yield）は，励起状態の分子のどれだけが蛍光を出すかという比率をさす．ほかに，光反応量子収率，項間交差の量子収率，りん光の量子収率などがある．有機 EL の場合は，蛍光量子収率の大きい発光材料を用いたほうが当然有利である．

RGB は光の三原色（レッド・グリーン・ブルー）の略（5・1 節参照）．

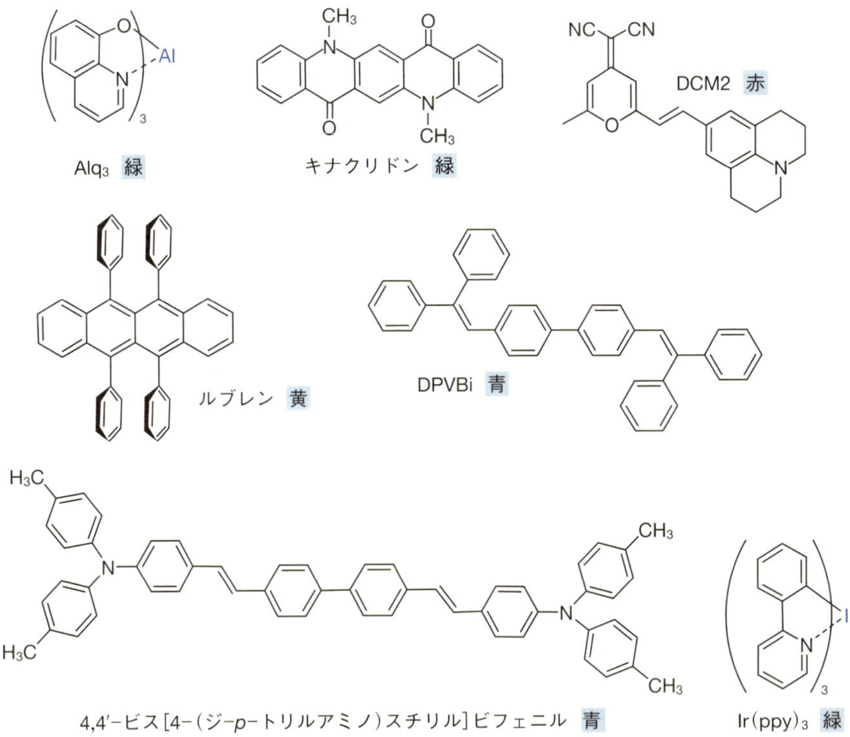

Alq₃ 緑　　　キナクリドン 緑　　　DCM2 赤

ルブレン 黄　　　DPVBi 青

4,4′-ビス[4-(ジ-p-トリルアミノ)スチリル]ビフェニル 青　　　Ir(ppy)₃ 緑

図 8・3　発光材料の例

それぞれ同じような強度で光るようにすると，全体として白色に発光することに
なる．すると，ここに液晶ディスプレイのように RGB のカラーフィルターを使っ
て色を表現することもできる．また，ディスプレイにとらわれず，これを照明と
して用いることもできる．その場合，より多く発生する三重項励起子を利用する
ために，Ir(ppy)₃ のようなイリジウム錯体に代表されるりん光材料が使われる．
薄膜から発光するので，電球や蛍光灯のように点光源，あるいは線光源ではなく
面光源として用いることができる．

8・2・2　ホール輸送層

　5・4・1節の電子写真の項で述べたが，有機光導電体では，電荷発生層で生じ
たホールが電荷輸送層の中を運ばれて表面に到達し，電荷の中和が起こる．図8・
4 に示す有機 EL 素子のホール輸送層はこれとまったく同じことをするわけであ
り，電子写真に使われている，トリフェニルアミノ基をもつ TPD がそのまま用い
られるが，さらに耐熱性を高めた α-NPD，スピロ TPD などが開発されている．

8・2・3　ホール注入層，電子注入層

　ホール輸送層は有機物質であり，陽極は ITO という無機物質である．この間で

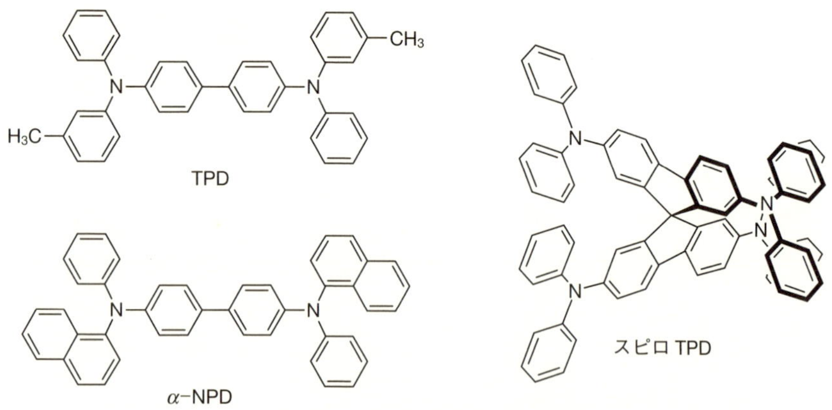

図 8・4 ホール輸送材料の代表例

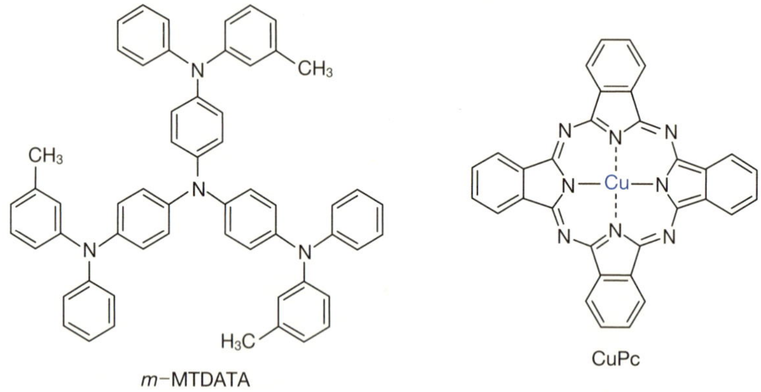

図 8・5 ホール注入材料の代表例

無機物質と有機物質の接合部は，両者が溶けあって均一になっているわけではなく，不連続な界面を形成している．界面では電子やホールを受け渡しにくいので，無機物質とも有機物質とも相性の良い物質を仲立ちとすることにより，電子/ホールの授受を行いやすくする．

スピンコート法が超薄膜をつくるのに使われるのに対し，**キャスト法**(cast method)は比較的厚い膜（マイクロメートルオーダー）をつくるのに使われる．有機物質を溶液にして，平滑な容器に入れ，溶媒を静かに蒸発させて溶けている有機物質の膜をつくる方法．表面の平滑性は良くないが，簡便にフィルムをつくることができる．

電子の授受をスムースに行うために，ITO とホール輸送層の間にホール注入層（図 8・5）を設ける．電子を放出しやすい性質が求められ，アモルファスであるトリアリールアミン（m-MTDATA）や銅フタロシアニン（CuPc），透明な導電性高分子である PEDOT-PSS（7・6 節参照）の薄膜などが使われる．

電子注入層には，アルミニウムなどの陰極の金属と電子輸送層の Alq3 などとの間の電子の授受をスムースに行うために，リチウムやカルシウムなどの金属，あるいはフッ化リチウムや酸化リチウムといった無機化合物が用いられる．

8・3 有機 EL 素子用高分子材料

1990 年に，ポリアセチレンの仲間のポリ（p-フェニレンビニレン）という π 共役高分子が EL を示すことが報告されて以来，高分子の有機 EL 材料の研究が急速に進展した．

有機 EL 高分子材料の長所は，低分子材料では真空蒸着を行うのが一般的であるのに対し，スピンコート法，"キャスト法"，さらにはインクジェット法，スク

リーン印刷, 熱転写など, さまざまな簡便な方法で薄膜形成ができることである. 構造についても, 芳香環に長鎖アルキル基を導入して有機溶媒への溶解度を高めるなど工夫がなされている. 代表的な有機 EL 素子用高分子を図 8・6 に示す.

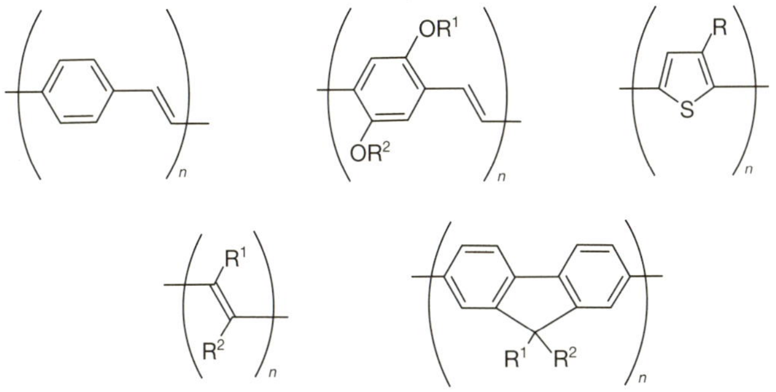

図 8・6 有機 EL 用高分子

熱活性化遅延蛍光を利用した発光材料

有機 EL の発光の効率は, 励起子の生成効率と発光材料自身の発光量子収率に比例する. 通常の蛍光発光材料では, 25 % しか生成しない一重項励起子を利用するため, 発光効率の最大値は理想値の 1/4 にとどまる. イリジウムなどレアメタルを含有するりん光材料により, 75 % 生成する三重項励起子も利用することが可能になっているが, 材料のコストが高いという課題がある. 高価な金属を含まない次世代の発光材料として, 4・2・1 節で説明した熱活性化遅延蛍光材料の利用が期待されている. 分子のドナー部位とアクセプター部位のπ系を直交に近い状態にねじって, HOMO と LUMO のπ軌道の重なりを小さくすることにより励起一重項と励起三重項のエネルギー差を狭め, 励起三重項状態から熱エネルギーで励起一重項状態に遷移させて蛍光発光させるという原理で, りん光材料に匹敵する発光効率が実現できるということが実証されている.

8・4 有機電界効果トランジスター (有機 FET)

8・4・1 有機 FET の原理と性能評価

トランジスターとは, 電気信号の増幅機能やスイッチ機能を示す半導体素子である. 素子構造の違いでいくつかの種類に分類されるが, その中で, **電界効果トランジスター (FET)** は, シリコンから作製された大規模集積回路などにおいて, 主要な素子として広範に使用されている. 特に, 電気が流れる活性層の素材として, シリコンなどの無機半導体の代わりに有機化合物の薄膜を利用した FET を**有機 FET** とよぶ (**有機 TFT** とよばれることもある). 有機半導体はシリコン半導体に比べて, より低温で成膜ができ, また柔軟性をもつものの作製が可能であるため, 折り曲げ可能なディスプレイの画素駆動や, 光, 圧力, 温度, 生体物質などに応答する各種センサーへの応用が期待されている. また有機化合物は疎水性置

電界効果トランジスター
(field effect transistor, FET)

薄膜トランジスター
(thin film transistor, TFT)

トランジスターは大きくバイポーラー型と電界効果型に分けることができる. さらにそれぞれの詳細な素子構造の違いによって, 細かく分類される. 現代の集積回路は MOS (metal-oxide semiconductor) 構造の FET に支えられている.

換基などの導入により有機溶媒に溶解させることもできるので，スピンコートやインクジェット方式などの溶液プロセスでの素子の作製も可能となり，高温・高真空が必要な蒸着による成膜に比べて，低コスト化も期待できる.

有機FET素子の基本構造を図8・7に示す. 有機FETでは，ソース，ドレイン，ゲートとよばれる三つの電極と，有機半導体の薄膜およびゲートと薄膜の間の絶縁層から構成される. 有機薄膜のFET特性を評価する目的で使われる基本的な素子として，ソースとドレイン電極に金，ゲート電極にドープされたシリコンウエハ，絶縁層にシリコンの酸化膜を用いたものが一般に使われている. 最終的な応用を視野に入れた場合，その目的に応じて，電極や絶縁膜などの素材を変化させたような素子も多数作製されている.

シリコン半導体の電気伝導特性は，不純物の存在によって大きく変化する. 素子作製に必要なシリコン単結晶は99.999999999 % 以上の純度が必要である. これに外殻電子がシリコンより一つ少ないホウ素を不純物として注入（ドープ）したものは p（positive）型に，外殻電子が一つ多いリンをドープしたものは n（negative）型になる.

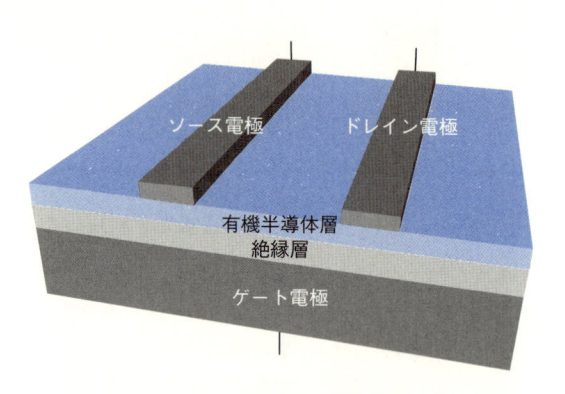

図8・7　有機FETの素子構造

つぎに，有機FETが増幅機能やスイッチ機能を示す機構について簡単に説明する. ゲートに電圧をかけない状態（図8・8a）では，有機薄膜層は電気抵抗が大きく，ドレインに電圧をかけても，ほとんど電気は流れない状態になっている. しかし，ゲート電極に電圧をかけていくと（図8・8b），有機薄膜から絶縁層に電荷が引き寄せられ，有機薄膜層がドープされた状態になり，これらがキャリヤーとなって電気抵抗が下がる. そのため，ソース-ドレイン間に電流が流れるようになる. つまり，ゲート電圧のオン/オフにより，ソース-ドレイン間の電流がス

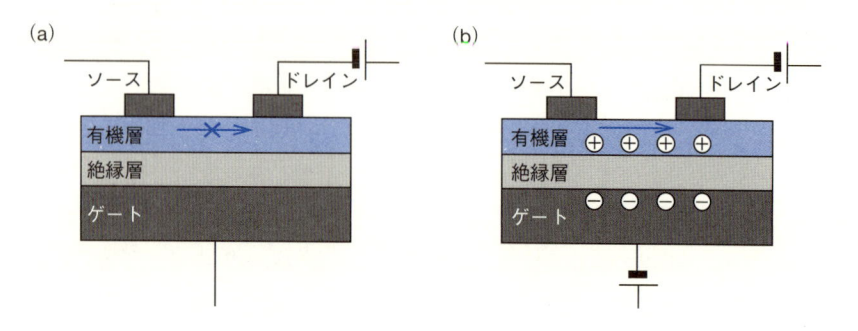

図8・8　有機FETの動作機構の概念図

イッチされることになる．このとき，絶縁層が十分薄ければ，小さなゲート電圧で，大きなソース-ドレイン間の電流を制御することも可能になるので，これが結果として増幅機能を発現させることになる．ゲートに負の電圧をかけると有機層から絶縁層に電子が引き寄せられ，有機層は正に帯電することになるので，この場合は p 型の FET といい，逆にゲートから正の電圧をかけ，有機層を負に帯電させる場合は n 型の FET という．

　有機 FET の性能を評価する場合，電界効果移動度やオン/オフ比などが比較される．**電界効果移動度** μ は一般に次式より求められる．

$$\mu = \frac{2LI_{DS}}{WC_i(V_G - V_t)^2} \tag{8・1}$$

ここで，L はソースとドレイン電極間の長さ（チャンネル長），I_{DS} は飽和電流値，W はソース・ドレイン電極が半導体と接している部分の長さ（チャンネル幅），C_i はゲート絶縁層のキャパシタンス，V_G はゲート電圧，V_t は閾値電圧である．現在，液晶ディスプレイの駆動などに利用されているアモルファス（無定形）シリコンは，電界効果移動度が $1\,\mathrm{cm^2\,V^{-1}\,s^{-1}}$ 程度であり，このオーダーの移動度が有機半導体開発の一つの目安になる．一方，スイッチとしての機能を果たすためには，オン/オフ比も重要な要素となる．**オン/オフ比**は，簡単にいえばゲート電圧の有無によるソース-ドレイン間の電流の比ということになる．

8・5　有機 FET 用材料

　一般に，有機 FET 素子に用いる半導体材料については，p 型ならドナー性のもの，n 型ならアクセプター性のもので，かつ分子間の π-π 相互作用が可能な分子というのが最低限の条件であり，多くの π 共役系の低分子が FET 用半導体となる可能性がある．しかし，不純物や，**グレイン**とよばれる膜を形成する粒子のサイズなども FET 特性に大きく影響を与えることがわかっているので，候補となる分子はある程度絞られてくる．特に電界効果移動度は，グレイン内より，グレイン間のほうがかなり低くなるので，その影響を抑えるにはグレインを大きく成長させることが重要になる．このような観点から，すぐれた FET 特性を示す有機半導体の分子設計には，高純度に精製が可能で，適度な結晶性をもち，高い熱安定性をもつことなども要件に加わる．

　歴史的には，低分子の薄膜で FET 動作が確認されたのは比較的古く，1964 年にフタロシアニン（図 8・5）を用いた実験が最初である．その後，1980 年代の中ごろから，徐々にいくつかの有機低分子の FET 特性の評価に関する報告が出始めていった．なかでも図 8・9 に示した，オリゴチオフェンとペンタセンは p 型の FET として，最も盛んに研究されてきた分子である．これまでに，これらの化合物を真空蒸着で成膜させることにより作製された素子において，両末端にヘキシル基をもつオリゴチオフェン六量体で移動度が $0.1\,\mathrm{cm^2\,V^{-1}\,s^{-1}}$ を，ペンタセンで

電界効果移動度
（field effect mobility）

キャパシタンスはコンデンサーの電気容量のことをさす．平行平板コンデンサーの場合，電気容量 C は $C = \varepsilon \cdot S/d$（$\varepsilon$：誘電率，$S$：面積，$d$：厚み）で表される．シリコン酸化膜の誘電率は $30 \times 10^{-12} \sim 50 \times 10^{-12}\,\mathrm{F\,m^{-1}}$ 程度になる．

閾値電圧とはトランジスターのオン/オフが切替わる電圧のことである．

オン/オフ比（on/off ratio）

シリコンの形状は，単結晶，多結晶，アモルファスに分類できる．電界効果移動度は単結晶で $1000\,\mathrm{cm^2\,V^{-1}\,s^{-1}}$，多結晶で $100\,\mathrm{cm^2\,V^{-1}\,s^{-1}}$ 程度であるが，製造コストは，アモルファス，多結晶，単結晶の順に高くなり，回路作製が可能な面積も小さくなる．

グレイン（grain）

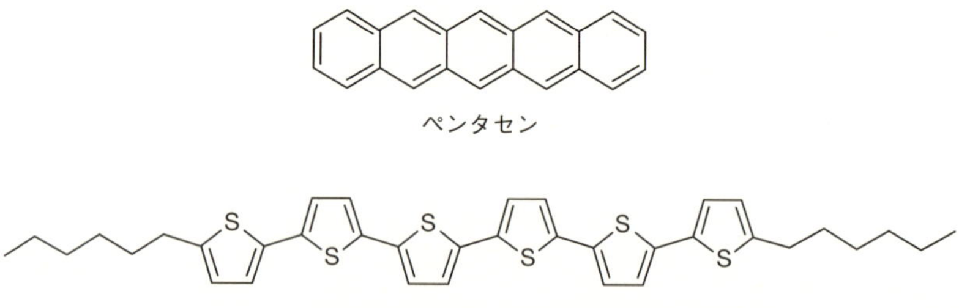

ペンタセン

α, ω-ジヘキシルセキシチオフェン

図8・9　p型FET特性を示す代表的な有機半導体

$1\,cm^2\,V^{-1}\,s^{-1}$ を超えるものが作製されている.

　その後, チオフェン環をアセン骨格に組込んだ DNTT (図8・10) のようなチエノアセン類が, p型の有機半導体として高い移動度を示すことがわかってきた. この DNTT の結晶のパッキング構造は, "ヘリングボーン" 型に密に詰まっており, 二次元的に伝導経路が広がっていることが高い移動度に寄与している. 一方 p型に比べ, n型の半導体の開発は遅れている. これは, キャリヤーである有機アニオンラジカルが, 空気中の酸素や水に対して不安定であり, 容易にトラップされてしまうからである. そのなかで, 大気に安定で $1\,cm^2\,V^{-1}\,s^{-1}$ 以上の移動度を示す n型の半導体として, ペリレンビスイミドでフルオロアルキル基をもつものが知られている.

ヘリングボーン(herringbone)はヘリンボーンともいい, 魚の骨に似た模様のこと.

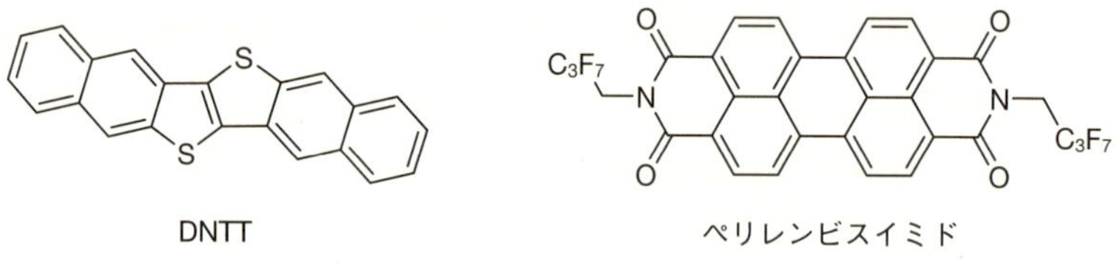

DNTT   ペリレンビスイミド

図8・10　高い移動度を示す低分子有機半導体の例

　その他の FET 用の有機材料として, π共役高分子も検討されている. 1986 年に, ポリチオフェンを用いた初めての高分子系有機 FET の作製が報告されて以来, ポリチオフェンに種々の様式でアルキル基を導入したものが多数合成され, その FET 特性が検討されてきた. その後, おもにチオフェン環を数個含むドナー部位と種々のアクセプター性のπ共役ユニットを交互に組合わせたπ共役高分子 (図8・11) で, 高い移動度を発現する高分子半導体が多数報告されている.

　カーボンナノチューブやグラフェンなどの炭素材料を用いた FET の研究も盛んに行われている. 特にカーボンナノチューブは, 構造の違いにより半導体的な導電性を示すことがわかっており (3・6・2節参照), シリコン半導体の性能をしのぐ素材として期待されている. 一方, 純粋なグラフェンはもともと高い伝導度

図8・11 高い移動度を示す高分子有機半導体の例

を示す導電体である（7・1節参照）ため，そのオン/オフ値はかなり低い．化学修飾などにより，オン/オフ値を高める工夫が検討されている．しかしながら，いかにして半導体特性のそろった炭素材料を精製するのかなど，シリコン半導体にとって替わるためには多くの課題がある．

8・6 有機薄膜太陽電池

シリコン（ケイ素）などの半導体で，p型とn型の半導体を接合することを**pn接合**とよび，このようなpn接合をもつ半導体素子を**ダイオード**とよぶ．このダイオードは，整流や発光などに利用されるが，この発光ダイオードとは逆の原理で光エネルギーを電気エネルギーに変換することもできる．これが**太陽電池**の原理となる．太陽電池には，図8・12に示すようなものがある．地上で使われているほとんどの太陽電池は，その素子がシリコン半導体でつくられるシリコン系である．ガリウム−ヒ素（GaAs）などの化合物半導体を利用する化合物系は，太陽エネルギーを電気エネルギーに変換する効率が非常に高いが，高価なため，人工衛星など宇宙空間で主に利用されている．一方，有機半導体を用いる有機系の太

pn接合（pn junction）

ダイオード（diode）

太陽電池（solar cell）

(a)

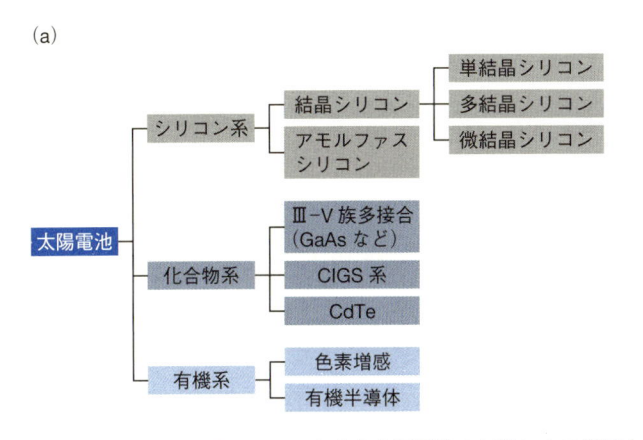

(b)

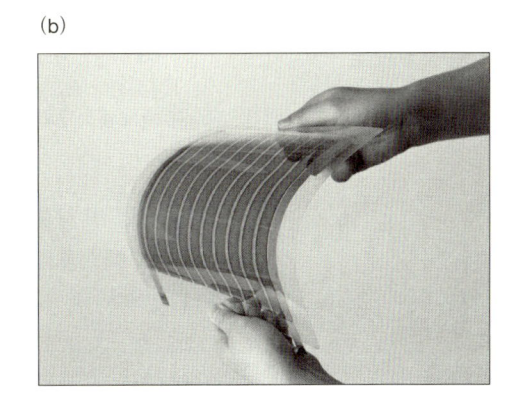

図8・12 おもな太陽電池の材料による分類（a）および有機薄膜太陽電池の例（b）
写真：住友化学株式会社提供

陽電池は，軽量，フレキシブルで，塗布による素子作製が可能である．無機の半
導体では，クリーンルームを含む大規模な設備が必要であるが，塗布でつくれる
有機半導体の場合は不要であり，安価に製造できるという利点がある．そのなか
で，実用化に向けた実証が進んでいる**有機薄膜太陽電池**について見ていく．

有機薄膜太陽電池
（organic thin film solar cell）

8・6・1　有機薄膜太陽電池素子の原理

　有機薄膜太陽電池は，シリコン半導体と類似の p 型と n 型の有機半導体を組合
わせた薄膜を用いる太陽電池である．代表的な素子構造として p 型と n 型の半導
体を，2 層構造に積層させた "pn 接合型" と，混ぜ合わせて 1 層にした "バルク
ヘテロ接合型" がある．この薄膜を ITO 透明電極とアルミニウムなどの金属の電
極で挟む（図 8・13）．このうち pn 接合型は，シリコン半導体を用いる太陽電池
と同様の素子構造をもつ．また，その動作原理は電子写真で使われている OPC
（5・4・1 節）と類似している．ここで p 型半導体がおもに光エネルギーを吸収し
て励起状態となり，p 型半導体と n 型半導体の界面で p 型から n 型へ電子を受け
渡し，**電荷分離状態**を形成する．ここで p 型半導体は電子を失うのでカチオンラ
ジカルとなりホールが生成する．一方，n 型半導体は電子を受け取ってアニオン
ラジカルとなる．さらにこの素子の外部に回路をつなげると，それぞれ p 型半導
体はホールを，n 型半導体は電子を電極に受け渡して電流が発生し，光エネル
ギーを電気エネルギーに変換することができる．このとき電力（電圧と電流の積）
が最大となるように外部の回路を調節して利用する．

電荷分離状態
（charge separated state）

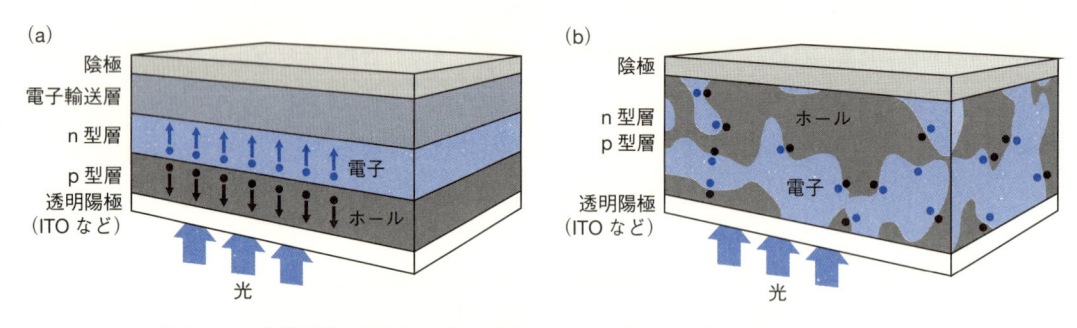

図 8・13　**有機薄膜太陽電池の素子構造**　（a）pn 接合型，（b）バルクヘテロ接合型

8・7　有機薄膜太陽電池用材料

　有機薄膜太陽電池に要求される p 型と n 型の有機半導体の基本的な要件は，有
機 FET と同様，p 型ならドナー性のもの，n 型ならアクセプター性のものとなる．
これに加えて p 型半導体には，太陽光の波長を幅広くかつより強く吸収するもの
が望まれる．初めての有機薄膜太陽電池も，初めての有機 EL を世に送り出した
タンらによって実現され，有機 EL の報告の 1 年前の 1986 年に発表された．この
ときの素子構造は pn 接合型であり，p 型半導体には銅フタロシアニン（図 8・5），

n 型半導体には PTCBI（図 8・14）とよばれるペリレンに電子求引性のカルボニル基をもつ分子が利用された．その後，テトラベンゾポルフィリンというフタロシアニンに類似した構造をもつ物質が pn 接合型の界面を改良した素子において，高効率の p 型半導体になることが示され，利用されている．

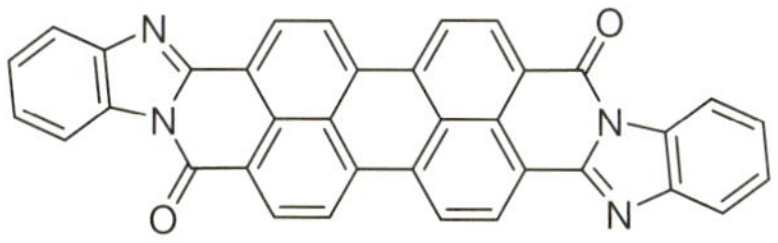

PTCBI

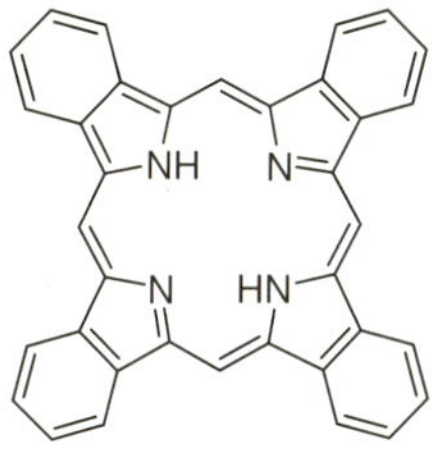

テトラベンゾポルフィリン

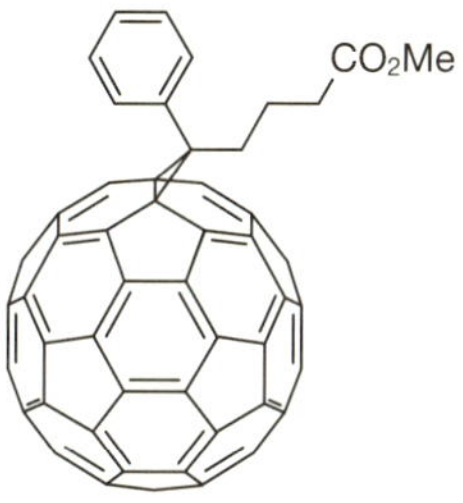

[60] PCBM

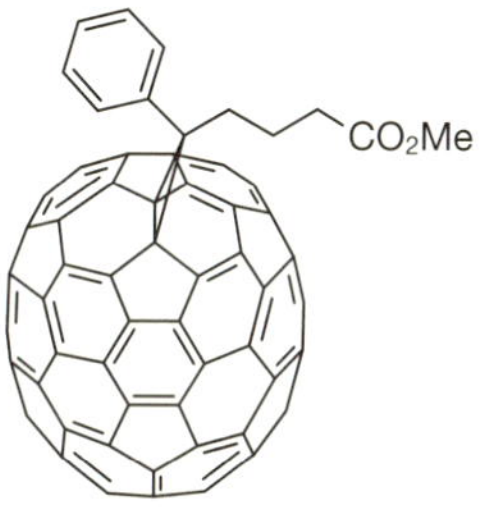

[70] PCBM

図 8・14　代表的な有機薄膜太陽電池材料

一方，1990 年の C_{60} の合成方法の報告のすぐ後に，この C_{60} を n 型半導体として用い，p 型半導体のポリフェニレンビニレンやポリチオフェンといった π 共役高分子とのバルクヘテロ接合型素子において，高速の電荷分離が起こることがわかった．その後，高分子に高濃度で溶かし込むことができる PCBM とよばれる C_{60} や C_{70} の誘導体が開発され，広く利用されている．また，太陽光を効率良く吸収するためにドナーとアクセプターを組合わせて HOMO–LUMO ギャップを狭くした共役高分子による新しい p 型半導体の開発も進められている．しかしながら，現状での変換効率はアモルファスシリコン程度であり，耐久性も含めて性能の向上にむけた研究が行われている．

8・8　その他の有機エレクトロニクスの例

ここまで見てきた有機 EL，有機 FET，有機太陽電池のほかにも，有機材料のエレクトロニクスへの応用が種々検討されている．その一例をあげると，ポリピロール（図 7・14 参照）などの導電性高分子を用いる**アクチュエーター**への応用がある．アクチュエーターとは，電気などのエネルギーを物理的運動に変換させるものである．導電性高分子アクチュエーターでは，ドープ–脱ドープに伴う高分子のコンホメーションの変化や対アニオンの高分子フィルムへの出入りによっ

アクチュエーター(actuator)

色素増感太陽電池

1991 年グレッツェル（M. Grätzel）により提案された**色素増感太陽電池**（dye-sensitized solar cell）も活発に研究されている．色素増感太陽電池はシリコン半導体のかわりに種々の有機色素と酸化チタン（チタニア）を組合わせてつくられる．その動作原理としては，光エネルギーによって色素が励起された後で，電荷分離により生じた電子と正孔は，それぞれ酸化チタンと色素に移り，さらに色素上の正孔はヨウ化物イオン I^- の三ヨウ化物イオン I_3^- への酸化により消費され，生成した I_3^- は対極で還元されて I^- に戻されて，回路に電流が流れる（図1）．

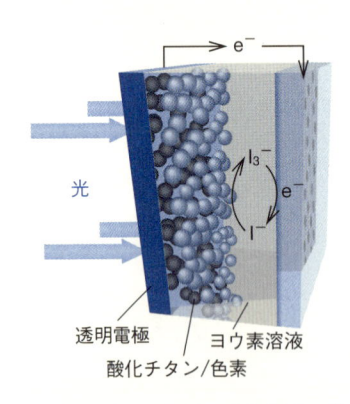

図1   色素増感太陽電池の動作原理の模式図

色素増感太陽電池はより製造コストが安価で，軽量でフレキシブルなものの作製が可能であることから注目を集めている．しかし，まだ変換効率はアモルファスシリコン程度で，実用に向けた改良が進んでいる．また，色素増感太陽電池の研究から派生して出てきた**ペロブスカイト太陽電池**（perovskite solar cell）も活発に研究されている．ペロブスカイト（灰チタン石，$CaTiO_3$ と同様の配列構造（図2）をもつ結晶は "ペロブスカイト構造" とよばれ，この結晶構造をもつ有機-無機ハイブリッド半導体（$CH_3NH_3PbI_3$）を色素に用いる太陽電池が 2009 年に報告された．この色素のペロブスカイト結晶は塗布で作製することができるため，色素増感型と同様に安価に製造が可能である．発表された当初の変換効率は 3.9 ％であったが，現在では 20 ％を超えるものが報告されており，大きな期待が寄せられている．変換効率のさらなる向上に加え，安定性の向上などに関する研究が進められている．

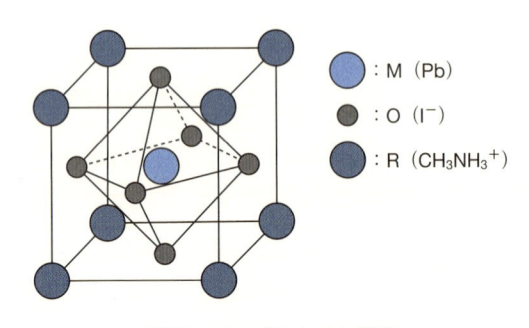

- : M（Pb）
- : O（I^-）
- : R（$CH_3NH_3^+$）

図2   ペロブスカイト構造

て起こる構造変化を利用している．電気信号によって伸び縮みする人工筋肉などへの応用が期待されている．

TEMPO ラジカル（図 7・19 参照）は，有機磁性体の研究にも利用される代表的な安定有機ラジカルであるが，容易に一電子酸化を受けて安定なカチオン種に変換される．このような双安定性を活用し，ポリメタクリル酸にエステルの形で TEMPO をぶら下げた高分子材料（図 8・15）が**有機ラジカル電池**として利用されている．軽量で折り曲げ可能な電池としての利用が期待されている．

有機ラジカル電池
（organic radical battery）

有機熱電変換材料（organic thermoelectric material）

また最近，熱エネルギーを電気エネルギーに変換する**有機熱電変換材料**として，PEDOT（図 7・16 参照）などの導電性高分子やペンタセン（図 8・9），DNTT

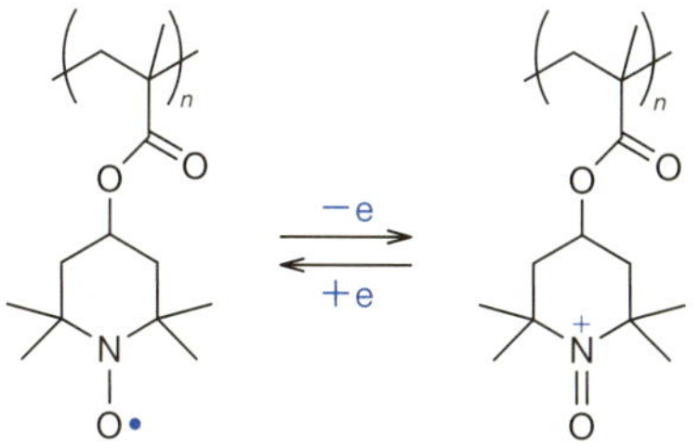

図 8・15 有機ラジカル電池の酸化還元反応

（図 8・10）などの有機半導体の可能性が，明らかにされつつある．未利用の廃熱を電気エネルギーに変換することが期待されている．そのほか，有機 EL の技術を発展させた有機半導体レーザーや，有機低分子を用いた強誘電体など，有機材料の特徴を活かした種々のシーズ発掘が行われている．

強誘電体とは，電気を蓄える性質（誘電性）を示す物質で，電圧をゼロにしても分極が保たれる材料のこと．

練 習 問 題

8・1　液晶ディスプレイと有機 EL ディスプレイとを比較して，特徴と長所，短所をあげよ．

8・2　有機 EL 素子の重要な構成要素である発光材料に求められる性質と機能を三つあげよ．

8・3　p 型の FET と n 型の FET の違いを説明せよ．

8・4　フラーレン類が，有機薄膜太陽電池の n 型半導体に適している理由を考察せよ．

9 ナノマシンと分子デバイス

非常に尖った先端をもつ探針を試料に近づけ, そのときに生じる微小な物理量の変化を検知することにより試料表面を観察する機器のことを**走査型プローブ顕微鏡** (scanning probe microscope, SPM) とよぶ. このうち, プローブと試料間のトンネル電流を利用したものを**走査型トンネル顕微鏡** (scanning tunneling microscope, STM), 原子間力を利用したものを**原子間力顕微鏡** (atomic force microscope, AFM) とよび, 測定条件によっては, 原子レベルの分解能を示す.

ナノマシン (nanomachine)

分子デバイス
(molecular device)

超分子化学
(supramolecular chemistry)

9・1 はじめに

これまでに紹介した機能材料となる有機化合物は, いずれも, 結晶, 薄膜, 液晶といった凝集状態で機能を発現するように設計された, 分子サイズの比較的小さなものであった. 一方, 近年の有機合成法および分離・分析技術のめざましい進歩により, 複雑で巨大な構造をもつ分子の合成が可能になった. また, **走査型トンネル顕微鏡** (**STM**) や**原子間力顕微鏡** (**AFM**) などの観測機器の登場により, 分子一つ一つに直接 "触れる" ことも, もはや夢ではなくなってきた. このような背景から, 小さな分子の凝集体ではなく, 分子そのものやその集合体を機能の担い手に活用するという考えが現実味を帯びはじめ, さまざまな分野で, その実現に向けた基礎研究が活発に行われている. このような分子スケールの機能材料は, 凝集系よりはるかに小さい数ナノメートル (nm, 10^{-9} m) 程度の大きさになり, 凝集系では引き出せないような機能を発現すると期待されている. 本章では, このような分子機能材料である**ナノマシン**と**分子デバイス**の開発の基礎について有機化学の観点から見てみることにする.

9・2 超分子化学

複雑で巨大な構造をもつ分子を構築するための方法論として, **超分子化学**という概念が重要である. ここでは, まずはじめにこの超分子化学の概略を説明し, 次節で超分子化学を用いた "分子マシン (分子機械)" の合成とその展開について説明する.

従来の分子の化学は, 原子と原子の間に形成される共有結合や配位結合に基礎をおき, 結合の性質を理解し, 原子と原子との結合を変換する技術を開拓するものであった. 今では, あらゆる種類の元素を含んだ分子に対する性質の理解が進むとともに, これらを触媒などに活用することで有機合成の手法も多様化し, かなり複雑な構造をもつ天然物でさえ, 人工的に合成することが可能になってきている. 一方, 現状の科学技術では, 生命現象のない物質から人工的に生命体を合成することまではできないが, 生命現象そのものの分子レベルでの理解は着実に進んできている. その結果, 生命体では有機化合物であるタンパク質や核酸などが, 自発的に集合 (**自己集合**) し, 分子レベルで互いを認識 (**分子認識**) し, 単

自己集合 (self-assembly)

分子認識
(molecular recognition)

分子では実現することのできない機能を発現するよう組織化（**自己組織化**）することにより，生命活動を維持していることがわかってきている．つまり，生命体は有機化合物を原料とした精巧な"分子マシン"で構成されているのである．ここで強調すべきことは，この分子マシンを駆動させる力として，分子間に働く弱い相互作用（2・6節参照）が重要であるということである．

自己組織化
（self-organization）

細菌のべん毛

生体がもつ分子マシンについて，分子レベルでの研究が進んでいるものの一つに細菌のべん毛がある．細菌は長さ 1 μm ほどの生物であり，べん毛とよばれる運動器官を回転させて動きまわることができる．その構造は回転モーターに相当する基部体，らせん型プロペラに相当するべん毛繊維，および，その間をつなぐフックから成り，さらに個々の部品は多様なタンパク質の複合体システムから構成される．モーターを構成するタンパク質の部品が H$^+$ や Na$^+$ イオンの濃度勾配を認識して構造変化することにより回転し，フックを通してらせん型プロペラであるべん毛繊維を回転させることにより，細菌は自由に泳ぎまわることができる．

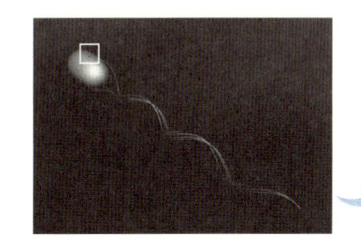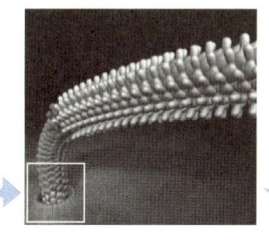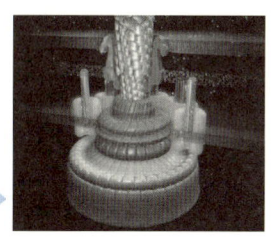

図1　細菌のべん毛モーターの模式図　大阪大学 難波啓一博士提供

超分子化学とは，この分子間に働く弱い相互作用を活用して，自己集合と分子認識を制御し，組織化をめざす化学であり，2 章のコラムで紹介したペダーセンによるクラウンエーテルの発見に端を発し，この研究の重要性を見抜き展開させたフランスのレーンによって，その概念が提唱された．

9・2・1　クラウンエーテル

　環サイズの違う**クラウンエーテル**が多数合成されており，そのサイズに適合するアルカリ金属イオンを選択的に取込むことが知られている（図9・1）．これは，金属イオンとエーテル酸素に働くイオン-双極子相互作用という弱い相互作用が多点で起こることによって自己集合し，環のサイズが結合する相手を選んだ（分子認識した）結果である．このようなサイズや構造の適合したものを選択しあう性質を**相補性**という．ここで，クラウンエーテルのように相手を包み込むものを**ホスト**，逆にアルカリ金属イオンのように包み込まれるものを**ゲスト**とよび，このような超分子構造体を**ホスト-ゲスト錯体**あるいは**包接錯体**とよぶ．

相補性
（complementarity）

ホスト（host）

ゲスト（guest）

包接錯体
（inclusion complex）

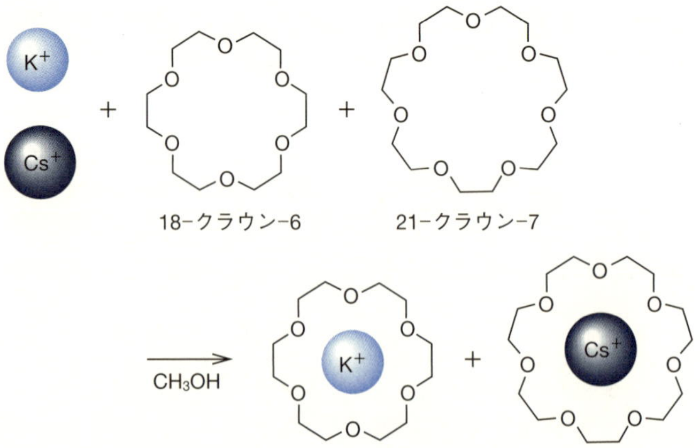

図9・1 **クラウンエーテルによるアルカリ金属の取込み** 環のサイズに適合する相手を選んで包接する.

　クラウンエーテルはコンホメーションに自由度があり，比較的柔らかい構造をしている．しかし，個々の空孔のサイズに適合するアルカリ金属イオンを共存させると，錯体形成が有利になるような構造をとるようにコンホメーション（立体配座）を変化させる．これを**誘導適合**という．たとえば図9・2に示した天然物由来の抗生物質である**バリノマイシン**でも，この誘導適合が行われ，抗生作用の機構に大きく関与している．すなわち，バリノマイシンでは，エステル結合のカルボニル酸素が正八面体の形で K^+ に配位して選択的に取込み，その結果，疎水性のアルキル基が外側に向いて，生体膜を透過しやすい構造に変化し，過剰の K^+ を細胞内に送り込むことによって細菌の生命活動を阻害するのである．

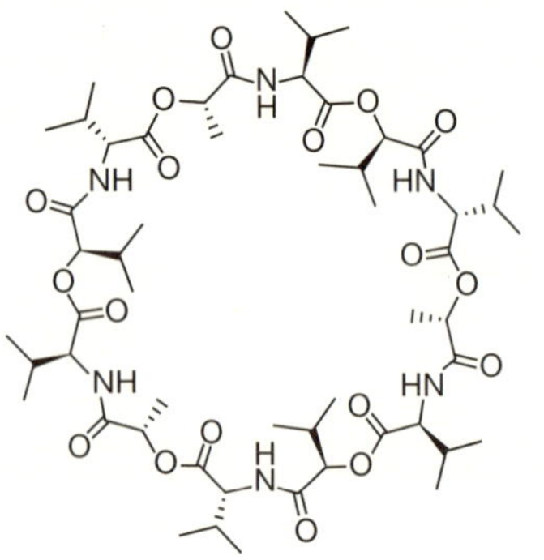

誘導適合（induced fit）

バリノマイシン（valinomycin）

図9・2 バリノマイシン

9・2・2 クリプタンド，スフェランド，カリックスアレーン

クリプタンド（cryptand）

スフェランド（spherand）

　ペダーセンによるクラウンエーテルの発見ののち，レーンは，クラウンエーテルを橋架け構造にした**クリプタンド**を設計・合成した（図9・3）．クリプタンドの特徴はゲストと三次元的に相互作用できることであり，これにより金属イオンの選択性と包接錯体の安定性を高めることに成功した．また，クラムは剛直なス

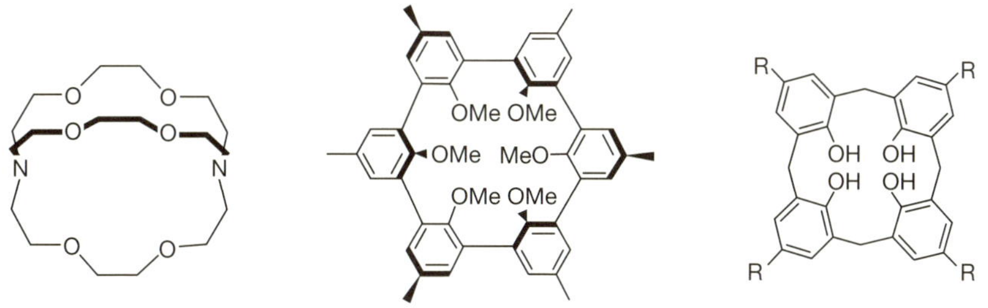

クリプタンド[2.2.2]　　　　　スフェランド　　　　　カリックス[4]アレーン

図9・3　さまざまなホスト分子

フェランドを設計・合成し（図9・3），錯体形成時のコンホメーション変化により生じるエネルギーの損失を軽減することにより，ゲストの選択性と錯体の安定性の向上に成功した．やがてシクロデキストリン（後述）や**カリックスアレーン**（図9・3）など，数多くのホスト分子が開発され，単純な金属イオンのみならずいろいろな分子を取込むこともできるようになり，超分子化学という新しい分野を開拓するに至った．現在では超分子という概念は化学にとどまらず，化学と医学，生物学，物理学との境界領域にあたる薬学，分子生物学，材料科学などの分野においても，その重要性が認識されている．このような功績によりペダーセン，レーン，クラムの3氏に1987年にノーベル化学賞が授与された．

カリックスアレーン
（calixarene）

ペダーセン（C. J. Pedersen）

レーン（Jean-Marie Lehn）

クラム（D. J. Cram）

9・2・3　シクロデキストリン

　現在までに多種多様なホスト分子が設計・合成されたが，ここでは代表的なものとしてシクロデキストリンを取上げる．**シクロデキストリン**は，デンプンに微生物由来の酵素（ある種のアミラーゼ）を作用させることにより得られる環状のオリゴ糖である．シクロは環状を表す接頭辞であり，デキストリンはデンプンを加水分解してできる D-グルコースの重合体のことで，グルコースが6個，7個，8個の環状構造をもつものをそれぞれ α-，β-，γ-シクロデキストリンとよぶ（図9・4）．構造式からも想像できるように，中心に穴の開いた筒の形をしているが，実際の構造はグルコースの2位と3位にある第二級ヒドロキシ基の存在するほうがやや広がり，逆に反対側の5位の酸素と6位の第一級ヒドロキシ基のあるほうが狭まっている．穴の両側には多数のヒドロキシ基が存在するため，シクロデキストリンは水に溶けるが，空孔の内部は炭素-炭素結合とエーテル結合で構成された疎水的な（いい換えると親油性の）空間になっている．このため，この空孔の大きさに適合するサイズをもつ有機化合物を水中で混ぜると，通常水には溶解しない有機化合物でも疎水的にシクロデキストリンの中に取込まれて，均一な水溶液をつくるようになる．

　空孔のサイズは，α-シクロデキストリンの場合，ベンゼン1分子を包接する程度，β-シクロデキストリンではナフタレンを1分子包接する程度であるが，γ-シ

シクロデキストリン
（cyclodextrin）

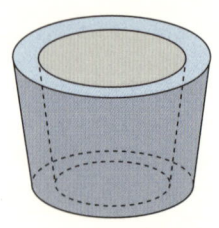

横から見た模式図

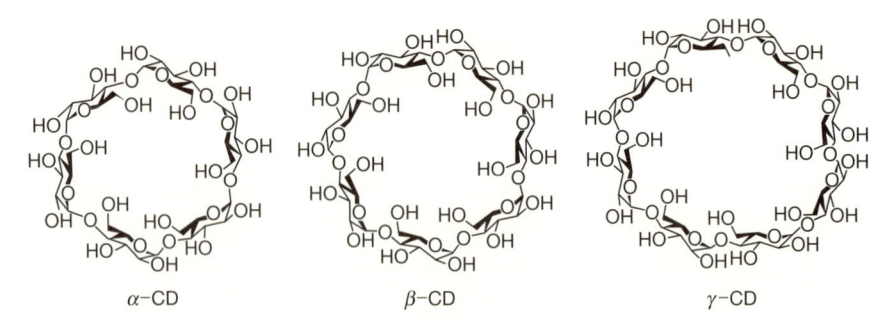

α-CD   β-CD   γ-CD

図9·4　シクロデキストリン

クロデキストリンでは，2分子で C_{60} 1分子の包接が可能となる．このような包接錯体を形成することにより不安定なゲスト分子の安定化や，揮発性ゲスト分子の不揮発化，水に不溶性のゲスト分子の可溶化などが可能となり，さらにシクロデキストリンはオリゴ糖の一種で無害であるので，食品，医薬品，化粧品などで幅広く実用化されている．また，導電性高分子の被覆など超分子機能材料への応用も検討されている．

9·2·4　カテナン，ロタキサン

つぎに超分子化学を利用した構造体の構築について，分子マシンとつながりの深いカテナンおよびロタキサンについて説明する（図9·5）．**カテナン**は二つ以上の環状分子が鎖のようにつながった化合物（catena はラテン語で鎖の意味）である．一方，**ロタキサン**は環状分子を軸状の分子が貫いて，軸状分子の両側がストッパーとよばれる大きな分子で固定され外れない構造になっている化合物（ラテン語で rota は車輪，axis は軸の意味）である．カテナンやロタキサンなどのように，分子内に非共有結合による絡みあい構造をもつ化合物を**インターロック分子**という．また，それぞれ，構成成分の数に応じて，$[n]$カテナンおよび$[n]$ロタキサンとよぶ．このような化合物群の合成は 1960 年代から行われていたが，初期の合成法は，統計的に偶然できたものを分離するというものだったので，収率はきわめて低く実用的ではなかった．その後，超分子的な相互作用を利用して，カテナンおよびロタキサンが効率的に合成できるようになった．これは，あらかじめカテナンやロタキサンの前駆体構造を形成させておいてから，環を巻かせる

カテナン（catenane）

ロタキサン（rotaxane）

インターロック分子
（interlocked molecule）

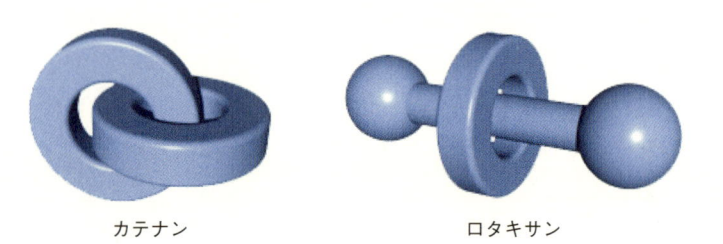

カテナン   ロタキサン

図9·5　カテナンとロタキサン

反応やストッパーを取付ける反応を行うというものである.

　図9・6に銅イオンの錯形成能を利用したカテナンの合成例を示した. このような合成法は**鋳型合成**とよばれ, 高収率でカテナンを合成することができる.

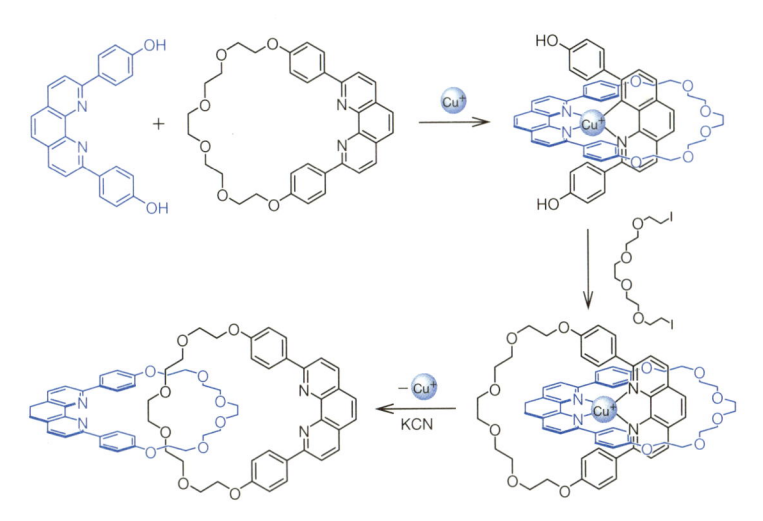

図9・6　ソバージュによるカテナンの鋳型合成

鋳型合成
（template synthesis）

図9・6では, フェナントロリンが1価銅イオンに配位して正四面体型錯体をつくる錯体形成を鋳型に利用している.

9・3　分子マシン（分子機械）

　分子マシンとは, 文字どおり分子レベルで機械のように振舞う構造体であり, 熱, 光, 電荷あるいは pH の変化などの外部刺激に応答して, 繰返しの動作を制御できる分子あるいは超分子と定義できる. このような分子マシンは生命活動に必須であることが理解され, これらの生体分子マシンの働きを模倣した研究が注目を集めている. これまでに合成されているものは, 生物の中でつくり出される精巧な分子マシンにはまだ遠く及ばないが, 分子モーターや分子シャトルなどの分子マシンの合成が行われており, 2016 年のノーベル化学賞はソバージュ, ストッダート, およびフェリンガによる分子マシンの設計と合成に対して授与された. まず, はじめに分子モーターについて解説する.

9・3・1　分子モーター

　通常の炭素−炭素単結合まわりの回転障壁は低く, 束縛のない非環状有機化合物の単結合は室温で高速に回転している. しかし, その回転方向はランダムであり, 機械のように制御された動きではないので, このままの状態では, 回転モーターとはいえない. これに対して, 一方向にだけ回るように制御された分子回転モーターが報告されている.

　そのうちの一つは化学反応によって駆動させるタイプで（図9・7）, 分子内でウレタン型の結合（RNHCOOR′）を形成させ, 切断することにより回転させるも

分子マシン（分子機械）
（molecular machine）

ソバージュ
（J.–P. Sauvage）

ストッダート
（J. F. Stoddart）

フェリンガ（フェリンハ）
（B. Feringa）

分子モーター
（molecular motor）

のである. この過程では, ウレタン型の結合形成で, 分子内にひずみが生じ, そのひずみを解消するために 1/3 回転だけ回る. その後, ウレタン型の結合を化学的に切ることによって, 出発の状態に戻すことができる.

もう一つは, 炭素-炭素二重結合の光異性化反応と熱異性化反応を利用したものである. 光反応によって駆動する分子モーターについては, すでに 5・7 節で一例を紹介したが, 図 9・8 に示す化合物では, らせん構造由来の不斉(ヘリシティ)が存在する. 出発のものは二重結合をはさんでそれぞれ P 型のナフタレン誘導体がトランス形で結合しているので, (P, P)-トランス形と表される. この (P, P)-

ヘリシティ (helicity)
有機化合物のなかには, 右手と左手の関係のように, 鏡に映した像が元のものと重ねあわせられないような異性体が生じることがあり, このような構造的特徴を"不斉"とよぶ. 特にらせん構造に由来する不斉をヘリシティとよび, 右ねじと同じように時計まわりの回転に対応するものを P (プラス), 反時計まわりを M (マイナス) で表す.

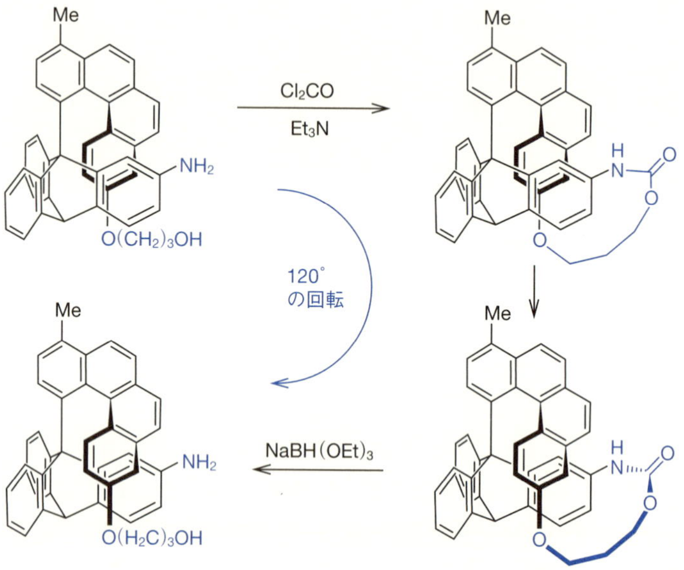

図 9・7　化学反応により駆動する分子回転モーター

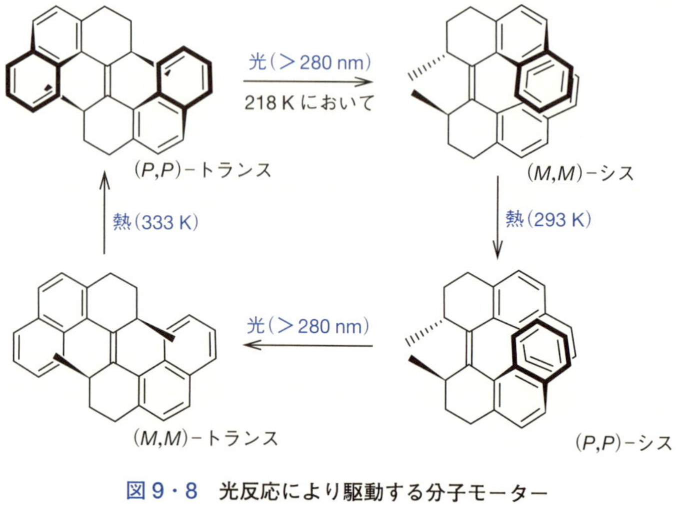

図 9・8　光反応により駆動する分子モーター

トランス形は低温での光反応で (M, M)-シス形に変換され，その後室温で (P, P)-シス形へと熱異性化する．さらに，この (P, P)-シス形は，光反応で (M, M)-トランス形に変換され，続いて加熱することにより出発の (P, P)-トランス形に戻って一周が完了する．フェリンガらは，光照射または電荷注入によって回転する分子を車の車輪とする**ナノカー**をつくり，銅表面を移動させることにも成功している．

　これらは両者とも，1分子でモーター構造を形成し，回転軸は共有結合である．これに対して，[3]カテナン構造を利用した超分子回転モーターも報告されている．

9・3・2　分子シャトル

　ロタキサンの構造を利用して種々の分子シャトルが合成されている（図9・9）．**分子シャトル**とは，ロタキサンの軸分子上に環状分子（シャトル）と相互作用できる部分（ステーション）を二箇所つくり，酸性-塩基性の変化などによってステーションの静電的な性質を変化させ，シャトルと相互作用するステーションの位置を制御するというものである．たとえば，ビピリジニウム部位を2個もつ環状分子，およびベンジジンとビフェノール部位をもつ軸分子で構成されるロタキサンでは，電子不足のビピリジニウムが，より電子供与性の高いベンジジンと相互作用する．これに酸を加えてベンジジンのアミノ基をアンモニウム基に変換することにより，この部位はカチオンとなってビピリジニウム部位と反発し，ビフェノール部位と相互作用するようになる．逆に塩基を加えることにより，元の状態に戻すこともできる．このようなアミンへのプロトン化および脱プロトン化は可逆であるので，溶液の酸性-塩基性を変化させることにより環状分子を何度でも往復させることができるのである．

ナノカー（nanocar）
いくつかの有機分子を組合わせてシャーシ，車軸，車輪をつくり，金基板表面などを動くようにした分子である．

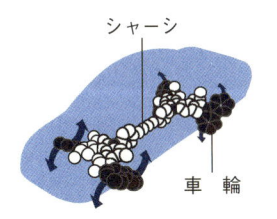

シャーシ

車　輪

© Johan Jarnestad/The Royal
Swedish Academy of Sciences

フェリンガらのつくったナノカーは，有機分子の四つの車輪部分に分子モーターを取付けたもので，光ではないが電荷を注入することにより，銅の表面を 6 nm 移動させることに成功した．

分子シャトル
（molecular shuttle）

ステーション

$4PF_6^-$

シャトル

C_5D_5N　CF_3CO_2D

$4PF_6^-$

図9・9　分子シャトル

同様な手法を用いることより，クラウンエーテル型の環状分子でもシャトルをつくることができる．すなわち，アンモニウムとビピリジニウム部位をもつ軸分子とで構成されるロタキサンでは，クラウンエーテルは水素結合によりアンモニウム部位と選択的に相互作用するが，これに塩基を加えてアンモニウムからプロトンを奪いアミンにすると，クラウンエーテルはビピリジニウムのほうにシフトする．さらに酸を加えると，元の状態に戻せる．このような相互作用の選択性を活かして，クラウンエーテルを 3 方向に広げた構造をもつトリフェニレンを用い，**分子エレベーター**とよばれる超分子構造体を合成することにも成功している（図 9・10）．一方，このような分子シャトルによるスイッチング現象を活用した記憶素子への応用や分子スケールの変形力をマクロスケールに伝える "アクチュエーター"（たとえば分子筋肉）への展開も検討されている．

分子エレベーター
（molecular elevator）

アクチュエーターは元来，「動作させるもの」という意味であるが，ピストンやモーターなどエネルギーを与えると動くもの全般をいう（導電性高分子アクチュエーターに関しては 8・8 節を参照）．

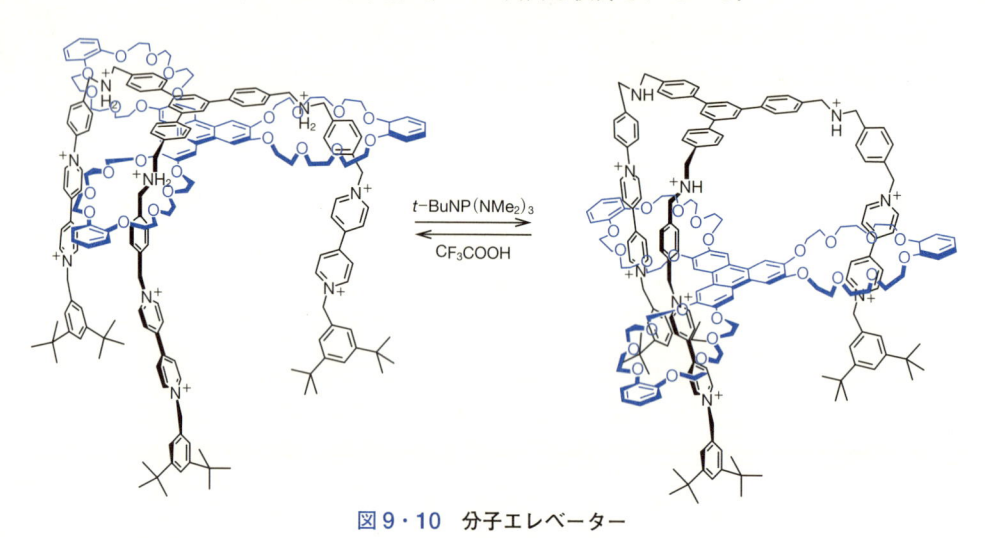

$t\text{-BuNP(NMe}_2)_3$

CF_3COOH

図 9・10 分子エレベーター

9・4 炭素材料

炭素材料（carbon materials）工業的に用いられる炭素材料としては，カーボンブラック（すす）やコークスが重要であり，自動車用のタイヤとか大型電極などに使用される．また，軽くて鉄より強い炭素繊維も炭素材料である．

人類は炭素材料を古くから利用してきた．人類誕生以来の木炭の使用に端を発し，ダイヤモンドやグラファイト（黒鉛）などの天然に産出するものの利用を経て，今日では，さまざまな方法でさまざまな形態のものが人工的に合成され，多種多様な用途で利用されている．そのなかで，20 世紀後半に発見された炭素の新しい同素体であるフラーレン，カーボンナノチューブ，およびグラフェンは，次世代のナノテクノロジーを支える重要な素材であると期待され，ナノ構造体ならではの機能を利用した応用開発が活発に行われている．炭素同素体の基礎的な性質については 3・6 節で，また導電性については 7・1 節および 7・6 節，有機エレクトロニクスについては 8・5 節および 8・7 節で説明がなされており，ここではフラーレン，カーボンナノチューブ，およびグラフェンの機能材料としての可能性について紹介する．

9・4・1 フラーレン

フラーレンの誘導体が，有機薄膜太陽電池に用いられていることを 8・7 節で紹介した．フラーレンおよびその誘導体は，これ以外にも興味ある物性を示す．たとえば，サイズの大きいフラーレンはその球体の内部に金属原子を取込んで種々の**金属内包フラーレン**をつくる（図 9・11a）．内包される金属には，イットリウム（Y），スカンジウム（Sc），ランタン（La），セリウム（Ce），テルビウム（Tb），チタン（Ti）などがある．また，C_{60} や C_{70} では，有機化学的な手法によってフラーレンに穴を開けて原子または分子を入れた後に，フラーレン骨格を再生することによって，窒素原子，水素分子や水分子の入った化合物がつくられている（図 9・11b～d）．

金属内包フラーレン
（metallofullerene）

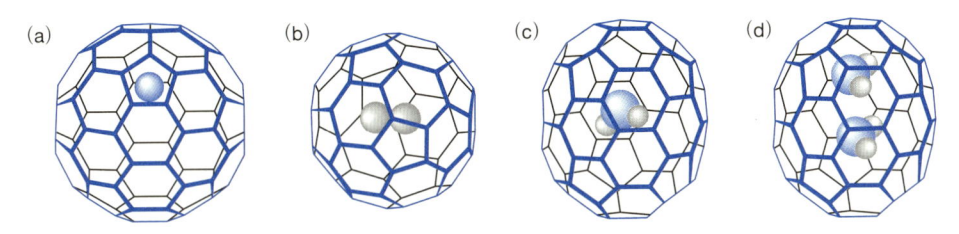

図 9・11　いろいろな内包フラーレン　(a) La@C_{82}, (b) H_2@C_{60}, (c) H_2O@C_{70}, (d) $2H_2O$@C_{70}

フラーレンの球体の外側にいろいろな置換基を導入した分子が合成され，機能材料として使われている．たとえば，8・7 節で示した PCBM は有機薄膜太陽電池をつくる際の有用な n 型半導体材料である．また，フラーレン分子を液晶として用いた研究において，C_{60} に 5 個の "メソゲン基" を導入した「バトミントンの羽根（シャトルコック）分子」が合成された（図 9・12）．この分子は，head-to-tail に積層して，カラム形集合体を形成し，広い温度範囲でカラムナー相を発現する（6・3・5 節参照）．

メソゲン基
（mesogenic group）
低分子液晶において，液晶相が発現するもととなる剛直な部位をメソゲン基という．

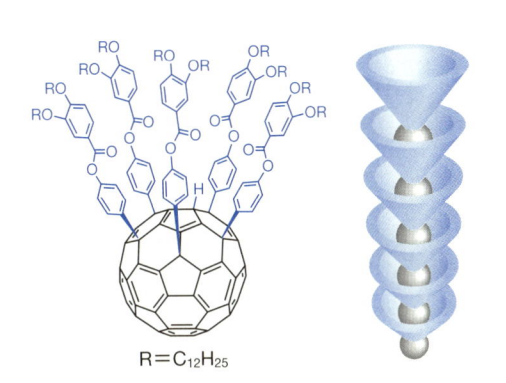

$R＝C_{12}H_{25}$

図 9・12　シャトルコック型フラーレンとその一次元自己組織化

9・4・2 カーボンナノチューブ

カーボンナノチューブは，直径が 1.0 nm 以下のものから 50 nm 程度のものが

グラファイト密度：2.26 g cm^{-3}

得られており，密度が 1.33 ～ 1.40 g cm^{-3} で，銅の密度 8.96 g cm^{-3} よりかなり小さいが，銅の 1000 倍の高電流密度耐性や銅の 10 倍の熱伝導性を示す．カーボンナノチューブを用いた炭素材料としては，その大きなキャリア移動度を使う電界効果トランジスター（FET），半導体特性に着目したセンサー，およびそのサイズと固さを利用するプローブ顕微鏡の探針などへの応用が期待されている．

ピーポッド（peapod）：さやえんどう

カーボンナノチューブがフラーレンを内包した "ピーポッド" が，カーボンナノチューブとフラーレンを混ぜて加熱することにより合成された（図 9・13）．このピーポッドでは，ナノチューブとフラーレンの軌道混成が起こるので，ピーポッドの "量子効果" を利用した機能デバイスの作製が研究されている．

量子効果（quantum effect）エネルギーのような基礎的な物理量がとびとびの値をとり，その値は確率的であり，また，波のような性質をもつ．ピーポッドでは，ナノチューブの軸方向にポテンシャル障壁や井戸構造が形成されるので，ナノ材料として利用できる．後のコラムでふれる「量子ドット」も量子効果の一つである．

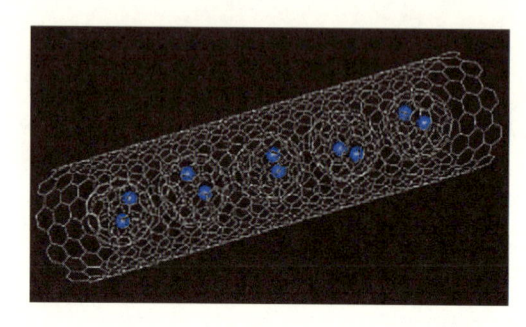

図 9・13　フラーレンを内包したカーボンナノチューブ　金属内包フラーレンを取込んだカーボンナノチューブのピーポッド構造．名古屋大学 篠原久典教授提供

9・4・3 グラフェン

グラフェンは電子が平面に閉じ込められているために，グラファイトやカーボンナノチューブとは異なるバンド構造をもっており，グラフェン中の電子は一種の自由状態をとり，質量のない電子のような振舞いをする．また，電子とホールの移動度が同程度であり，グラフェン中の電子は室温でも長距離にわたって衝突せずに弾丸のように移動することが可能である．そのキャリヤー移動度は，室温で 15,000 cm^2 V s^{-1} ときわめて高く，シリコンの 100 倍以上の値を示す．

グラフェンは透明であり，その電気伝導率（10^6 S cm^{-1}）は銀と同程度である．また，グラフェンは 10^8 A cm^{-2} 以上の高い電流密度耐性をもっているので，電極材料としての利用が考えられている．さらに，計算上の値であるが，グラフェンでハンモックがつくれるなら，4 kg の犬を載せることが可能で，現時点では最も薄く，最も強靭な導電性材料であるといえる．

9・5 巨 大 分 子

生体高分子（biopolymer）

生体が生み出す巨大分子であるタンパク質や DNA などの**生体高分子**に対して，人工の巨大分子としては**合成高分子**がある．この合成高分子は，モノマーとよばれる小さい分子を重合させることにより簡便に合成することができ，さまざ

まな用途で利用されている（3・7節参照）．しかし，合成高分子は分子のサイズに幅があり不均一であるため，均一な性能の発現が要求される分子スケールの素子をつくる目的で，サイズのそろった繰返し構造をもつ分子群が合成され，その機能が研究された．それらの研究のなかで，ここでは分子デバイスとの関連の深い，分子ワイヤーとデンドリマーについて紹介する．

9・5・1 分子ワイヤー

分子ワイヤーとは，非常に長い分子の総称であり，多彩な機能をもつ分子ワイヤーが知られているが，ここでは特に導電性をもち電気回路の中で分子導線（分子電線）として働く分子サイズのワイヤーについて紹介する．分子を導線として働かせるためには，電荷を受け取り伝達するという性能が要求される．その候補として，導電性高分子の部分構造である π 共役系のオリゴマーが適していると考えられている．これは，ダイヤモンドがほぼ絶縁体であるのに対し，グラファイトが良導体であるということからも明らかなように，σ 結合を形成する電子は束縛されて動きにくいのに対し，共役系の π 電子は比較的自由に動くことができるからである．

分子ワイヤーの主な合成法としては，大きく分けて ① 低重合度のポリマーが生成する反応条件を適用し，各種クロマトグラフィーで成分を分離するというものと，② カップリング反応（3・7・1節参照）を繰返して逐次的に鎖長を伸ばすというものがある．① の方法では，一度に一連のオリゴマーが得られるという利点があるが，個々の長さの生成物の収率は低くなる．一方，② の方法は確実に単一の成分を合成できるが，多段階の反応が必要になる．

このような方法により，これまでにオリゴエン，オリゴイン，オリゴフェニレン，オリゴチオフェンなどの分子ワイヤーが合成されているが，なかでも特徴的なものとして，縮合環ポルフィリン12量体が合成されている（図9・14a）．この

分子ワイヤー
（molecular wire）
ポリエチレンなどのポリマー鎖は柔らかい分子ワイヤーであるが，ポリマー鎖が絡みあったものを高分子材料として使用する．これに対して固い骨格をもつ炭素架橋オリゴ（フェニレンビニレン）（COPV）は，高い電子移動度を示す分子ワイヤーであり，単分子エレクトロニクスの素材としての利用が考えられている．

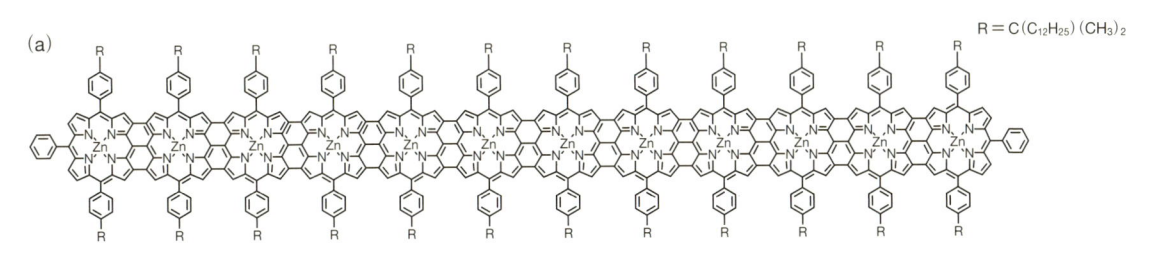

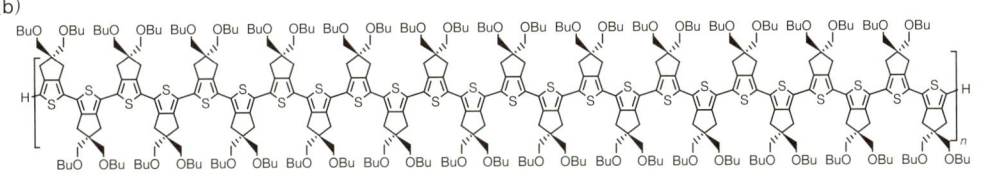

図9・14　分子ワイヤーの例

分子では，電子遷移吸収帯が赤外領域にまで及び，バンドギャップがきわめて小さくなることが示されている．一方，①の手法を繰返し行うことにより，π共役系が平面構造で，単一組成であるオリゴマーとしては最長の96量体オリゴチオフェンが合成されている（図9・14b）．

9・5・2 デンドリマー

規則正しく逐次的に分岐させ明確なサイズをもつ高分子化合物を，ギリシャ語の樹木を意味するデンドロン（dendron）にちなんで**デンドリマー**とよぶ．デンドリマーは，コア，中心と表面をつなぐ枝と，表面官能基の三つの部分から構成され，枝の繰返し単位を世代とよぶ．これまでに多種多様なデンドリマーが合成されているが，ここでは，分子デバイスと関連のある，光エネルギー捕集機能をもつものをいくつか紹介する．

一つは，ベンゼンの1,3,5位にアセチレンが置換したものをユニットとする第4世代までのデンドリマーに対して，コア部にペリレンをもつ分子である（図9・15）．この分子では，ペリレンの吸収がない波長の紫外光（310 nm）を照射しても，高い量子収率でペリレンからの発光が観測される．これは，デンドリマーの枝部分の各ユニットが紫外光により励起されたのち，効率良くエネルギー移動を起こして中心のペリレンへエネルギーを集めて，ペリレンを励起した結果である．

一方，ベンジルエーテル骨格をユニットとするデンドリマーに対して，コア部にアゾベンゼンをもつ分子が合成されている（図9・16）．アゾベンゼンは紫外光を照射すると異性化するが（5・7節参照），この分子はエネルギーの低い赤外光によってもコア部のアゾベンゼンがシス形からトランス形に異性化し，デンドリマーユニットが赤外光のような弱いエネルギーを効率良く中心に送り込んで，通常赤外光では起こらない化学反応を引き起こすことが見いだされた．

さらに，ベンジルエーテルタイプのデンドリマーで被覆されたパラフェニレンエチニレン分子ワイヤーの合成も行われ，光エネルギーの捕集機能とデンドリ

デンドリマー（dendrimer） 球形の密集構造をもち，高い溶解度と低い粘度が特徴である．内部コアと表面の化学的性質が異なるコア・シェル構造をとるので，表面に多数の反応点をつくることができる．また，内部の孤立したナノ空間は，金属，有機・無機分子の貯蔵と運搬に使うことができる．

デンドリマーのコアには，いろいろな分子骨格が導入できる．たとえば，ポルフィリンをコアに用いたデンドリマーでは，酸化電位がプラスにシフトする（酸化されにくくなる）効果が見いだされた．また，マンガンポルフィリン錯体をコアとしたデンドリマーでは，オレフィンの酸化における高い末端選択性が認められた．

図9・15 光エネルギーを集めて発光させるデンドリマーの例

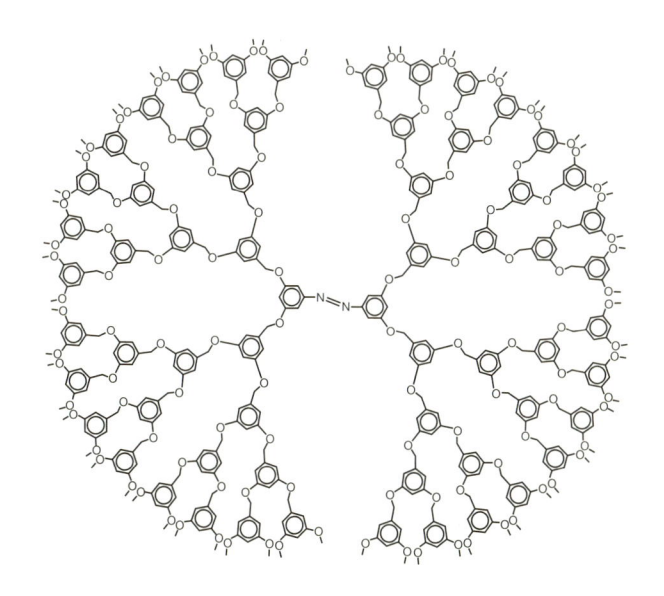

図9・16　赤外線を集めて化学変化させるデンドリマーの例

マーの被覆効果により分子ワイヤーからの発光の量子収率がデンドリマーで覆われてないものに比べて著しく向上することが示された.

9・6　ナノファイバーと超分子ポリマー

　超分子化学によってつくられる自己組織化した分子集合体のうち，多数の分子が集合して微細な繊維状の構造ができる場合，この構造体を**ナノファイバー**とよぶ．また，巨大分子集合体は"**超分子ポリマー**"ともよばれる.

　たとえば，図9・17aに示した分子が合成され，チューブ状のナノファイバーを形成することが見だされている．このヘキサベンゾコロネン(HBC)誘導体は，疎水性のアルキル置換基（－$C_{12}H_{25}$）と親水性のトリエチレングリコール(TEG)鎖をもつ両親媒性分子であり，溶媒中で疎水基同士が近づき自己会合する．これらの会合体は規則正しく配列して二分子膜状のシートをつくり，さらに丸くねじれてナノチューブを形成する（図9・17b).

　一般に，超分子ポリマーとよばれるものはナノサイズからミクロサイズの巨大分子集合体である．この超分子ポリマーは，単分子の一次元積層と二次元相互作用によって自己会合し，さらにそれらの会合体が自己組織化することによって，ファイバー，ミセル，チューブといった，さまざまな超分子ポリマーを形成する（図9・18).　このような巨大分子集合体は損傷を受けて分子レベルで切断されても，容易に再結合することが可能であるため，**自己修復材料**として利用できる.

　超分子ポリマーがつくる機能材料としては**超分子ゲル**が代表例の一つである．ゲルは液体の中で分散質がネットワークを形成することによって流動性を失った状態であり，大部分が液体であるが，少量の低分子を加えることによって絡みあった超分子集合体が形成されると，流動性を失いゲルとなる．このような超分

ナノファイバー（nanofiber）
ナノレベルの繊維の総称であり，セルロースナノファイバーが有名である．超分子化学で扱うナノファイバーは，単分子が自己組織化したものであるが，高分子からつくったナノファイバーと類似した材料である.

超分子ポリマー
（supramolecular polymer）
モノマー単位が非共有結合（超分子会合）によって連結され，ポリマーに類似した物性を示す分子集合体をいう.

自己修復材料
（self-healing materials）

超分子ゲル
（supramolecular gel）
超分子ゲルを形成するモノマー単位は，低分子量のものが多いので，低分子ゲルともよばれる．通常，小さな分子は溶媒中で絡みあったネットワークを形成しないが，自己組織化することによって超分子ポリマーをつくり，溶液中でネットワークを形成する.

(a)

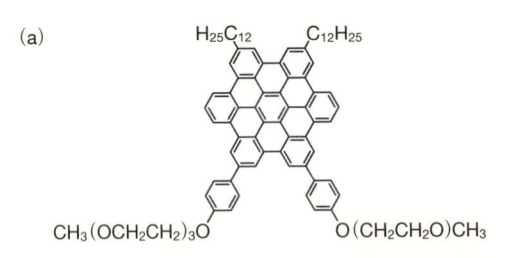

図に示したナノチューブで
は, 壁の内部に HBC が規則
正しく配列し, 内外の壁の表
面は親水性の TEG で覆われ
ている. この親水性鎖末端の
化学修飾により, 表面構造を
変化させることで, さまざま
な機能をもつナノチューブ
の設計が可能となる.

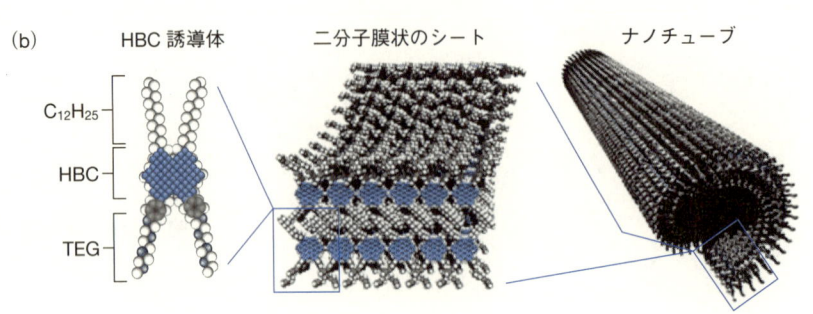

図9・17　ヘキサベンゾコロネンがつくるナノチューブ　東京大学 相田卓三教授提供.
(a) ヘキサベンゾコロネン誘導体, (b) 分子集合によるナノシートからのチューブ形成

図9・18　超分子構造の形成

子ゲルは, 水ばかりでなく有機溶媒からもゲルをつくり, さらにクロミズムや磁
性の変化によるゾル-ゲル状態のコントロールなどが可能となるので, その応用
も種々検討されている.

9・7　分子デバイス

　これまでの説明で, "分子デバイス" という言葉を数箇所ですでに用いている
が, 改めて**分子デバイス**という言葉を簡単に定義すると, 1 個の分子に論理, 記
憶, 発光などの機能を集積させた素子であるといえる. これまでのところ, カー
ボンナノチューブによる電界効果トランジスターやロタキサンの集合体を用いた
記憶素子などの分子デバイス的な試みはいくつかある. しかし, 明確な構造とサ
イズをもつ分子 1 個による素子という意味では, 分子ワイヤーの電気伝導度やダ
イオードとしての基本的な素子の動作を確認している段階であり, 素子を集積化
するまでに至っていない. もし, このような単一分子素子の集積化による回路の

作製を実現することができれば，シリコン半導体における微細加工の物理的限界を超えて素子サイズを小さくすることができ，回路の高密度化と高速化が可能になると期待されている．

　このような単一分子素子の原型となる整流器が，1974 年のアビラムとラトナーによって提案された（図 9・19）．通常の整流素子（ダイオード）は p 型と n 型の半導体を接合して一方向のみの電流の流れを制御しているが，彼らによって提案された素子は電子受容体（アクセプター）であるテトラシアノキノジメタン（TCNQ）と電子供与体（ドナー）であるテトラチアフルバレン（TTF）を絶縁層である飽和炭素の骨格でつなげたものである．このモデルでは，アクセプター側に負，ドナー側に正の順バイアスをかけると電流が流れるのに対し，逆バイアスでは電極からの電子移動が起こりにくくなるため，電気が流れないとされている．

アビラム　（A. Aviram）
ラトナー　（M. A. Ratner）

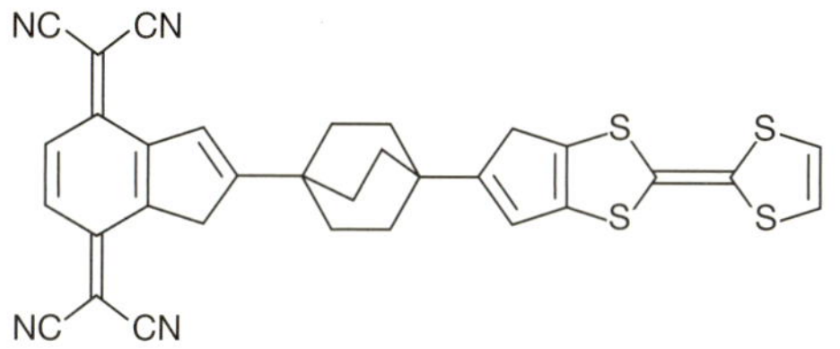

図 9・19　アビラム–ラトナーの分子整流器

　このモデルの提案の後，さまざまな類似分子が合成され，**LB 膜**などを用いて整流性の確認実験が行われた．しかし，当時はこのような測定をするための技術が十分に発展しておらず，また半導体産業も駆け出しのころで IC 回路の集積度の限界に対する認識も十分ではなかったと思われるので，このような研究を行うには機が熟しておらず，それほどの進展はなかった．1990 年代後半になって，走査型トンネル顕微鏡（STM）などの一分子計測が可能な装置が普及しはじめ，また，ナノテクノロジーという概念の重要性が認識されるに伴い，分子ワイヤーの電気伝導特性および分子ダイオードの整流性などの検証が盛んになっていった．

　そのなかで，STM を用いた分子ワイヤーの電気伝導度のスイッチング現象の観測例を紹介する．金基板上に成長させたアルカンチオール**自己集合単分子膜**にできた隙間に，エチニルベンゼン分子ワイヤーを挿入することで，このワイヤーに流れる電流のスイッチング現象が観察された（図 9・20）．その結果，まわりのアルカンチオール層の状態が良く，密な場合にはオン/オフの時間間隔が長く，逆に状態が悪い場合にはオン/オフの時間間隔が短くなることが示され，この観測されたスイッチング現象は，分子のコンホメーションの変化によるものであると結論づけられた．詳細な機構の検討は現在も継続されているが，このような分子ワイヤーに見られる現象は，バルクのシリコン半導体とはまったく異なる機構で動作するスイッチングであるといえる．

LB 膜
ラングミュア（Langmuir）–ブロジェット（Brodgett）膜の略称．両親媒性物質を水面上に浮かべて作製した単分子膜を加圧し，これを基板上にすくいあげてつくった単分子膜，あるいはその膜を多重にした累積膜のこと．

自己集合単分子膜
（self assembled monolayer, SAM）

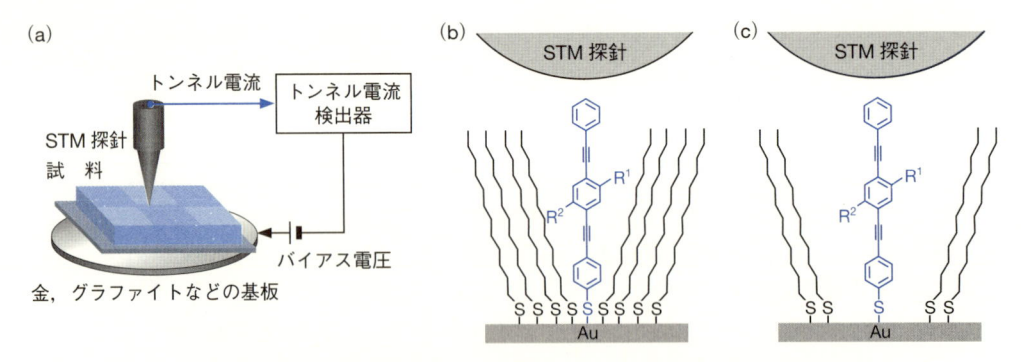

図 9・20　分子ワイヤーの電気伝導度のスイッチング　(a) STM 装置，(b) 周囲のアルカ
ンチオール層が密な場合，(c) 周囲のアルカンチオール層がまばらな場合．(b) では分子
ワイヤーの動きが制限され電流のスイッチングが遅いのに対し，(c) では速くスイッチン
グが起こる．

　　　このような STM を用いた電気伝導度の観測により，単一分子の解像度での分
子ワイヤーの計測が可能になった．しかしこの測定方法では，ワイヤーと STM の
探針の間の非接触のトンネル電流という現象を観測しているので，分子ワイヤー
の正確な電気伝導特性を評価するのは困難である．これに対して，現在，数々の
手法でナノスケールの電極が開発され，その電極間で接触させた単一分子の電気
伝導度の計測が試みられている．いずれにしても，分子の特性を活かしたような
形でいかに電極とつなげるかという最大の問題点を解決させることが，単一分子
デバイスの成功への鍵であるといえる．

量子ドット

　　金属や半導体結晶のサイズを数〜数十 nm 程度ま
で小さくさせると，電子のとりうるエネルギー準位
がバンド構造ではなく離散的（とびとび）になる．
このようなナノスケールの人工導電性結晶を**量子
ドット**（quantum dot）とよぶ．

　　量子ドットの期待される応用例として，量子ドッ
トレーザーや量子コンピューターの基本素子である
量子ビット（キュービット）への応用があげられる．

　　"量子ドットレーザー"では，発光ダイオードに比
べて非常に狭い空間で電子と正孔を結合させること
になるので効率が良く，より低エネルギーで発光さ
せることが可能である．また結晶のサイズを変える

と電子のエネルギー準位も変わるので，放出する
レーザーの波長もサイズで制御できるという特徴が
ある．

　　一方，"量子ビット"への応用として，量子ドット
に閉じ込めた電子のエネルギー準位やスピンの向き
といった量子情報に "1" または "0" の値を割り振
ることが提案されている．このような量子情報は多
重であるため，高度な並列処理が可能となり，これ
を応用した量子コンピューターが実現できれば，現
在のコンピューターの演算能力をはるかにしのぐ性
能が期待できるといわれている．

練習問題の解答

2・1 a) 価電子：1, 原子価：1, b) 価電子：6, 原子価：2, c) 価電子：7, 原子価：1, d) 価電子：4, 原子価：4, e) 価電子：5, 原子価：3, f) 価電子：3, 原子価：3

2・2

a) H:Ö:N::Ö:　b) H:Ö:N⁺::Ö:　c) H:C::Ö:
　　　　　　　　　　　:Ö:⁻　　　　　　H

d) :C::Ö:⁺　e) :Cl:B:Cl:　f) :C:::N:⁻
　　⁻　　　　　　:Cl:

g) H:Ö:C::Ö:　h) 　　　H
　　　:Ö:⁻　　　　　H:C:Ö:⁻
　　　　　　　　　　　　H

2・3

a) CH₃CH₂CH₂CH₃ の構造式

b) 分枝アルコールの構造式

c) エーテルの構造式

d) アミンの構造式

e) 分枝アルカンの構造式

f) アルケンの構造式

g) 環状アルケン（シクロペンタジエン）の構造式

h) 環状エーテルの構造式

2・4

a) 分枝アルカンの結合線表示

b) アルデヒドの結合線表示

c) OH をもつアルコールの結合線表示

2・5 a) ブレンステッド酸, b) ブレンステッド酸, c) ブレンステッド塩基

2・6 a) × 希ガスと同じ電子配置, b) ○ アルミニウムのまわりが 6 電子で不足している, c) ○ ホウ素のまわりが 6 電子で不足している, d) × 窒素のまわりは 8 電子

2・7 亜リン酸のほうが強酸：$K_a = 10^{-1.3} = 0.050$, 亜硝酸：$K = 10^{-3.3} = 0.00050$

2・8 a) $CH_3CH_2CH_2CH_2OH$, b) $CH_3CH_2CH_2CH_2OH$,

c) シス-1,2-ジクロロエチレンの構造（シス体のほうが双極子モーメントが大きい）, d) CCl_4, e) $CH_3CH_2CH_2NH_2$（水素結合のため）

2・9

R—COOH⋯ダイマーの水素結合構造

2・10

a) 分子内水素結合の構造　b) アミドの分子内水素結合の構造　c) 芳香族ニトロ化合物の分子内水素結合の構造

3・1

C_4H_{10} の異性体

$CH_3-CH_2-CH_2-CH_3$　　　$CH_3-\underset{\overset{|}{CH_3}}{CH}-CH_3$

$C_4H_{10}O$ の異性体

$CH_3-CH_2-CH_2-CH_2-OH$　　　$CH_3-CH_2-\underset{\overset{|}{OH}}{CH}-CH_3$

$CH_3-\underset{\overset{|}{CH_3}}{CH}-CH_2-OH$　　　$CH_3-\underset{\overset{|}{OH}}{\overset{\overset{CH_3}{|}}{C}}-CH_3$

$CH_3-CH_2-CH_2-O-CH_3$

$CH_3-CH_2-O-CH_2-CH_3$　　　$CH_3-\underset{\overset{|}{CH_3}}{CH}-O-CH_3$

3・2

a) $C_6H_5\overset{*}{C}H(OH)CO_2H$

b) $\overset{*}{C}H(OH)CO_2H$ (シクロブチル基)

c) $\overset{*}{C}H(OH)CO_2H$ (シクロペンテニル基)

d) なし

3・3

a) CH₃ CH₃ / S / CH₃ / H (シクロヘキサン)

b) CH₃ / Cl—R—F / H

c) CH=CH₂ / Ph—S—C≡CH / CH₃

d) CH₃ H / R / R / O / H CH₃

3・4

cis-1,2-ジブロモシクロヘキサンはメソ化合物. cis-1,4-ジブロモシクロヘキサンには不斉炭素がない.

3・5

a)

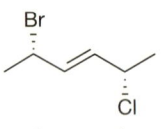

異性体なし

b)

Br / Cl (E, 2R, 5R)-2-ブロモ-5-クロロ-3-ヘキセン

Br / Cl (E, 2R, 5S)

Br / Cl (E, 2S, 5S)

Br / Cl (E, 2S, 5R)

Br Cl (Z, 2R, 5S)-2-ブロモ-5-クロロ-3-ヘキセン

Br Cl (Z, 2R, 5R)

Br Cl (Z, 2S, 5R)

Br Cl (Z, 2S, 5S)

c)

Cl / Cl (E, 2R, 5R)-2,5-ジクロロ-3-ヘキセン

Cl / Cl (E, 2R, 5S)

Cl / Cl (E, 2S, 5S)

Cl Cl (Z, 2R, 5S)-2,5-ジクロロ-3-ヘキセン

Cl Cl (Z, 2R, 5R)

Cl Cl (Z, 2S, 5R)

3・6

$H_3C—\overset{\cdot\cdot}{\underset{\cdot\cdot}{S}}(=O)—CH_2—C_6H_5$

$H_3C—\overset{\cdot\cdot}{\underset{\cdot\cdot}{S}}(=O)—CH_2—C_6H_5$

3・7

a) CH_3OH

b) (1,2-ジクロロベンゼン) Cl / Cl

c) SO_2

3・8

a)

$CH_3O—CH=CH—CH=CH_2$

$\updownarrow$

$CH_3\overset{+}{O}=CH—\overset{-}{C}H—CH=CH_2$

$\updownarrow$

$CH_3\overset{+}{O}=CH—CH=CH—\overset{-}{C}H_2$

b)

$CH_2=CH—\overset{O}{\overset{\|}{C}}—CH=CH_2$

$\updownarrow$

$CH_2=CH—\overset{\overset{\textstyle O^-}{|}}{\overset{+}{C}}—CH=CH_2$

$\updownarrow$

$\overset{+}{C}H_2—CH=\overset{\overset{\textstyle O^-}{|}}{C}—CH=CH_2$

$\updownarrow$

$CH_2=CH—\overset{\overset{\textstyle O^-}{|}}{C}=CH—\overset{+}{C}H_2$

3・9

a)

$CH_3—\overset{\overset{\textstyle O^-}{|}}{C}\overset{+}{=}NH_2$

b)

$CH_2=CH—\overset{+}{C}H_2$ (H付き)

c)

$CH_2=CH—\overset{-}{C}H_2$ (H付き)

3・10

a) $Cl\frown Cl \longrightarrow 2Cl\cdot$

b) $CH_3\frown H \frown \cdot Cl \longrightarrow CH_3\cdot + HCl$

c) $CH_3\cdot \frown \cdot Cl \longrightarrow CH_3—Cl$

3・11

フェノールの共役塩基であるフェノキシドイオンの共鳴安定化により，アルコールより酸性は高くなる．

3・12

a)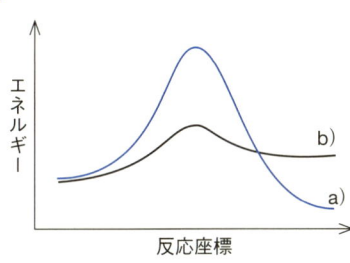
b)
c) （無極性）
d) CH_3―O―CH_3

3・13

共鳴安定化により N 上の非共有電子対の電子密度が低下するため，通常のアミンと比べると塩基性が低くなる．

3・14

エネルギー
反応座標
a)
b)

4・1　アセチレンの HOMO：π 軌道（二つあり，等エネルギーで縮重している）．

アセチレンの LUMO：π* 軌道（二つあり，等エネルギーで縮重している）

4・2　$E = eN_A = h\nu N_A = \dfrac{hN_A c}{\lambda}$

$= [(6.626 \times 10^{-34}\,\mathrm{J\,s}) \times (6.022 \times 10^{23}\,\mathrm{mol^{-1}}) \times (2.998 \times 10^8\,\mathrm{m\,s^{-1}})]/(\lambda \times 10^{-9}\,\mathrm{m})$

$= 119.6 \times 10^{(-34+23+8+9)}/\lambda\,(\mathrm{J\,mol^{-1}}) = 119.6 \times 10^6/\lambda$
$(\mathrm{J\,mol^{-1}}) = 1.196 \times 10^5/\lambda\,(\mathrm{kJ\,mol^{-1}})$

4・3

254 nm の光：$1.196 \times 10^5/254\,(\mathrm{kJ\,mol^{-1}}) = 471\,\mathrm{kJ\,mol^{-1}}$

405 nm の光：$1.196 \times 10^5/405\,(\mathrm{kJ\,mol^{-1}}) = 295\,\mathrm{kJ\,mol^{-1}}$

670 nm の光：$1.196 \times 10^5/670\,(\mathrm{kJ\,mol^{-1}}) = 179\,\mathrm{kJ\,mol^{-1}}$

4・4

ππ*：250 nm 付近の吸収極大波長で，吸光度 A は約 2.2 と読みとれる．

$A = \varepsilon c l\,(c：1.6 \times 10^{-4}\,\mathrm{mol\,dm^{-3}},\ l：1.0\,\mathrm{cm})$ より，

$\varepsilon = A/cl = 2.2/(1.6 \times 10^{-4} \times 1.0)\,(\mathrm{mol^{-1}\,dm^3\,cm^{-1}})$
$= 13750\,\mathrm{mol^{-1}\,dm^3\,cm^{-1}}$

よって，約 $1.4 \times 10^4\,\mathrm{mol^{-1}\,dm^3\,cm^{-1}}$

nπ*　p→π　340 nm 付近の吸収極大波長で，吸光度 A は約 0.02 と読みとれる．

$\varepsilon = A/cl = 0.02/(1.6 \times 10^{-4} \times 1.0)\,(\mathrm{mol^{-1}\,dm^3\,cm^{-1}})$
$= 125\,\mathrm{mol^{-1}\,dm^3\,cm^{-1}}$

よって，約 $1.3 \times 10^2\,\mathrm{mol^{-1}\,dm^3\,cm^{-1}}$

4・5

$$x\mathrm{CO_2} + y\mathrm{H_2O} \longrightarrow z\mathrm{C_6H_{12}O_6} + w\mathrm{O_2} \quad (1)$$

C についての方程式：$x = 6z$ $\qquad(2)$

H についての方程式：$2y = 12z$ $\qquad(3)$

O についての方程式：$2x + y = 6z + 2w$ $\qquad(4)$

(4) 式に (1), (2) 式を代入すると，

$12z + 6z = 6z + 2w$ より，$w = 6z$ $\qquad(5)$

(2), (3), (5) 式より，$x : y : z : w = 6 : 6 : 1 : 6$ $\quad(6)$

したがって，問題文の (1) 式は，

$$6\mathrm{CO_2} + 6\mathrm{H_2O} \longrightarrow \mathrm{C_6H_{12}O_6} + 6\mathrm{O_2} \quad (7)$$

となる．

4・6

電子供与体：ナフタレン，ヒドロキノン，1,3,5-トリメチルベンゼン，ベンゼン，TTF

電子受容体：ピクリン酸，ベンゾキノン，1,3,5-トリニトロベンゼン，臭素，TCNQ

その他の代表的な電子供与体，電子受容体については，それぞれ図 7・6，7・5 を参照のこと．

5・1　74 ページのカラーサークル上で，430 nm 付近の光と 660 nm 付近の光を白色光から除くと緑を中心とした，青から黄色までの光が残る．太陽光が木々の葉に当たり，吸収されなかった光が反射されてヒトの目に入るので，葉が緑色に見える．

5・2　各自見てください．

5・3

6・1　ネマチック液晶は，液晶性分子に不斉要素がなく，また不斉な要素をもった化合物を混入してもいない．したがって，分子がある方向に配向して並ぶとき，分子の積層方向にねじれは生じない．一方，コレステリック液晶は，分子に不斉要素があるか，またはネマチック液晶に不斉要素をもった分子を混入してある．このような状況では，分子がセル表面の規制で一方向に並んだとき，そのすぐ上に乗る分子は必ずしも下の分子と同じ向きに並ぶとは限らず，少しねじれて乗るほうが安定になることが多い．したがって，平面に密着している分子の上の層の分子は配向軸が少しねじれ，そのまた上になる層の分子は同じだけねじれる．この様子が図6・9に描かれている．

コレステリック液晶は，キラルなネマチック液晶であり，逆にいうと，ピッチの長さが無限大（ねじれがゼロ）のコレステリック液晶がネマチック液晶である．

6・2　一般に，スメクチック液晶のほうがネマチック液晶より側鎖の長さが長い．

ほとんどの液晶分子は棒状である．棒状の分子が集まってある方向に並ぶ（配向する）ときに分子間に働く安定化の相互作用は，① コア部分にある（ないものもあるが）芳香環同士の π–π スタッキング相互作用，② 側鎖同士のファン デル ワールス力，③ 極性基があれば極性基同士の双極子–双極子相互作用，の三つである．ネマチック液晶は分子の頭と尻尾の向きについて秩序がなく，スメクチック液晶は分子の頭と尻尾の向きについて秩序がある．ネマチック液晶の側鎖の長さを長くしていくとスメクチック液晶になることが多く，これはファン デル ワールス力が大きくなった

せいであり，側鎖同士を並べて相互作用を大きくしている．

6・3　図6・18のセットアップの中で，検光子のみを 90° ねじって偏光子と平行にすればよい．その場合，オフ状態（左図に相当）では，光は液晶のねじれた配向に沿って偏光面を回転していくが，検光子によって遮断され，透過できない．一方，オン状態（右図に相当）では，偏光面は回転せずにセルを透過し，検光子によっても遮断されずに出ていく．

7・1　グラファイトは sp^2 炭素原子からなり，電子が比較的自由に動くことのできる π 結合によって構築されているが，ダイヤモンドは電子が動くことのできない強固な σ 結合のみを用いてつくられているので，前者は導電性を示すが，後者は絶縁体である．

7・2　$1\,eV = 1.60 \times 10^{-19}\,J$
$$= 1.16 \times 10^4\,K = 8.07 \times 10^3\,cm^{-1}$$

7・3　有機導電体は，1 eV 以下のバンドギャップをもち，その HOMO と LUMO のエネルギー差も同程度である．そこで，有機導電体は $1\,eV\,(8.07 \times 10^3\,cm^{-1})$ 程度の低エネルギーの光を吸収することになるので，1200 nm ほどの近赤外領域から可視領域にかけて吸収をもち，光を通さずに黒く見えるものが多い．

7・4　磁性とはある物質を磁場の中に置いたときに現れる磁気的性質であるから，すべての物質が磁場の中では反磁性，常磁性，強磁性，反強磁性，フェリ磁性などの磁気的性質を示す．超伝導体の内部には磁性が存在しないが，これは超伝導体が非常に大きな反磁性を示すからである．

7・5　HOMO または LUMO の縮重は，通常，分子の対称性が高い場合に見られる（分子軌道の対称性が高いと，必然的に縮重する）．しかし，電荷移動錯体をつくると，分子の対称性が低下したほうがエネルギー的に安定化するので，ヤーン–テラー効果による変形によって縮重が消滅する．

8・1　液晶ディスプレイは，現在，幅広く用いられており，小型から大型まで種々のサイズのカラーディスプレイをつくることができるので，非常に有用である．その短所としては，それ自身が発光できないので，バックライトを用いて背面から常に光を当てる必要が

あり，エネルギー効率が若干ではあるが低下することである．

有機 EL ディスプレイは，非常に効率の良い発光体であるから，必要な部分だけを省電力で光らせることができ，エネルギーの消費が少ない．また，前面のどこから見ても同じ像を見ることができるので，視野角依存性がなく，その応答速度も速い．

8·2　有機 EL 素子に用いられる発光材料は，大きな発光効率をもち，安定で長寿命であることが必須条件である（特に，青色系の発光材料の寿命が短く，問題となっている）．また，高い効率で白色光を得るには，数種類の発光材料を組合わせるので，そのバランスも重要となる．

8·3　p 型の FET にはドナー性の分子が用いられ，電圧をかけるとプラス電荷を帯びるので，電極間に電気が流れる．それに対して，n 型の FET ではアクセプター性の分子が用いられるので，電圧をかけるとマイナス電荷が誘起され，電極間に電気が流れる．

8·4　π 共役系は π 電子が豊富であり，通常ドナー性を示すものが多いが，フラーレンのような π 系が折れ曲がった分子では，π 電子密度が下がってアクセプター性が高まり，n 型の半導体として振舞うようになる．また，フラーレンが球状に近い構造のため，薄膜内でドナーとアクセプターが（交互積層の考え方と関連するような）完全に混ざりあった状態になりにくく，フラーレン類とドナー分子が別々に凝集したナノ構造体ができ，（分離積層の考え方と関連するような）ホールと電子の輸送を担う層がたがいに接触するような構造をとりやすい．さらに，π 電子が球状に配置しており隣接する分子と三次元的に接触できる構造で電子輸送に有利であり，剛直な構造から電子を受け取った際のエネルギー変化（再配列エネルギーという）による損失も少ない．

欧 文 索 引

伊與田 正彦
- 1946 年 愛知県に生まれる
- 1969 年 名古屋大学理学部 卒
- 1974 年 大阪大学大学院理学研究科
          博士課程 修了
- 首都大学東京名誉教授
- 専攻 有機合成化学, 構造・物性有機化学
- 理 学 博 士

横 山 泰
- 1953 年 横浜市に生まれる
- 1980 年 東京大学大学院理学系研究科
          博士課程 修了
- 横浜国立大学名誉教授
- 専攻 有機光化学, 有機材料化学
- 理 学 博 士

西 長 亨
- 1967 年 大阪に生まれる
- 1995 年 京都大学大学院工学研究科
          博士課程 修了
- 現 首都大学東京大学院理工学研究科 准教授
- 専攻 構造有機化学, 有機機能材料化学
- 工 学 博 士

第 1 版 第 1 刷　2007 年 1 月 10 日　発行
　　　　第 4 刷　2015 年 12 月 25 日　発行
第 2 版 第 1 刷　2018 年 6 月 8 日　発行

マテリアルサイエンス有機化学
基礎と機能材料への展開（第 2 版）

Ⓒ 2 0 1 8

著　者　　伊 與 田 正 彦
　　　　　横 　 山 　 泰
　　　　　西 　 長 　 亨

発 行 者　　小 澤 美 奈 子

発　　行　株式会社 東京化学同人
東京都文京区千石 3-36-7 (℡ 112-0011)
電 話 03-3946-5311・FAX 03-3946-5317
URL : http://www.tkd-pbl.com/

印　刷　　中央印刷株式会社
製　本　　株式会社 松 岳 社

ISBN978-4-8079-0934-6
Printed in Japan